高等职业教育电子信息课程群系列教材

PLC 技术及工程应用（三菱）

主　编　邱　俊

副主编　黄　翔

中国水利水电出版社
www.waterpub.com.cn
·北京·

内 容 提 要

本书根据职业岗位技能需求，结合高职院校职业教育课程改革经验，并参考了相关专业人才培养方案，以生产实践中典型工作任务为项目，以日本三菱公司的可编程序控制器（PLC）为主线，从综合工程开发的角度出发，采用项目教学法，介绍了 PLC 的工作原理、硬件结构、软元件数据类型、基本指令、编程软件 GX Works2 及仿真软件的使用方法；应用指令、梯形图的逻辑设计法、经验设计法、状态设计（SFC）法；PLC 的模拟量采集交换与输出控制、变频与步进伺服驱动、三菱工业网络、触摸屏 GT Works3；并以系统开发为目的，重点介绍了 PLC 控制系统在各个领域的工程应用。

该书的最大特点就是教学结构"模块化"，项目之间环环相扣。书中包含了 30 个左右的典型任务、大量的应用案例及 20 个左右的技能实训，相应的理论知识都在每一个典型工作任务中体现得淋漓尽致。本书内容丰富，涉及范围广，实用性很强，同时，也给学生留有一定的学习空间，以培养学生的再学习能力。

本书可作为大专院校工业自动化、电气工程及其自动化、机械制造及其自动化、机电一体化等专业及其相近专业的 PLC 教材，也可作为各类成人教育的 PLC 控制相关课程的教材，还可供从事 PLC 控制方面工作的工程技术人员及技术工人参考。

图书在版编目（CIP）数据

PLC技术及工程应用 : 三菱 / 邱俊主编. -- 北京 :
中国水利水电出版社，2021.4
高等职业教育电子信息课程群系列教材
ISBN 978-7-5170-9525-5

Ⅰ．①P… Ⅱ．①邱… Ⅲ．①PLC技术－高等职业教育
－教材 Ⅳ．①TM571.61

中国版本图书馆CIP数据核字(2021)第060494号

策划编辑：周益丹　责任编辑：周益丹　加工编辑：叶　昊　封面设计：李　佳

书　　名	高等职业教育电子信息课程群系列教材 PLC 技术及工程应用（三菱） PLC JISHU JI GONGCHENG YINGYONG (SANLING)
作　　者	主　编　邱　俊 副主编　黄　翔
出版发行	中国水利水电出版社 （北京市海淀区玉渊潭南路 1 号 D 座　100038） 网址：www.waterpub.com.cn E-mail：mchannel@263.net（万水） 　　　　sales@waterpub.com.cn 电话：（010）68367658（营销中心）、82562819（万水）
经　　售	全国各地新华书店和相关出版物销售网点
排　　版	北京万水电子信息有限公司
印　　刷	三河市鑫金马印装有限公司
规　　格	184mm×260mm　16 开本　20.75 印张　518 千字
版　　次	2021 年 4 月第 1 版　2021 年 4 月第 1 次印刷
印　　数	0001—3000 册
定　　价	49.00 元

前　　言

2019 年，"完善职业教育和培训体系，深化产教融合、校企合作""建设知识型、技能型、创新型劳动者大军，弘扬劳模精神和工匠精神，营造劳动光荣的社会风尚和精益求精的敬业风气"被写进党的十九大报告。国务院印发的文件《国家职业教育改革实施方案》，把职业教育摆在教育改革创新和经济社会发展中更加突出的位置。这是对中国特色职业教育的新定位、新要求，也是中央教育思想的重要内容。知识要更新、技术要更新、技能要更新，一本好的教材必须跟上新技术、新技能发展的脚步，需要及时更新。

本书改变了传统的编书结构，着重强调实用性和实践性，以过程导向、任务驱动为主线。在传统的 PLC 教材内容的基础上，本书增加了变频伺服、触摸屏等内容，并增加了实用案例，且将讲解内容时所涉及的设计软件升级为当时的最新版本。

本书内容包括认知 PLC、三相异步电动机的 PLC 控制、家用小型设备的 PLC 控制、交通信号灯的 PLC 控制、建筑设施的 PLC 控制、化工生产过程的 PLC 控制、步进电动机的 PLC 控制、模拟量的 PLC 控制、变频与伺服控制、工业网络控制及三菱触摸屏 GT 软件组态控制等 11 个大项目。通过典型的三菱 PLC 在 200 多个案例中的应用，侧重学习 PLC 控制技术在各个领域的工程应用。

本书突破原有理论贯穿的思路，以综合项目——分解任务——具体步骤的模式组织内容，以加强基础知识、重视实践技能、培养动手能力为指导思想，强调理论联系实际，注重培养学生的动手能力、分析和解决实际问题的能力以及工程设计能力和创新意识，体现理实一体化教材的特色。本书对相关项目的内容均通过实训加以验证和总结，并配有一定量的技能训练，以保证理论与实践的有机结合。技能训练安排在基础知识讲述的同时进行，以便学生在做中学，在学中做，边学边做，教、学、做合一，真正将企业应用很好地与教学内容相结合。

在编写本书过程中，努力做到教材结构更趋科学、教材内容更趋完善、教材使用方法更趋系统、教材应用领域更趋合理。

本书是作者在多年从事本专业课程及相关课程的教学、教改、科研及承担现代电气技能大赛的基础上编写的，可作为高职高专院校工业自动化、电气自动化、机电一体化等专业及其相近专业的教材（教师可以根据专业需要选择讲解的内容），也可供从事电气控制方面工作的工程技术人员及技术工人参考。

本书由邱俊任主编，黄翔任副主编，在编写的过程中得到了三菱电机自动化（中国）有限公司的大力支持。在本书的编写过程中，参考了百度网站、国家各资源库网站、相关的精品课程网站，特别是三菱电机自动化（中国）有限公司官网等提供的相关信息，在此向上述各网站一并表示衷心感谢。

由于编者水平有限，书中难免存在缺点和错误，敬请读者批评指正。

编　者

2020 年 12 月

目　　录

项目一　认知 PLC

【知识目标】

1. PLC 的基本组成。
2. PLC 的工作原理。
3. GX Works2 编程软件的应用。
4. 三菱 PLC 的硬件组成及组态。

【技能目标】

1. 了解并熟悉 PLC 的基本组成。
2. 了解并熟悉 PLC 的工作原理。
3. 熟悉 GX Works2 编程软件的应用。
4. 掌握 GX Works2 编程软件的基本操作。
5. 掌握三菱 PLC 的硬件组成及组态。

【其他目标】

1. 培养学生谦虚、好学的精神。
2. 培养学生严谨认真的态度。
3. 教师应遵守工作时间，在教学活动中要渗透企业的 6S 制度。
4. 培养学生吃苦耐劳的精神。

1.1 PLC 概述

1.1.1 PLC 的产生

高速发展的现代社会要求制造业对市场需求做出迅速的反应，生产出小批量、多品种、多规格、低成本和高质量的产品。为了满足这一要求，生产设备和自动生产线的控制系统必须具有极高的可靠性和灵活性，可编程控制器（Programmable Logic Controller，PLC）正是顺应这一要求出现的。

在 PLC 产生之前，以各种继电器、接触器为主要元件的电气控制线路承担着生产过程自动控制的艰巨任务，而这些电气控制线路可能由成百上千只继电器、接触器通过成千上万根导线连接起来构成复杂的继电器-接触器控制系统，安装这些器件需要大量的继电器控制柜，而且占据大量的空间。当这些器件运行时，又产生大量的噪音，消耗大量的电能。为了保证控制系统的正常运行，需要安排大量的电气技术人员进行维护。另外，继电器、接触器的机械触点寿命短，某个器件的损坏，甚至某个器件的触点接触不良，都会影响整个系统的正常运行。系统出现故障后，要进行检查和排除故障非常困难，全靠现场电气技术人员长期积累的经验。尤其是在生产工艺发生变化时，可能需要增加很多的器件或器件重新接线、改线，工作量极大，甚至可能需要重新设计控制系统。尽管如此，这种控制系统的功能也仅仅局限在实现粗略的定时、计数功能的顺序逻辑控制。因此，一种新的工业控制装置取代传统的继电器-接触器控制系统成为必然。

可编程控制器最先出现在美国。1968 年，美国的汽车制造公司通用汽车公司（GM）提出了研制一种新型控制器的要求，并从用户使用角度提出新一代控制器应具备以下特点：

（1）编程简单，可在现场修改程序。

（2）维护方便，最好是插件式。

（3）可靠性高于继电器控制柜。

（4）体积小于继电器控制柜。

（5）可将数据直接传入管理计算机。

（6）在成本上可与继电器控制柜竞争。

（7）输入是交流 110V。

（8）输出为交流 110V、2A 以上，能直接驱动电磁阀。

（9）当需要进行扩展时，原有系统只需要很小的变更。

（10）用户程序存储器容量至少能扩展到 4KB。

上述要求提出后，立即引起了开发热潮。1969 年，美国数字设备公司（DEC）研制出世界上第一台可编程序控制器，并应用于通用汽车公司的生产线上，当时称之可编程逻辑控制器（Programmable Logic Controller，PLC），目的是取代继电器，以执行逻辑判断、计时、计数等顺序控制功能。随后，美国 MODICON 公司也开发出同名的控制器。1971 年，日本从美国引进了这项新技术，很快研制出了日本的第一台可编程控制器。1973 年，西欧国家也研制出他们的可编程控制器。

随着半导体技术，尤其是微处理器和微型计算机技术的发展，到 20 世纪 70 年代中期以后，特别是进入 20 世纪 80 年代以来，PLC 已广泛地使用 16 位甚至 32 位微处理器作为中央处理器，输入/输出模块（也称单元）和外围电路也都采用了中、大规模甚至超大规模的集成电路，使 PLC 在概念、设计、性能价格比以及应用方面都有了新的突破。这时的 PLC 已不仅仅具有逻辑判断功能，还同时具有数据处理、PID 调节和数据通信功能，称为可编程序控制器（Programmable Controller，PC）更为合适，但为了与个人计算机（Personal Computer）的简称 PC 区别，一般仍将它简称为 PLC（Programmable Logic Controller）。

PLC 是微机技术与传统的继电器-接触器控制技术相结合的产物，其基本设计思想是把计算机功能完善、灵活、通用等优点和继电器控制系统的简单易懂、操作方便、价格较低等优点结合起来，控制器的硬件是标准的、通用的。根据实际应用对象，将控制内容编成软件写入控制器的用户程序存储器内。继电器控制系统已有上百年历史，它是用弱电信号控制强电系统的控制方法，在复杂的继电器控制系统中，故障的查找和排除困难，花费时间长，严重地影响工业生产。在工艺要求发生变化的情况下，控制柜内的元件和接线需要作相应的变动，改造工期长、费用高，以至于用户宁愿另外制作一台新的控制柜。而 PLC 克服了继电器-接触器控制系统中机械触点的接线复杂、可靠性低、功耗高、通用性和灵活性差的缺点，充分利用微处理器的优点，并将控制器和被控对象方便地连接起来。由于 PLC 是由微处理器、存储器和外围器件组成，所以属于工业控制计算机中的一类。

对用户来说，可编程控制器是一种无触点设备，改变程序即可改变生产工艺，因此如果在初步设计阶段就选用可编程控制器，可以使得设计和调试变得简单容易。从制造生产可编程控制器的厂商角度看，在制造阶段不需要根据用户的订货要求专门设计控制器，适合批量生产。由于上述这些特点，可编程控制器问世以后很快受到工业控制界的欢迎，并得到迅速的发展。目前，可编程控制器已成为自动化控制的基础，并得到了广泛的应用。掌握可编程序控制器的工作原理，具备设计、调试和维护可编程序控制器控制系统的能力，已经成为现代工业对电气技术人员和工科学生的基本要求。

1.1.2　PLC 的概念

1. PLC 的定义

PLC 的应用面广、功能强大、使用方便，已经广泛地应用在各种机械设备和生产过程的自动控制系统中，在其他领域，例如民用和家用自动化的应用方面，PLC 也得到了迅速的发展。PLC 仍然处于不断的发展之中，其功能不断增强，更为开放。它不但是单机自动化中应用最广的控制设备，在大型工业网络控制系统中也占有不可动摇的地位。PLC 应用面广、普及程度高，是其他计算机控制设备无法比拟的。

国际电工委员会（IEC）曾于 1982 年 11 月颁发了可编程控制器标准草案第一稿，1985 年 1 月又发表了第二稿，1987 年 2 月颁发了第三稿。该草案中对可编程控制器的定义是，"可编程控制器是一种数字运算操作的电子系统，专为在工业环境下应用而设计。它采用了可编程序的存储器，用来在其内部存储和执行逻辑运算、顺序控制、定时、计数和算术运算等操作命令，并通过数字式和模拟式的输入和输出，控制各种类型的机械或生产过程。可编程控制器及其有关外围设备，都按易于与工业系统联成一个整体、易于扩充其功能的原则设计。"

定义强调了可编程控制器是"数字运算操作的电子系统"，是一种计算机。它是"专为在工业环境下应用而设计"的工业计算机，是一种用程序来改变控制功能的工业控制计算机，除了能完成各种各样的控制功能外,还有与其他计算机通信联网的功能。这种工业计算机采用"面向用户的指令",因此编程方便。它能完成逻辑运算、顺序控制、定时、计数和算术操作,它还具有"数字量和模拟量输入/输出控制"的能力,并且非常容易与"工业控制系统联成一体",易于"扩充"。

定义还强调了可编程控制器应直接应用于工业环境,它需具有很强的抗干扰能力、广泛的适应能力和应用范围,这也是区别于一般微机控制系统的一个重要特征。

应该强调的是,可编程控制器与以往所讲的顺序控制器在"可编程"方面有质的区别。PLC 引入了微处理器及半导体存储器等新一代电子器件,并用规定的指令进行编程,能灵活地进行修改,即用软件方式来实现"可编程"的目的。

2. PLC 的分类

（1）按 I/O 点数和功能分类。可编程控制器用于对外部设备的控制,外部信号的输入、PLC 运算结果的输出都要通过 PLC 输入/输出端子来进行接线,输入、输出端子的数目之和被称作 PLC 的输入、输出点数,简称 I/O 点数。

根据 I/O 点数的多少,可将 PLC 分成小型、中型和大型。

小型 PLC 的 I/O 点数小于 256 点,以开关量控制为主,具有体积小、价格低的优点,可用于开关量的控制、定时/计数的控制、顺序控制及少量模拟量的控制场合,代替继电器-接触器控制在单机或小规模生产过程中使用。

中型 PLC 的 I/O 点数为 256～1024,功能比较丰富,兼有开关量和模拟量的控制能力,适用于较复杂系统的逻辑控制和闭环过程的控制。

大型 PLC 的 I/O 点数在 1024 点以上,用于大规模过程控制,集散式控制和工厂自动化网络。

（2）按结构形式分类。根据结构形式,PLC 可分为整体式结构和模块式结构两大类。

1）整体式 PLC 如图 1-1 所示。它是将 CPU、存储器、I/O 部件等组成部分集中于一体,安装在印刷电路板上,并连同电源一起装在一个机壳内,形成一个整体,通常称为主机或基本单元。整体式结构的 PLC 具有结构紧凑、体积小、重量轻、价格低的优点。一般小型或超小型 PLC 多采用这种结构。

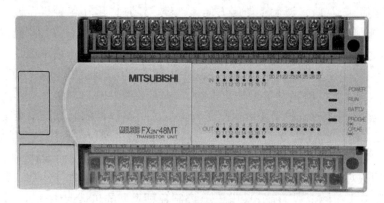

图 1-1　整体式 PLC

2）模块式 PLC 如图 1-2 所示。它是把各个组成部分做成独立的模块,如 CPU 模块、输入模块、输出模块、电源模块等。各模块作成插件式,并组装在一个具有标准尺寸且带有若干插槽的机架内。模块式结构的 PLC 配置灵活，装配和维修方便，易于扩展。一般大中型的 PLC 都采用这种结构。

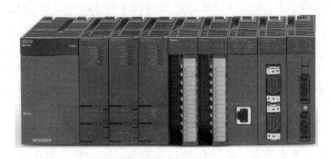

图 1-2　模块式 PLC

（3）按用途分类。按用途不同，PLC 可分为通用 PLC 和专用 PLC。

1）通用 PLC 可根据不同的控制要求编写不同的程序，便于生产，造价低，但针对某一特殊应用时编程困难，而已有的功能却用不上。

2）专用 PLC 用于完成某一专门任务，其指令程序是固化或永久存储在该机器上的，虽然它缺乏通用性，但它执行单一任务时速度很快，效率很高。如，电梯、机械加工、楼宇控制、乳业、塑料、节能和水处理等行业有专用 PLC，当然其造价也高。

3．PLC 的特点

（1）编程简单，使用方便。梯形图是使用得最多的可编程序控制器的编程语言，其符号与继电器电路原理图相似。有继电器电路基础的电气技术人员只要很短的时间就可以熟悉梯形图语言，并用来编制用户程序。梯形图语言形象直观，易学易懂。

（2）控制灵活，程序可变，具有很好的柔性。可编程序控制器产品采用模块化形式，配备品种齐全的各种硬件装置供用户选用，用户能灵活方便地进行系统配置，组成不同功能、不同规模的系统。可编程序控制器用软件功能取代了继电器控制系统中大量的中间继电器、时间继电器、计数器等器件，硬件配置确定后，不用改变硬件，可以通过修改用户程序，方便快速地适应工艺条件的变化，具有很好的柔性。

（3）功能强，扩充方便，性能价格比高。可编程序控制器内有成百上千个可供用户使用的编程元件，有很强的逻辑判断、数据处理、PID 调节和数据通信功能，可以实现非常复杂的控制功能；如果元件不够，只要加上需要的扩展模块（单元）即可，扩充非常方便；与相同功能的继电器系统相比，具有很高的性能价格比。

（4）控制系统设计及施工的工作量小，维修方便。可编程序控制器的配线与其他控制系统的配线比较少得多，故可以省下大量的配线，减少大量的安装接线时间，缩小开关柜体积，节省大量的费用。可编程序控制器有较强的带负载能力，可以直接驱动一般的电磁阀和交流接触器，一般可用接线端子连接外部接线。可编程序控制器的故障率很低，且有完善的自诊断和显示功能，便于迅速地排除故障。

（5）可靠性高，抗干扰能力强。可编程序控制器是为工业现场环境设计的，采取了一系列硬件和软件抗干扰措施，硬件措施如屏蔽、滤波、电源调整与保护、隔离、后备电池等。例如，在西门子公司 S7-200 系列 PLC 内部的 EEPROM 中，储存的用户源程序和预设值在一个较长时间段（190h）里，所有中间数据可以通过一个超级电容器进行保持，如果选配电池模块，可以确保停电后系统数据能保存 200 天左右。软件措施如故障检测、信息保护和恢复、警戒时钟等加强了对程序的检测和校验。这些措施的采用提高了系统抗干扰能力，使设备的平均无故障时间达到数万小时以上，可以直接用于有较强干扰的工业生产现场。可编程序控制器已被广大用户公认为最可靠的工业控制设备之一。

（6）体积小、重量轻、能耗低。复杂的控制系统使用了 PLC 后，可以减少大量的中间继电器和时间继电器，小型 PLC 的体积仅相当于几个继电器的大小，因此可将开关柜的体积缩小到原来的 1/2～1/10。此外，PLC 的配线比继电器控制系统的配线少得多，故可以节省大量的配线和附件，减少大量的安装接线工时。

4. PLC 与三种控制系统的比较

工业控制系统有继电器控制系统、集散控制系统、工控机，具体如图 1-3 所示。它们与 PLC 相比各有所长。

（a）继电器控制系统

（b）集散控制系统

（c）工控机

图 1-3　工业控制系统

（1）与继电器控制系统的比较。当继电器控制系统工艺过程改变时，其控制柜必须重新设计、重新配线，工作量相当大，有时甚至相当于重新设计一台新装置。从适应性、可靠性、安装维护等各方面进行比较，PLC 都有着显著的优势，因此，PLC 控制系统取代以继电器为基础的控制系统是现代控制系统发展的必然趋势。目前，超过 8 个输入/输出点的电气系统就要考虑使用 PLC 控制了。

（2）与集散控制系统的比较。在发展过程中，PLC 与集散控制系统（Distributed Control System，DCS）始终是互相渗透、互为补充的。它们分别由两个不同的古典控制系统发展而来。PLC 是由继电器逻辑控制系统发展而来，所以它在数字处理、顺序控制方面具有一定优势。集散控制系统是由单回路仪表控制系统发展而来，所以它在模拟量处理、回路调节方面具有一定优势。随着 PLC 与 DCS 的发展，很多工业生产过程既可以用 PLC 也可以用 DCS 实现其控制功能。综合 PLC 和 DCS 各自的优势，把二者有机地结合起来，可形成一种新型的分布式的计算机控制系统。

（3）与工业控制计算机系统的比较。工业控制计算机（简称工控机）标准化程度高、兼容性强，而且软件资源丰富，特别是其具有实时操作系统，故对要求快速、实时性强、模型复杂、计算工作量大的工业对象的控制具有一定优势，但是，使用工控机要求开发人员具有较高的计算机专业知识和微机软件编程能力。PLC 在工业抗干扰方面有很大的优势，具有很高的可靠性，而工控机用户程序则必须考虑抗干扰问题，一般的编程人员对各种特殊情况很难考虑周全。尽管现代 PLC 在模拟量信号处理、数字运算、实时控制等方面有很大提高，但在模型复杂、计算量大且计算较难、实时性要求较高的环境中，工控机则更能发挥其专长。

5. PLC 的应用领域

PLC 是应用面广、功能强大、使用方便的通用工业控制装置，从开始使用以来，已经成为当代工业自动化的主要支柱之一，PLC 的应用领域示意如图 1-4 所示。随着其性能价格比的不断提高，PLC 的应用范围不断扩大，主要表现在以下几个方面。

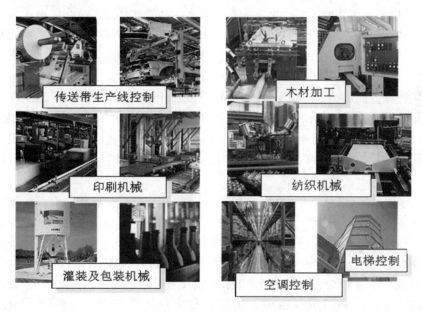

图 1-4　PLC 的应用领域

（1）数字量逻辑控制。PLC 用"与""或""非"等逻辑控制指令来实现触点和电路的串、并联，代替继电器进行组合逻辑控制、定时控制与顺序逻辑控制。数字量逻辑控制可以用于单台设备，也可以用于自动生产线，其应用领域已遍及各行各业，甚至深入到家庭。

（2）运动控制。PLC 使用专用的运动控制模块，对直线运动或圆周运动的位置、速度和加速度进行控制，可以实现单轴、双轴和多轴位置控制，使运动控制与顺序控制有机地结合在一起。PLC 的运动控制能广泛地用于各种机械，例如金属切削机床、金属成形机械、装配机械、机器人、电梯等。

（3）闭环过程控制。过程控制是对温度、压力、流量等连续变化的模拟量的闭环控制。PLC 通过模拟量 I/O 实现模拟量（Analog）和数字量（Digital）之间的 A/D 转换和 D/A 转换，并对被控模拟量实行闭环 PID（比例-积分-微分）控制。现代的大中型可编程序控制器一般都有 PID 闭环控制功能，此功能已经广泛地应用于工业生产、加热炉、锅炉等设备，以及轻工、化工、机械、冶金、电力、建材等行业。

（4）数据处理。可编程序控制器具有数学运算、数据传送、转换、排序、查表、位操作等功能，可以完成数据的采集、分析和处理。这些数据可以是运算的中间参考值，也可以通过通信功能传送到其他的智能装置，或者将它们保存、打印。数据处理一般用于大型控制系统，如无人柔性制造系统，也可以用于过程控制系统，如造纸、冶金、食品工业中的一些大型控制系统。

（5）构建网络控制。可编程序控制器的通信包括主机与远程 I/O 之间的通信、多台可编程序控制器之间的通信、可编程序控制器和其他智能控制设备（如计算机、变频器）之间的通信。可编程序控制器可以与其他智能控制设备组成"集中管理、分散控制"的分布式控制系统。

当然，并非所有的可编程序控制器都具有上述功能，用户应根据系统的需要选择可编程序控制器，这样既能完成控制任务，又可节省资金。

6. PLC 的发展

（1）向高集成、高性能、高速度、大容量发展。微处理器技术、存储技术的发展十分迅猛，功能更强大，价格更低，研发的微处理器针对性更强，这为可编程序控制器的发展提供了良好的环境。大型可编程序控制器大多采用多 CPU 结构，不断地向高性能、高速度和大容量方向发展。

在模拟量控制方面，除了专门用于模拟量闭环控制的 PID 指令和智能 PID 模块，某些可编程序控制器还具有模糊控制、自适应、参数自整定功能，使调试时间减少、控制精度提高。

（2）向普及化方向发展。由于微型可编程序控制器的价格低、体积小、重量轻、能耗低，很适合于单机自动化，具有外部接线简单、容易实现且易于组成控制系统等优点，在很多控制领域中得到广泛应用。

（3）向模块化、智能化发展。可编程序控制器采用模块化的结构，方便了使用和维护。智能 I/O 模块主要有模拟量 I/O、高速计数输入、中断输入、机械运动控制、热电偶输入、热电阻输入、条形码阅读器、多路 BCD 码输入/输出、模糊控制器、PID 回路控制、通信等模块。智能 I/O 模块本身就是一个小的微型计算机系统，有很强的信息处理能力和控制功能，有的模块甚至可以自成系统，单独工作。它们可以完成可编程序控制器的主 CPU 难以兼顾的功能，简化了某些控制领域的系统设计和编程，提高了可编程序控制器的适应性和可靠性。

（4）向软件化发展。编程软件可以对可编程序控制器控制系统的硬件进行组态，即设置硬件的结构和参数，例如设置各框架各个插槽上模块的型号、模块的参数、各串行通信接口的参数等；在屏幕上可以直接生成和编辑梯形图、指令表、功能块图和顺序功能图程序，并可以实现不同编程语言的相互转换；可编程序控制器编程软件有调试和监控功能，可以在梯形图中显示触点的通断和线圈的通电情况，处理复杂电路的故障非常方便；历史数据可以存盘或打印，通过网络或 Modem 卡还可以实现远程编程和传送。

由于个人计算机（PC）的价格低，有很强的数学运算、数据处理、通信和人机交互的功能，目前已有多家厂商推出了在 PC 上运行的可实现可编程序控制器功能的软件包，如亚控公司的 KingPLC。"软 PLC"在很多方面比传统的"硬 PLC"有优势，有的场合"软 PLC"可能是理想的选择。

（5）向通信网络化发展。伴随科技发展，很多工业控制产品都加设了智能控制和通信功能，如变频器、软启动器等。这些产品可以和现代的可编程序控制器进行通信联网，实现更强大的控制功能。通过双绞线、同轴电缆或光纤进行联网，信息可以传送到几十公里远的地方，通过 Modem 和互联网可以与其他地方的计算机装置通信。

相当多的大中型控制系统都采用上位计算机加可编程序控制器的方案，通过串行通信接口或网络通信模块，实现上位计算机与可编程序控制器交换数据信息，组态软件引发的上位计算机编程革命，很容易实现两者的通信，且降低了系统集成的难度，节约了大量的设计时间，提高了系统的可靠性。国际上比较著名的组态软件有 Intouch、Fix 等，国内也涌现了组态王、力控等一批组态软件。有的可编程序控制器厂商也推出了自己的组态软件，如西门子公司的WinCC（Windows Control Center，视窗控制中心）。

1.1.3　PLC 的基本组成

PLC 主要由 CPU、存储器、基本 I/O 接口电路、外设接口、编程装置、电源等组成。

可编程控制器的系统结构多种多样，但其组成的一般原理基本相同，都是以微处理器为核心的结构，如图 1-5 所示。编程装置将用户程序输入可编程控制器，在可编程控制器运行状态下，输入模块（模块也称为单元）接收到外部元件发出的输入信号，可编程控制器执行程序，并根据程序运行后的结果，由输出模块驱动外部设备。

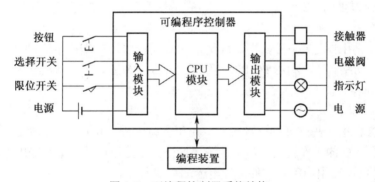

图 1-5　可编程控制器系统结构

1．CPU 模块

CPU 是可编程控制器的控制中枢，相当于人的大脑。CPU 一般由控制电路、运算器和寄存器组成。这些部分通常都被封装在一个集成的芯片上。CPU 通过地址总线、数据总线、控制总线与存储模块、输入/输出接口电路连接。CPU 的功能包括：①在系统监控程序的控制下工作，通过扫描方式将外部输入信号的状态写入输入映象寄存区域；②PLC 进入运行状态后，从存储器逐条读取用户指令，按指令规定的任务进行数据的传送、逻辑运算、算术运算等；③将运算结果传送到输出映像寄存区域。

CPU 常用的微处理器有通用型微处理器、单片机和位片式计算机等。常见的通用型微处理器如 Intel 公司的 8086、80186、Pentium 系列芯片，单片机型的微处理器如 Intel 公司的MCS-96 系列单片机，位片式微处理器如 AMD 2900 系列的微处理器。小型 PLC 的 CPU 多采用单片机或专用 CPU；中型 PLC 的 CPU 大多采用 16 位微处理器或单片机；大型 PLC 的 CPU多采用高速位片式处理器，其具有高速处理能力。

2．存储器

可编程控制器的存储器由只读存储器 ROM、随机存储器 RAM 和可电擦写的存储器 EEPROM 三大部分构成，主要用于存放系统程序、用户程序及工作数据。

只读存储器 ROM 用以存放系统程序，可编程控制器在生产过程中将系统程序固化在 ROM 中，用户是不可改变的。用户程序和中间运算数据存放在随机存储器 RAM 中，RAM 存储器是一种高密度、低功耗、价格低的半导体存储器，可用锂电池作为备用电源。它存储的内容是易失的，掉电后内容将丢失。用户程序可以保存在只读存储器 EEPROM 或由高能电池支持的 RAM 中。EEPROM 兼有 ROM 的非易失性和 RAM 的随机存取优点，用来存放需要长期保存的重要数据。

3．I/O 单元及 I/O 扩展接口

（1）I/O 单元。PLC 内部输入电路的作用是将 PLC 外部电路（如行程开关、按钮、传感器等）提供的符合 PLC 输入电路要求的电压信号，通过光电耦合电路送至 PLC 内部电路。输入电路通常以光电隔离和阻容滤波的方式提高抗干扰能力，输入响应时间一般为 0.1～15ms。根据输入信号形式的不同，可分为模拟量 I/O 单元、数字量 I/O 单元两大类。根据输入单元形式的不同，可分为基本 I/O 单元、扩展 I/O 单元两大类。

（2）I/O 扩展接口。可编程控制器利用 I/O 扩展接口使 I/O 扩展单元与 PLC 的基本单元实现连接。当基本 I/O 单元的输入或输出点数不够使用时，可以用 I/O 扩展单元来扩充开关量 I/O 点数和增加模拟量的 I/O 端子。

4．外设接口

外设接口电路用于连接手持编程器或其他图形编程器、文本显示器，并能通过外设接口组成 PLC 的控制网络。PLC 利用 PC/PPI 电缆通过 RS-485 接口与计算机连接，可以实现编程、监控、连网等功能。

5．编程器

编程器是 PLC 的一种主要的外部设备，用于手持编程，用户可用以输入、检查、修改、调试程序或监视 PLC 的工作情况。除手持编程器外，还可通过适配器和专用电缆线将 PLC 与计算机连接，并利用专用的工具软件进行电脑编程和监控。

6．电源

电源单元的作用是把外部电源（220V 的交流电源）转换成内部工作电压。外部连接的电源通过 PLC 内部配有的一个专用开关式稳压电源，将交流/直流供电电源转化为 PLC 内部电路需要的工作电源，并为外部输入元件（如接近开关）提供 24V 直流电源（仅供输入端点使用），而驱动 PLC 负载的电源由用户提供。

1.1.4 PLC 的输入/输出接口电路

输入/输出接口电路实际上是 PLC 与被控对象间传送输入/输出信号的接口部件。输入/输出接口电路要有良好的电隔离和滤波作用。

1．输入接口电路

由于生产过程中使用的各种开关、按钮、传感器等输入器件直接接到 PLC 输入接口电路上，为防止由于触点抖动或干扰脉冲引起错误的输入信号，输入接口电路必须有很强的抗干扰能力。

如图 1-6 所示，输入接口电路提高抗干扰能力的方法主要有以下两种。

（1）利用光电耦合器提高抗干扰能力。光电耦合器工作原理是：发光二极管有驱动电流流过时，导通发光，光敏三极管接收到光线，由截止变为导通，将输入信号送入 PLC 内部。光电耦合器中的发光二极管是电流驱动元件，要有足够的能量才能驱动。而干扰信号虽然有的电压值很高，但能量较小，不能使发光二极管导通发光（即干扰信号不能进入 PLC 内），实现了电隔离。

（2）利用滤波电路提高抗干扰能力。最常用的滤波电路是电阻电容滤波，如图 1-6 中的 R1、C。

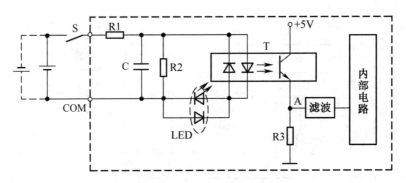

图 1-6　可编程控制器输入电路

图 1-6 中，S 为输入开关，当 S 闭合时，LED 点亮，显示输入开关 S 处于接通状态。光电耦合器导通，将高电平经滤波器送到 PLC 内部电路中。当 CPU 在循环扫描的输入阶段检测到该信号时，将该输入点对应的映像寄存器状态置 1；当 S 断开时，则对应的映像寄存器状态置 0。

根据输入电路电压类型及电路形式不同，输入接口电路可以分为干接点式、直流输入式和交流输入式。输入电路的电源可由外部提供，有的也可由 PLC 内部提供。

2. 输出接口电路

根据驱动负载元件不同可将输出接口电路分为三种。

（1）小型继电器输出形式电路如图 1-7 所示。这种输出形式既可驱动交流负载，又可驱动直流负载。它的优点是适用电压范围比较宽，导通压降小，承受瞬时过电压和过电流的能力强；缺点是动作速度较慢，动作次数（寿命）有一定的限制。建议在输出量变化不频繁时优先选用。

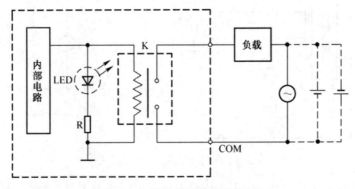

图 1-7　小型继电器输出形式电路

图 1-7 所示电路的工作原理：当内部电路的状态为 1 时，继电器 K 的线圈通电，产生电磁吸力，触点闭合，则负载通电，同时点亮 LED，表示该路输出点有输出；当内部电路的状态为 0 时，继电器 K 的线圈无电流，触点断开，则负载断电，同时 LED 熄灭，表示该路输出点无输出。

（2）大功率晶体管或场效应管输出形式电路如图 1-8 所示。这种输出形式只可驱动直流负载。它的优点是可靠性高，执行速度快，寿命长，缺点是过载能力低，适合在直流供电、输出量变化快的场合选用。

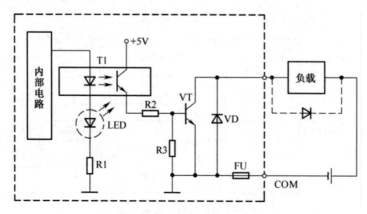

图 1-8　大功率晶体管输出形式电路

图 1-8 所示电路的工作原理：当内部电路的状态为 1 时，光电耦合器 T1 导通，大功率晶体管 VT 饱和导通，则负载通电，同时点亮 LED，表示该路输出点有输出；当内部电路的状态为 0 时，光电耦合器 T1 断开，大功率晶体管 VT 截止，则负载断电，LED 熄灭，表示该路输出点无输出。当负载为电感性负载时，VT 关断时会产生较高的反电势，VD 的作用是为其提供放电回路，避免 VT 承受过电压。

（3）双向晶闸管输出形式电路如图 1-9 所示。这种输出形式适合驱动交流负载。由于双向可控硅和大功率晶体管同属于半导体材料元件，所以优缺点与大功率晶体管或场效应管输出形式相似，适合在交流供电、输出量变化快的场合选用。

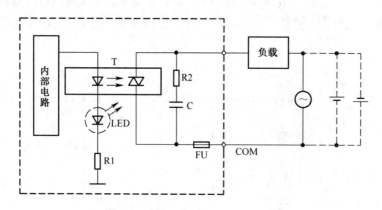

图 1-9　双向可控硅输出形式电路

图 1-9 所示电路的工作原理：当 T 的内部断电器的状态为 1 时，发光二极管导通发光，相

当于向双向晶闸管施加了触发信号，无论外接电源极性如何，双向晶闸管 T 均导通，负载通电，同时输出指示灯 LED 点亮，表示该输出点接通；当 T 的内部继电器的状态为 0 时，双向晶闸管无触发信号，双向晶闸管关断，此时负载断电，LED 不亮。

3．I/O 电路的常见问题

（1）用三极管等有源元件作为无触点开关的输出设备与 PLC 输入单元进行连接时，由于三极管自身有漏电流存在，或者电路不能保证三极管可靠截止而处于放大状态，使得即使三极管处在截止状态，仍会有一个小的漏电流流过，当该电流值大于 1.3mA 时，就可能引起 PLC 输入电路发生误动作，此时可在 PLC 输入端并联一个旁路电阻进行分流，使流入 PLC 的电流小于 1.3mA。

（2）为避免负载电流过大而损坏输出元件或电路板，应在输出回路串联保险丝。

（3）由于晶体管、双向晶闸管型输出端子漏电流和残余电压的存在，当驱动不同类型的负载时，需要考虑电平匹配和误动作等问题。

（4）感性负载断电时将产生很高的反电势，会对输出单元电路产生冲击，对于大电感或频繁关断的感性负载应使用外部抑制电路，一般采用阻容吸收电路或二极管吸收电路。

1.1.5　PLC 的工作原理

PLC 是采用周期循环扫描的工作方式。CPU 连续执行用户程序和任务的循环序列称为扫描。CPU 对用户程序的执行过程是 CPU 的循环扫描，是通过周期性地集中采样、集中输出的方式来完成的。一个扫描周期主要可分为以下几个阶段。

1．读输入阶段

每次扫描周期开始时，先读取输入点的当前值，然后将其写到输入映像寄存器区域。在之后的用户程序执行的过程中，CPU 访问输入映像寄存器区域，而并非读取输入端口的状态。输入信号的变化并不会影响输入映像寄存器的状态，通常要求输入信号有足够的脉冲宽度才能被响应。

2．执行程序阶段

用户程序执行阶段，PLC 按照梯形图的顺序，自左而右、自上而下地逐行扫描。在这一阶段 CPU 从用户程序的第一条指令开始执行直到最后一条指令结束，程序运行结果放入输出映像寄存器区域。在此阶段，允许对数字量 I/O 指令和不设置数字滤波的模拟量 I/O 指令进行处理，在扫描周期的各个部分，均可对中断事件进行响应。

3．处理通信请求阶段

此阶段是扫描周期的信息处理阶段，CPU 处理从通信端口接收到的信息。

4．执行 CPU 自诊断测试阶段

在此阶段，CPU 检查其硬件、用户程序存储器和所有 I/O 模块的状态。

5．写输出阶段

在每个扫描周期的结尾，CPU 把存在输出映像寄存器中的数据输出给数字量输出端点（写入输出锁存器中），更新输出状态。然后 PLC 进入下一个循环周期，重新执行输入采样阶段，周而复始。

如果程序中使用了中断，则当中断事件发生时立即执行中断程序，中断程序可以在扫描周期的任意点被执行。

如果程序中使用了立即 I/O 指令，可以直接存取 I/O 点。用立即 I/O 指令读输入点值时，相应的输入映像寄存器的值未被修改；用立即 I/O 指令写输出点值时，相应的输出映像寄存器的值被修改。

1.1.6　PLC 主要技术指标

可编程控制器的种类很多，用户可以根据控制系统的具体要求选择不同技术性能指标的 PLC。可编程控制器的主要技术性能指标如下所述。

1. I/O 点数

可编程控制器的 I/O 点数指外部输入、输出端子数量的总和。它是描述 PLC 系统大小的一个重要的参数。

2. 存储容量

PLC 的存储器由系统程序存储器、用户程序存储器和数据存储器三部分组成。PLC 存储容量通常指用户程序存储器和数据存储器容量之和，表征系统提供给用户的可用资源，是系统性能的一项重要技术指标。

3. 扫描速度

可编程控制器采用循环扫描方式进行工作，完成 1 次扫描所需的时间叫作扫描周期。影响扫描速度的主要因素有用户程序的长度和 PLC 产品的类型。PLC 中 CPU 的类型、机器字长等直接影响 PLC 运算精度和运行速度。

4. 指令系统

指令系统指 PLC 所有指令的总和。可编程控制器的编程指令越多，软件功能就越强，但其功能的掌握及应用也相对较复杂。用户应根据实际控制要求选择合适指令功能的可编程控制器。

5. 通信功能

通信分为 PLC 之间的通信和 PLC 与其他设备之间的通信两类。通信主要涉及通信模块、通信接口、通信协议和通信指令等内容。PLC 的组网和通信能力也已成为衡量 PLC 产品水平的重要指标。

厂家的产品手册上还会提供 PLC 的负载能力、外形尺寸、重量、保护等级、适用的安装和使用环境，如温度、湿度等性能指标参数，供用户参考。

1.2　GX Works2 编程软件的应用

1.2.1　GX Works2 编程软件的认识

1. 三菱 PLC 编程软件的种类

三菱 PLC 的编程软件有很多种，并有多个版本，其中的 GX 系列为综合版编程软件，有 GX Developer 编程软件、GX Simulator 仿真软件、GX Configurator 编程软件、GX Converter 编程软件、GX Explorer 编程软件、GX IEC Developer 编程软件、GX Works2 编程软件、GX Works3 编程软件，另外还有 PX Developer 编程软件等。

（1）GX Developer 编程软件，是现在的主流软件，主要用于程序开发、维护、编程、参数设定、项目数据管理、在线监控，以及各种网络设定、诊断功能等，可以对 FX 系列，A 系列，Q 系列编程，不可以对 R 系列编程，编程方式以梯形图为主。

（2）GX Simulator 仿真软件，主要用于通过计算机上的虚拟 CPU 进行程序的模拟、元件的动作测试［位软元件或字软元件（软元件是 PLC 内部具有一定功能的器件，这些器件由电子电路和寄存器及存储器单元等组成，处理关/开信号的软元件称为位软元件，处理数值信号的软元件称为字软元件）］以及通过模拟输入信号进行程序模拟等。

（3）GX Configurator 编程软件，主要用于智能功能模块的启动设定、监控/测试、自动更新设定、初始设定，以及智能功能模块的动作监控、测试功能等。

（4）GX Converter 编程软件，主要用于顺序控制数据转换，将顺序控制数据转换成 TEXT 数据、CSV 数据，将 TEXT 数据、CSV 数据转换成顺序控制数据等。

（5）GX Explorer 编程软件，主要用于工作状态监控、发生故障时的报警通知、项目管理功能，以及诊断、监控、动作解析等。

（6）GX IEC Developer 软件，是面向欧洲用户的编程软件，对应系列与 GX Developer 相同，但是支持 IEC61131-3 标准，国内有少量用户使用。

（7）PX Developer 编程软件，主要用于过程 CPU 的程序开发、维护，使用 FBD 语言编写控制程序，并进行调谐、监控等。

目前三菱力推的 GX Works2 和 GX Works3 软件，相当于将 GX Devloper 与 GX IEC Developer 合并，内含 GX Simulator 仿真软件，支持 IEC61131-3 标准，但是取消了指令表的编程方式。

2. 三菱 PLC 编程软件 GX Works2 和 GX Works3 的区别

三菱 PLC 的应用非常广泛。早期，三菱 PLC 使用 GX Developer 编程软件。随着时代的进步，这个软件已经很少有人用了，基本上都是些上了岁数的只会梯形图编程的老电工在用。现在，三菱 PLC 的编程基本上用 GX Works2 和 GX Works3 两款软件。

GX Works2 和 GX Works3 这种命名方式可能让人误以为它们是同一款软件的不同版本，其实，GX Works2 和 GX Works3 是两款完全不同的软件，只是名字相似而已，因此，这两款软件可以装在同一个计算机上，如图 1-10 所示。它们的区别只是支持的 PLC 型号不同而已。

图 1-10　GX Works2 和 GX Works3 图标

（1）GX Works2 软件支持 FX 系列的 PLC，也就是大家熟悉的 FX2N、FX3U、FX3G、FX1S 等，以及三菱的大型 PLC：Q 系列和 A 系列。这款软件秉承三菱一贯的作风，即采用梯形图和寄存器的风格，因此，它有简单工程和结构化工程两种编程模式。默认编程模式是简单工程，也就是广大初学者追捧的直观易懂的梯形图，GX Works2 工程界面如图 1-11 所示。

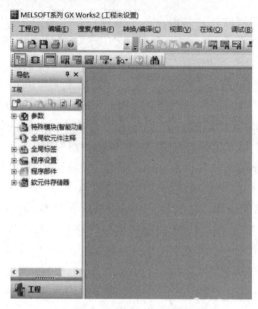

图 1-11　GX Works2 工程界面

（2）GX Works3 是三菱最新的 PLC 软件，它的风格和 AB、GE 等美系的 PLC 软件很像，支持 FX5U R 系列 PLC，也就是 IQ-F 和 IQ-R 系列。它支持结构化工程，即取消了简单工程和结构化工程的选项。但是，也可以在其中只用梯形图编程，不建 FB 和子程序，这样便和简单工程没区别了。GX Works3 工程界面如图 1-12 所示。

图 1-12　GX Works3 工程界面

3. GX Works2 软件的安装

本书重点讲述三菱 GX Works2 编程软件。

GX Works2 编程软件是基于 Windows 操作系统的应用软件，支持三菱 Q 系列、QnA 系列、A 系列、L 系列、FX 系列 PLC 及运动控制等设备的全系列编程软件。它可以用梯形图、SFC 及结构化梯形图等多种语言进行编程，该软件支持程序编辑、参数设定、网络设定、程序监控、程序调试及在线更改，还具有功能模块设置、系统标签功能，可与 HMI、运动控制器共享数据。汉化后的程序可在全汉化的界面下进行操作，无需加装仿真软件。

（1）获取软件。注册登录三菱电机自动化（中国）有限公司的官网（https://mitsubishielectric.yangben.cn/），进入官网首页，选择"资料下载"命令，找到"可编程控制器 MELSEC"项，下载 GX Works2 编程软件的安装压缩文件，还可以下载相关学习资料。

（2）GX Works2 编程软件的安装。GX Works2 编程软件安装环境：Windows/Vista/XP/7/10 操作系统。

关闭所有杀毒软件（有些系统可能还需要卸载杀毒软件），确定安装目录，打开已经下载的安装压缩文件，解压后双击"setup.exe"应用程序进行安装。在弹出的"用户信息"窗口中，填写姓名和公司名，填写产品通用 ID：570-986818410。安装完毕后重启计算机，编程软件安装完成。

4. GX Works2 编程软件的卸载

依次单击"控制面板"→"添加或删除程序"→"GX Works2"→"更改/删除"即可。

1.2.2 GX Works2 的基本操作

GX Works2 的基本使用方法与一般基于 Windows 操作系统的软件类似，这里只介绍用户常用的针对 PLC 操作的用法。

1. 新建工程

单击桌面图标运行 GX Works2 软件，单击"工程"→"新建"，就可以新建一个工程。通过创建新工程对话框，可以选择 CPU 系列（FXCPU）、PLC 机型（FX2N/FX2NC）、工程类型（简单工程）、程序语言（梯形图），如图 1-13 所示。确定对话框中的所有内容后，即可进入梯形图编辑窗口进行梯形图的编程。

图 1-13　创建新工程对话框

2. GX Works2 的基本界面

GX Works2 的基本界面如图 1-14 所示。该界面包括标题栏、菜单栏、常用工具栏、编程工具栏、导航栏、编辑区等。用户可根据需要，利用菜单栏中的视图来调整界面。

3. 梯形图编辑

用鼠标单击要输入图形的位置，即可在梯形图输入框中输入指令，也可以单击梯形图标记工具栏上的相关符号进行设计。三菱编程软件由于设计了大量快捷键（不同状态下共 150

多个），三菱 PLC 的编辑速度是最快的。常用快捷键可以通过单击编程软件中的"帮助"→"GX Words2 帮助"→"快捷键一览"进行查阅，界面如图 1-15 所示。

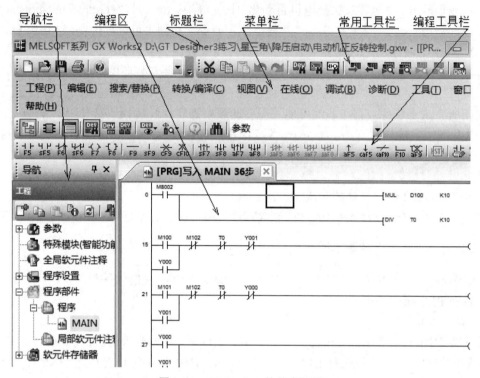

图 1-14　GX Works2 的基本界面

图 1-15　GX Works2 的编程快捷键查阅

在绘制梯形图时，应注意以下几点：

（1）一个梯形图块应设计在 24 行内。

（2）一个梯形图行的触点数是 11 触点+1 线圈，当设计梯形图时，1 行中 12 触点以上的触点自动移至下一行。

（3）梯形图剪切和复制的最大范围为 48 行。

（4）梯形图符号的插入依据挤紧右边和列插入的组合来处理，当梯形图的形状无法插入时，可通过调整位置进行解决。

（5）在读取模式下，剪切、复制、粘贴等操作不能进行。

4. 梯形图的变换与修改

首先单击要进行变换的窗口将其激活，然后单击工具栏上的转换按钮或使用快捷键 F4 完成程序变换。若程序变换过程中出现错误，则界面保持灰色状态，且光标将移至出现错误的区域，此时双击编辑区，调出程序输入窗口，重新输入指令。还可以利用编辑菜单的插入、删除操作对梯形图进行必要的修改，直至程序正确为止。

5. 程序描述

软元件注释是为了对已建立的梯形图中每个软元件的用途进行说明，以便能够在梯形图编辑界面上显示各软元件的用途。添加软元件注释的方法是单击菜单栏中的"编辑"→"文档创建"→"软元件注释编辑"。每个软元件注释可由 32 个以内的字符组成，其他相关描述也可以用同样的方法进行添加，如图 1-16 所示。

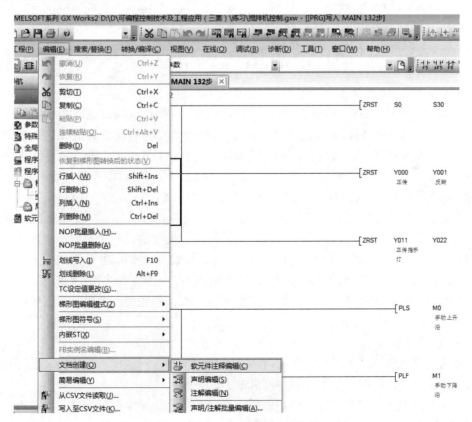

图 1-16　GX Works2 软元件注释

6. 梯形图中软元件的查找和替换

当需要对较复杂的梯形图中的软元件进行批量修改时，可采用查找及替换操作的方法。在菜单栏中选择"搜索/替换"中的"软元件搜索"菜单命令，进入"搜索/替换"对话框。在该对话框中指定所查找的软元件，对查找方向及查找对象的状态进行设定，如图 1-17 所示，也可以在该对话框中进行替换操作。

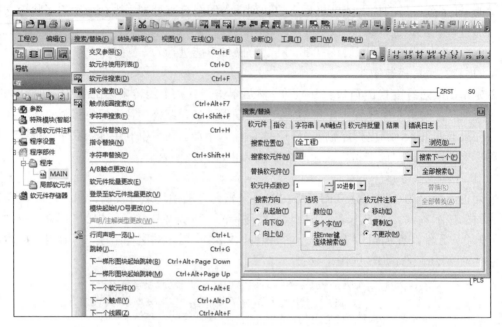

图 1-17　GX Works2 软元件查找和替换

7. PLC 的写入/读取操作

（1）数据线驱动。GX Words2 可以通过串口、USB 接口、CC-Link 扩展模块、Ethernet 扩展模块与 PLC 相连。将数据线连接到计算机上，有的 GX Words2 能自动进行驱动。对于 USB 接口，计算机找到新的硬件后，可在编辑软件的安装目录中安装驱动程序。现在有些驱动程序还可通过驱动大师在线安装，然后通过计算机的"设备管理器"找到数据线的串口号。

（2）连接目标设置。要将计算机已编制好的程序写入到 PLC，必须先进行连接目标设置。先将 PLC 与计算机的串口相连，然后在导航栏选择"连接目标"，双击 Connection1 弹出"连接目标设置"对话框，如图 1-18 所示。在"计算机侧"设置串口与"设备管理器"找到的数据线串口号一致，在"可编程控制器侧"设置"CPU 模式"与实际 PLC 系列一致，通信测试成功后，单击"确定"按钮保存设置。如果在"可编程控制器侧"选择 GOT，则计算机通过触摸屏向 PLC 下载监控程序，称为触摸屏透明传输，PLC 和触摸屏共用一根下载电缆，非常方便。

（3）读/写程序。

1）单击"在线"→"PLC 读取"打开"在线数据操作"对话框，进行相关设置并执行相应命令，就可将 PLC 中的程序读入到计算机中了。

2）单击"在线"→"PLC 写入"，同样打开"在线数据操作"对话框，进行相关设置并执行相应命令，就可将计算机中已编好的程序写入 PLC，如图 1-19 所示。

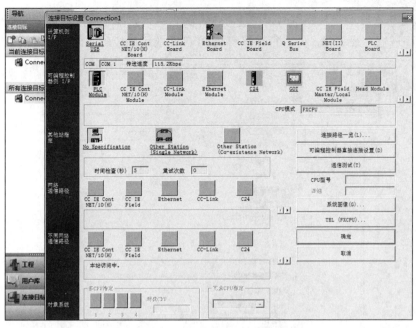

图 1-18　"连接目标设置"对话框

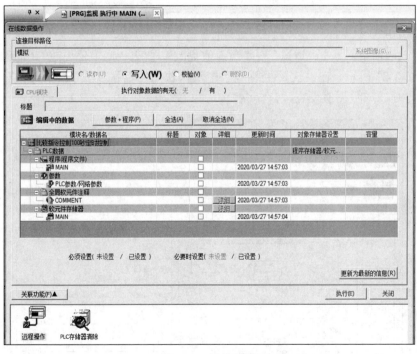

图 1-19　读/写程序

8. 监视

（1）梯形图监视。按 F3 键即可监视 PLC 的程序运行状态。当程序处于监视模式时，界面会显示"监视状态"对话框，由"监视状态"对话框可以观察到被监视的 PLC 的最大扫描时间及当前的运行状态等相关信息。在梯形图上也可以观察到各输入及输出软元件的运行状态。

当 PLC 处于在线监视状态下时，可选择"在线"→"监视"→"监视（写入模式）"菜单命令，对程序进行在线编辑，并进行计算机与 PLC 间的程序校验，如图 1-20 所示。

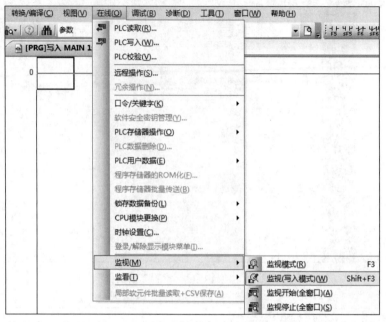

图 1-20　在线监视写入模式操作

（2）更改当前值。单击"调试"→"当前值更改"，打开"当前值更改"（也称为"强制"）对话框，如图 1-21 所示。在"软元件/标签"中输入软元件名称，在"数据类型"中选择数据类型，再进行通断或数据值设置。

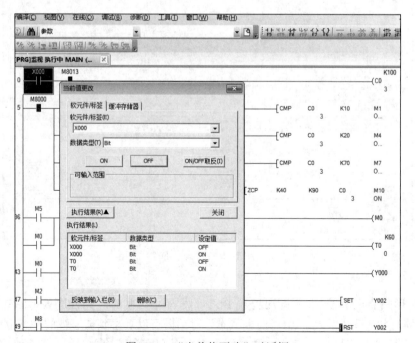

图 1-21　"当前值更改"对话框

（3）批量监视软元件/缓冲存储器。单击"在线"→"监视"→"软元件/缓冲存储器批量监视"就可以打开"软元件/缓冲存储器批量监视"对话框，如图1-22所示。在"软元件名"中输入软元件名称，然后进行其他相关设置，就可以批量监视软元件，还可对缓冲存储器登录进行监视。

图1-22 "软元件/缓冲存储器批量监视"对话框

1.2.3 GX-Simulator 仿真软件在程序调试中的应用

1. GX-Simulator 仿真软件的特点

学习PLC，除了阅读教材和用户手册外，更重要的是要动手编程和上机调试。若没有PLC，缺乏试验条件，无法检验编写的程序是否正确，则编程能力很难提高。PLC 仿真软件是解决这一问题的理想工具。

GX-Simulator 是嵌于 GX Works2 中的三菱 PLC 仿真软件，通过它能实现三菱全系列 PLC 离线调试。通过使用 GX-Simulator 仿真软件，就能在不需要连接实际 PLC 设备的基础上，进行 PLC 程序开发和调试，缩短程序的调试时间。该仿真软件具有以下特点：

（1）只需一台计算机即可实现程序调试。在调试 PLC 时，如果没有仿真软件，除了 PLC 以外，有时还需要另外准备输入/输出模块、特殊功能模块、外部机器等，才能实现系统的调试。使用仿真软件，不需要 PLC 及外部设备即可实现安全的模拟调试。

（2）能够监视软元件的状态。仿真软件除了实现对软元件的通断状态及数值的监视外，还能够强制进行软元件的通断状的更改态及数值的修改等，并可通过时序图形式表示软元件的通断状态及数值。

（3）能够模拟部分外部设备运行。在仿真软件中，通过 I/O 系统可对所用的位元件设定通断。对所用字元件的值进行设定，就能够模拟可编程控制器外部的输入/输出状态。

（4）仿真功能有限。使用仿真软件，虽然模拟调试 PLC 的开关量、步进指令等效果很好，但不能确保被调试的程序在现场正确运行，这是因为经过计算机模拟计算的结果与实际操作可能会不同。另外，仿真软件的定时误差较大，不支持高速脉冲输出、PID 等指令，也不能访问特殊功能模块及一些特殊设备。因此，在实际程序运行之前，仍然需要连接实际的 PLC 及其扩展模块，进行大量的现场调试工作，才能保证程序的正常运行。

2. GX-Simulator 仿真步骤

打开一个简单的工程，单击工具栏上的"模拟开始/停止"按钮，或执行主菜单中的"调试"→"模拟开始/停止"命令，将弹出"PLC 写入"窗口，待写入完成后，单击"关闭"按钮，这时系统将弹出 GX-Simulator2 窗口。选择 RUN 或 STOP 命令可以启动或停止仿真。在

"GX-Simulator2"窗口中选择 RUN 命令，就可以应用此仿真模式来进行工程调试，进行监视、当前值修改等操作，也可修改设计中的错误，从而达到预期设计的效果。模拟仿真界面如图 1-23 所示。

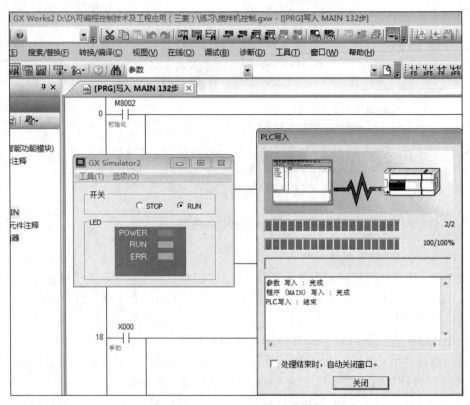

图 1-23　模拟仿真界面

1.3　三菱 PLC 的硬件组成及组态

1.3.1　FX 系列 PLC 简介

1. FX 系列 PLC 概述

FX 系列 PLC 是由日本三菱公司推出的高性能小型 PLC，已逐步替代三菱公司早期的 F、F_1、F_2 系列 PLC 产品，目前主要分 1N、2N、3U、5U 等系列。这类机型具有结构紧凑、扩展模块及特殊功能模块丰富、性价比优良、使用方便简单等特点。

FX 系列 PLC 型号的含义如下：

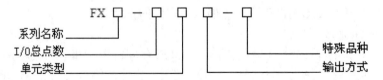

系列名称：如 0、2、0S、1S、0N、1N、2N、2NC、3U、5U 等。

单元类型：M 表示基本单元；E 表示输入/输出混合扩展单元；EX 表示扩展输入模块；EY 表示扩展输出模块。

输出方式：R 表示继电器输出；S 表示晶闸管输出；T 表示晶体管输出。

特殊品种：D 表示直流电源，直流输入；A 表示交流电源，交流输入或交流输入模块；S 表示独立端子（无公共端）扩展模块；H 表示大电流输出扩展模块；V 表示立式端子排的扩展模块；F 表示输入滤波器 1ms 的扩展模块；L 表示 TTL 输入型扩展模块；C 表示接插口输入/输出方式。

如果特殊品种一项无代号，则通指 AC 电源、DC 输入、横式端子排、标准输出。

例如，FX3U-32MT/ES-A 表示 FX3U 系列，32 个 I/O 点基本单位，晶体管漏型输出（ESS 为源型输出），使用 AC 电源。

2. FX 系列 PLC 的组成部件

FX 系列 PLC 的硬件包括基本单元、I/O 扩展单元、I/O 扩展模块、特殊功能模块及外部设备等。

（1）FX 系列 PLC 的基本单元。基本单元是构成 PLC 系列的核心部件，内有 CPU、存储器、I/O 模块、通信接口和扩展接口等。由于 FX 系列 PLC 有众多的子系列，现以 FX$_{2N}$ 系列为例进行介绍。

FX$_{2N}$ 系列 PLC 是 FX 家族中最先进的 PLC 系列之一，其基本单位有 16/32/48/64/80/128 点，6 个基本 FX$_{2N}$ 系列 PLC 中的每一个单元都可以通过 I/O 扩展单元扩充为 256 个 I/O 点。FX$_{2N}$ 系列 PLC 的基本单元说明见表 1-1。

表 1-1　FX$_{2N}$ 系列 PLC 的基本单元说明

型号			输入点数/个	输出点数/个	扩展模块可用点数/个
继电器输出	晶闸管输出	晶体管输出			
FX$_{2N}$-16MR-001	FX$_{2N}$-16MS	FX$_{2N}$-16MT	8	8	24～32
FX$_{2N}$-32MR-001	FX$_{2N}$-32MS	FX$_{2N}$-32MT	16	16	24～32
FX$_{2N}$-48MR-001	FX$_{2N}$-48MS	FX$_{2N}$-48MT	24	24	48～64
FX$_{2N}$-64MR-001	FX$_{2N}$-64MS	FX$_{2N}$-64MT	32	32	48～64
FX$_{2N}$-80MR-001	FX$_{2N}$-80MS	FX$_{2N}$-80MT	40	40	48～64
FX$_{2N}$-128MR-001		FX$_{2N}$-128MT	64	64	48～64

FX$_{2N}$ 系列 PLC 具有丰富的元件资源，有 3072 个点的辅助继电器；提供多种特殊功能模块，可实现过程控制、位置控制；有多种 RS-232C/RS-422/RS-485 串行通信模块或功能扩展板，支持网络通信。FX$_{2N}$ 系列 PLC 具有较强的数学指令集，使用 32 位处理浮点数；具有方根和三角几何指令，可满足一些算法功能要求很高的数据处理。

（2）FX 系列 PLC 的 I/O 扩展单元和 I/O 扩展模块。FX 系列 PLC 具有较为灵活的 I/O 扩展功能，可以用扩展单元及扩展模块实现 I/O 扩展。现以 FX$_{2N}$ 系列为例进行介绍。

FX 系列 PLC 的 I/O 扩展单元说明见表 1-2。FX 系列 PLC 的 I/O 扩展模块说明见表 1-3。

（3）FX 系列 PLC 的特殊功能模块。

1）模拟量 I/O 模块。FX 系列 PLC 的模拟 I/O 模块说明见表 1-4。

表 1-2　FX$_{2N}$ 系列 PLC 的 I/O 扩展单元说明

型号	总 I/O 点数/个	输入			输出	
		点数/个	电压/V	类型	点数/个	类型
FX$_{2N}$-32ER	32	16	DC24	漏型	16	继电器
FX$_{2N}$-32ET	32	16	DC24	漏型	16	晶体管
FX$_{2N}$-48ER	48	24	DC24	漏型	24	继电器
FX$_{2N}$-48ET	48	24	DC24	漏型	24	晶体管
FX$_{2N}$-48ER-D	48	24	DC24	漏型	24	继电器（直流）
FX$_{2N}$-48ET-D	48	24	DC24	漏型	24	晶体管（直流）

表 1-3　FX$_{2N}$ 系列 PLC 的 I/O 扩展模块说明

型号	总 I/O 点数/个	输入			输出	
		点数/个	电压/V	类型	点数/个	类型
FX$_{2N}$-16EX	16	16	DC24	漏型		
FX$_{2N}$-16EYT	16				16	晶体管
FX$_{2N}$-16EYR	16				16	继电器

表 1-4　FX 系列 PLC 的模拟 I/O 模块说明

型号	特点	适用范围
FX$_{0N}$-3A	2 路模拟量输入（DC0～10V 或 DC4～20mA）和一路模拟量输出通道，分辨率为 8 位，转换时间为 100μs	适用于 FX$_{1N}$、FX$_{2N}$、FX$_{2NC}$ 子系列 PLC，占用 8 个 I/O 点
FX$_{2N}$-2AD	2 路电压输入（DC0～10V 或 DC0～5V）或一路电流输入（DC4～20mA），分辨率为 12 位，转换速度为 2.5ms/通道	适用于 FX$_{1N}$、FX$_{2N}$、FX$_{2NC}$ 子系列 PLC，占用 8 个 I/O 点
FX$_{2N}$-4AD	4 个输入通道，可选择电流或电压输入，选择通过用户接线来实现。分辨率为 12 位，转换速度为 6ms/通道	适用于 FX$_{1N}$、FX$_{2N}$、FX$_{2NC}$ 子系列 PLC，占用 8 个 I/O 点
FX$_{2N}$-2DA	将 12 位的数字量转换成 2 路模拟量输出。输出形式可为电压或电流。电压输出时，信号为 DC0～10V、DC0～5V；电流输出时为 DC4～20mA。分辨率为 2.5mV（DC0～10V）和 4μA（4～20mA），转换速度为 4ms/通道	适用于 FX$_{1N}$、FX$_{2N}$、FX$_{2NC}$ 子系列 PLC，占用 8 个 I/O 点
FX$_{2N}$-4DA	4 个输出通道，分辨率为 12 位，转换速度为 2.1ms/通道	适用于 FX$_{1N}$、FX$_{2N}$、FX$_{2NC}$ 子系列 PLC，占用 8 个 I/O 点
FX$_{2N}$-4DA-PT	该模块与 Pt100 型温度传感器匹配，将来自四个铂温度传感器的输入信号放大，并将数据转换成 12 位可读数据，存储在主机单元中。分辨率为 0.2～0.3℃，转换速度为 15ms/通道	适用于 FX$_{1N}$、FX$_{2N}$、FX$_{2NC}$ 子系列 PLC，占用 8 个 I/O 点
FX$_{2N}$-4DA-TC	该模块与热电偶型温度传感器匹配，将来自四个热电偶传感器的输入信号放大，并将数据转换成 12 位可读数据，存储在主机单元中。分辨率为 0.2℃（K 型）或 0.3℃（J 型），转换速度为 240ms/通道	适用于 FX$_{1N}$、FX$_{2N}$、FX$_{2NC}$ 子系列 PLC，占用 8 个 I/O 点

2）PID 过程控制模块。FX$_{2N}$-2LC 温度调节模块用在温度控制系统中。该模块配有 2 个温度输入通道和 2 个晶体管输出通道，即一个模块能组成两个温度调节系统。模块提供了自调节的 PID 控制和 PI 控制，控制的运行周期为 500ms，占用 8 个 I/O 点，适用于 FX$_{1N}$、FX$_{2N}$、FX$_{2NC}$ 子系列 PLC。

3）通信模块。PLC 的通信模块用来完成与其他 PLC、其他职能控制设备或计算机之间的通信。FX 系列通信功能扩展模块说明见表 1-5。

表 1-5　FX 系列通信功能扩展模块说明

型号	特点
FX$_{0N}$-232-BD	以 RS-232 传输标准将 PLC 与其他设备进行连接的接口模块，最大传输距离为 15m，最高波特率为 19200bit/s
FX$_{2N}$-232IF	连接到 FX$_{2N}$ 系列 PLC 上，使 PLC 与其他配有 RS-232C 接口的设备进行全双工串行通信。最大传输距离为 15m，最高波特率为 19200bit/s，占用 8 个 I/O 点
FX$_{2N}$-422-BD	用于 RS-422 通信，可连接到 FX$_{2N}$ 系列 PLC 上，作为编程或控制工具的一个端口。可用此接口连接 PLC 的外部设备、数据存储单元和人机界面设备
FX$_{2N}$-485-BD	用于 RS-485 通信，可应用于无协议的数据传送。最大传输距离为 50m，最高波特率为 19200bit/s

4）高速计数器模块。由于受到扫描周期的限制，PLC 中普通的计数器的最高工作频率不高，一般仅有几十 kHz，而在工业实际应用中有时需要超过这个工作频率，PLC 中的高速计数器模块满足了这一要求，它可以达到对几十 kHz 以上，甚至 MHz 以上的脉冲计数。FX$_{2N}$-1HC 高速计数器模块技术指标见表 1-6。

表 1-6　FX$_{2N}$-1HC 高速计数器模块技术指标

项目	描述
信号等级	5V、12V、24V，取决于连接端子。线驱动器输出型连接到 5V 端子上
频率	单相单输入：不超过 50kHz 单相双输入：每个不超过 50kHz 双相双输入：不超过 50kHz（1 倍数）；不超过 25kHz（2 倍数）；不超过 12.5kHz（4 倍数）
计数器范围	32 位二进制计数器：-2147483648～+2147483647 16 位二进制计数器：0～65535
计数方式	自动时，向上/向下（单相双输入或双相双输入）；当工作在单相单输入方式时，向上/向下由一个 PLC 或外部输入端子确定
比较类型	YH：直接输出，通过硬件比较器进行处理 YS：软件比较器处理后输出，最大延迟时间为 300ms
输出类型	NPN 型晶体管开路输出 2 点 5～24V，直流每点 0.5A
辅助功能	可以通过 PLC 的参数来设置模式和比较结果；可以监测当前值、比较结果和误差状态
占用的 I/O 点数	这个模块占用 8 个输入或输出点（输入或输出均可）

续表

项目	描述
基本单元提供的电源	5V、90mA 直流（主单元提供的内部电源或电源扩展单元）
适用的 PLC	FX$_{1N}$、FX$_{2N}$、FX$_{2NC}$（需要 FX$_{2N}$C-CNV-IF）
尺寸（宽×高×厚）	55mm×87mm×90mm（2.71in×3.43in×3.54in）
重量	0.3kg

（4）FX 系列 PLC 的编程器及其他外部设备。

1）编程器。编程器是 PLC 的一个重要外部设备，用它将用户程序写入 PLC 用户程序存储器中。通过它一方面对 PLC 进行编程，另一方面又能对 PLC 的工作状态进行监控。随着 PLC 技术的发展及编程语言的多样化，编程器的功能也在不断增加。

● 简易编程器。FX 系列 PLC 的简易编程器较多，最常用的是 FX-10P-E 和 FX-20P-E 手持型简易编程器。它们具有体积小、重量轻、价格低、功能强的特点；编程分为在线编程和离线编程两种方式；采用液晶显示屏，分别显示 2 行和 4 行字符，配有只读存储器（ROM）写入器接口、存储器卡盒接口。编程器可用指令表的形式读出、写入、插入和删除指令，进行用户程序的输入和编辑；可监视位编程元件的 ON/OFF 状态和字编程元件中的数据，如计数器、定时器的当前值及设定值，内部数据寄存器的值以及 PLC 内部的其他信息。

● 编程器开发软件。FX 系列 PLC 还有一些编程开发软件，如 GX 开发工具。它可以用于生成涵盖所有三菱 PLC 设备的软件包。使用编程器开发软件可以为 FX、A 等系列 PLC 生成程序。该软件在 Windows 操作系统上运行，便于操作和维护，可以用梯形图、语句表等进行编程，程序兼容性强。FX-PCS/WIN-E-C 编程软件包也是一个专门用来开发 FX 系列 PLC 程序的软件包，可用梯形图、语句表、顺序功能图来写入和编辑程序，并能进行各种编程方式的互换。它运用于 Windows 操作系统环境，这对于调试操作和维护操作来说可以提高工作效率，并具有较强的兼容性。

2）其他外部设备。在一个 PLC 控制系统中还有一些辅助设备，如触摸屏、打印机、电可编程只读存储器（EPROM）写入器、外存储器模块等。

（5）FX 系列 PLC 各单元模块的连接。FX 系列 PLC 吸取了整体式和模块式 PLC 的优点，各单元间采用叠装式连接，即 PLC 的基本单元、扩展单元和扩展模块深度及高度均相同，所以在使用时，仅用扁平电缆连接而不需要用基板连接即可构成一个整齐的长方体。使用 FRON/TO 指令的特殊功能模块，如模拟量输入和输出模块、高速计数器模块等，可直接连接到 FX 系列 PLC 的基本单元或连到其他扩展单元、扩展模块的右边。根据它们与基本单元的距离，对每个模块按 0～7 的顺序编号，最多可连接的特殊功能模块不能超过 8 个。

3．FX 系列 PLC 的系统结构

FX 系列 PLC 系统由基本单元（主机）、扩展单元、扩展模块、特殊扩展设备、外部设备等构成。

（1）基本单元中包含 CPU、存储器、I/O 电路和电源，是 PLC 系统的主要部分。

（2）扩展单元用于增加 I/O 点数，其内部设有电源。

（3）扩展模块用于增加 I/O 点数和改变 I/O 比例，模块内部无电源，由基本单元或扩展单元供电。因为扩展单元与扩展模块都不包含 CPU，所以必须与基本单元一起使用。

（4）特殊扩展设备由特殊功能板、特殊模块、特殊单元组成，是为获得某些特殊功能、满足控制要求的特殊装置。

（5）外部设备由编程器、数据存取单元或人机界面组成。编程器用于程序的输入、调试和运行监视、故障分析；人机界面可以进行图像数据显示，对控制过程进行全面监控。

4. FX 系列 PLC 的 CPU 模块与电源模块

（1）CPU 模块。CPU 是 PLC 中的重要部分，是 PLC 的"大脑"，它控制所有其他部件的操作，一般由控制电路、运算器、寄存器等组成，通过地址总线、数据总线和控制总线与存储器、I/O 接口电路连接。

CPU 在 PLC 控制系统中主要完成以下任务。

1）按照制造厂商预先编好的系统程序（也可称为操作系统）接收并存储从编程器写入的用户程序和数据。

2）在执行系统程序时，按照预先编好的指令序列用扫描的方式接收现场输入装置的状态或数据，并将其存入用户存储器的输入状态表或数据寄存器中，同时诊断电源、PLC 内部各电路状态和用户编辑中的语法错误，进入运行状态后，从存储器中逐条读取用户程序。

3）经过命令解释后按指令规定的任务产生相应的控制信号，控制有关的控制门电路，分时、分通道地执行数据的存取、传送、组合、比较和变换等工作，完成用户程序中规定的运算任务。

4）根据运算结果更新有关标志位和输出状态寄存器表的内容。

5）根据输出状态寄存器表的内容，实现输出控制、打印或数据通信等外部功能。

（2）电源模块。PLC 的工作电源一般有以下两种提供方式：一种是由外部直流电源提供给 PLC 工作的 24V 电源；另一种是采用 PLC 本身自带的开关电源提供 PLC 所需的电能。

如果采用开关电源，开关电源将外部供给的交流电转换成供 CPU、存储器等所需的直流电，作为整个 PLC 的电能供给中心。PLC 大都采用质量高、工作稳定性好、抗干扰能力强的开关稳压电源，许多 PLC 电源还可向外部提供 24V 直流稳压电源，用于向输入接口上的接入电气元件供电，从而简化外部设备配置。

5. FX$_{3U}$ 系列 PLC 的功能与特点

FX$_{3U}$ 系列 PLC 中集成了多项业界领先功能，如下所述。

（1）晶体管输出型的基本单元内置了 3 轴独立最高 100kHz 的定位功能，并且增加了新的定位指令；带 DOG 搜索的原点回归（DSZR）、中断定位（DVIT）和表格设定定位（TBL）等功能，使定位控制功能更加强大，使用更为方便。

（2）内置 6 点同时 100kHz 的高速计数器功能。

（3）FX$_{3U}$ 系列 PLC 专门增强了通信的功能，其内置的编程口可以达到 115.2kbit/s 的高速通信能力，而且最多可以同时使用 3 个通信口（包括编程口在内）。

（4）FX$_{3U}$ 系列 PLC 增加了高速输入/输出适配器、模拟量输入/输出适配器和温度输入适配器，这些适配器不占用系统点数，使用方便。通过使用高速输出适配器可以实现最多 4 轴、最高 200kHz 的定位控制；通过使用高速输入适配器可以实现最高 200kHz 的高速计数器。

1.3.2　Q系列PLC简介

1. Q系列PLC概述

Q系列PLC是三菱公司在原A系列PLC基础上，经数年研发而成的中、大型PLC系列产品。

Q系列PLC采用了模块化的结构形式，系列产品的组成与规模灵活可变，最大I/O点数可以达到4096点；最大程序存储器容量可达252KB，采用扩展存储器后可以达到32MB；基本指令的处理速度可以达到34ns；其性能水平居世界领先地位，可以适用于各种中等复杂机械、自动生产线的控制场合。

Q系列PLC的基本组成包括电源模块、CPU模块、基板、I/O模块等。根据控制系统需要的不同，系列产品有多种电源模块、CPU模块、基板、I/O模块供用户选择。通过扩展基板与I/O模块可以增加I/O点数；通过扩展存储器卡可增加程序存储器的容量；通过各种特殊功能模块可提高PLC的性能，扩大PLC的应用范围。

Q系列PLC可以实现多CPU模块在同一基板上安装。CPU模块可以通过自动刷新进行定期通信或通过特殊指令进行瞬时通信，以提高系统的处理速度。特殊设计的过程控制CPU模块与高分辨率的模拟量I/O模块，可以满足各类过程控制的需要，最大可以控制32位的高速运动控制CPU模块，可以满足各种运动控制的需要。计算机信息处理CPU可以对各种信息进行控制与处理，从而实现顺序控制与信息处理的一体化，以构成最佳系统。利用冗余CPU、冗余通信模块与冗余电源模块等，可以构成连续、不停机工作的冗余系统。

Q系列PLC配备各种类型的网络通信模块，可以组成速度达100Mbit/s的工业以太网（Ethernet）、25Mbit/s的MELSEC NET/H局域网、10Mbit/s的CC-Link现场总线网与CC-Link/LT执行传感器网。强大的网络通信功能，为构成工厂自动化系统提供了可能。

2. Q系列PLC基本结构与特点

Q系列PLC的CPU可以分为基本型、高性能型、过程控制型、运动控制型、计算机型、冗余型等多种系列产品，以适合不同的控制要求。其中，基本型、高性能型、过程控制型为常用控制系列产品；运动控制型、计算机型、冗余型一般用于特殊的控制场合。

基本型CPU包括Q00J、Q00、Q01共三种基本型号。其中，Q00J型CPU是包括CPU模块、电源模块、主基板（5插槽）为一体的CPU模块，结构紧凑、功能精简，可以安装最多2级的扩展基板、最多16块的I/O模块和智能模块，最大I/O点数为256点，程序存储器容量为8KB，可以适用于小规模控制系统；Q00、Q01型CPU是安装在主基板上的单个CPU模块，功能极强，可以安装最多4级的扩展基板、最多24块I/O模块和智能模块，最大I/O点数为1024点，程序存储器容量为14KB，是一种为中、小规模控制系统而设计的常用PLC产品。

3. Q系列PLC的CPU模块与电源模块

（1）CPU模块。Q系列PLC的CPU模块分为以下几种型号。

1）Q00J型CPU模块。采用Q00J型CPU模块的Q系列PLC的系统构成如图1-24所示。

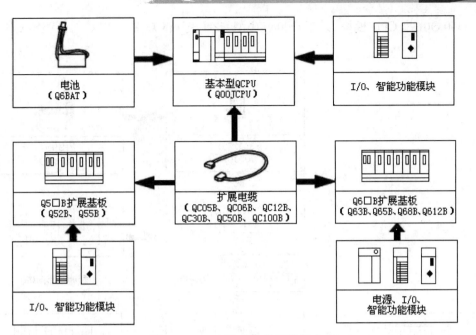

图 1-24　Q00J 型 PLC 的系统构成

Q00J 型 PLC 进行扩展连接时应注意以下几点：一是 Q00J 型 CPU 包括了 CPU 和带电源的 5 槽主基板，不需要选用 Q3 系列主基板，对于 I/O 点数较少的 PLC 系统，只需要选择必要的 I/O 模块便可成套使用；二是 Q00J 型 CPU 需要增加扩展时，应根据扩展基板的需要决定是否选用相应的电源模块，对于 Q6 系列扩展基板，需要配套电源模块，对于 Q5 系列扩展基板，则不需要配套电源模块；三是 Q00J 型 CPU 最大可以连接的扩展基板数量为 2 级，但系统采用触摸屏后，扩展基板只能连接 1 级。Q00J 型 PLC 的扩展连接如图 1-25 所示。

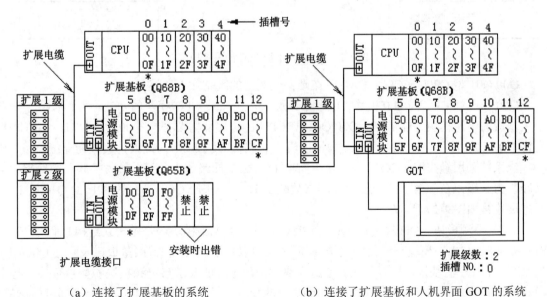

（a）连接了扩展基板的系统　　　　（b）连接了扩展基板和人机界面 GOT 的系统

图 1-25　Q00J 型 PLC 的扩展连接

*表示主基板和扩展基板的各插槽中安装了 16 点模块的场合

2）Q00/Q01 型 CPU 模块。采用 Q00/Q01 型 CPU 模块的 Q 系列 PLC 的系统构成如图 1-26 所示。

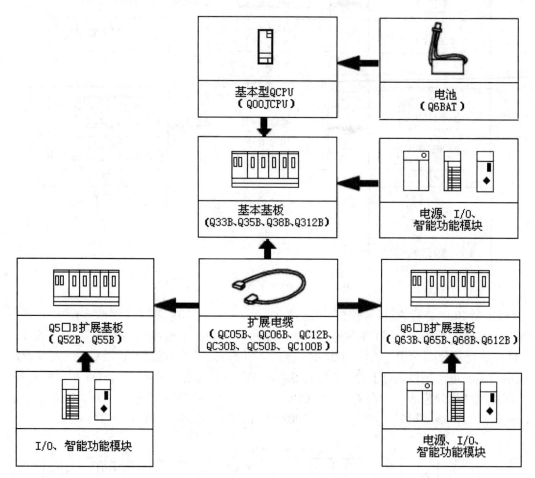

图 1-26　Q00/Q01 型 PLC 的系统构成

Q00/Q01 型 CPU 与 Q00J 型 CPU 在硬件配置上的区别如下所述。

Q00/Q01 型 CPU 为独立模块，因此必须配置用于安装 CPU 模块的 Q3 系列主基板与安装于主基板的电源模块方能工作。Q00/Q01 型 CPU 的扩展能力要强于 Q00J 型 CPU。它的最大允许 I/O 点数可以达到 1024 点，最大扩展模块的数量可达 24 个，最大扩展级为 4 级。

当系统采用触摸屏（GOT）后，扩展基板比最大扩展级数少一级，最大扩展级由原来的 4 级减小为 3 级，在基板上可安装的控制点数减少 16 点。采用 Q00/Q01 型 CPU 的 Q 系列 PLC 的扩展连接如图 1-27 所示。

（2）电源模块。Q00J、Q00/Q01 型 PLC 有独立的电源模块，是模块式结构，而 Q00J 型 PLC 是 CPU 与电源模块一体化的结构。电源模块可以用于 Q00J 型扩展基板以及配套 Q00/Q01 型 CPU 的 PLC 主基板、扩展基板。电源模块对外部电源的要求与电源模块的型号有关，电源模块的选择决定于系统的 I/O 点数、扩展基板的型号及扩展模块的数量。用于 Q 系列基本型 PLC 的电源模块主要有以下几种规格：

1）Q61P-A1：AC100～120V 输入，DC5V/6A 输出。

2) Q61P-A2：AC200～240V 输入，DC5V/6A 输出。

3) Q62P：AC100～240V 输入，DC5V/3A、DC24V/0.6A 输出。

4) Q63P：DC240 输入，DC5V/6A 输出。

5) Q64P：AC100～240V/200～240V 输入，DC5V/8.5A 输出。

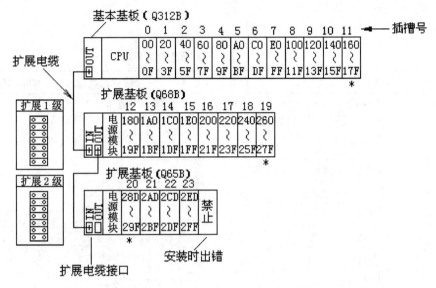

图 1-27　Q00/Q01 型 PLC 的扩展连接

*表示主基板和扩展基板的各插槽中安装了 32 点模块的场合

1.3.3　工控组态

1. 工控组态概述

在使用工控软件中，我们经常提到组态（Configuration）一词，它指用应用软件中提供的工具、方法完成工程中某一具体任务的过程。与硬件生产相对照，组态与组装类似。如，要组装一台计算机，事先要准备各种型号的主板、机箱、电源、CPU、显示器、硬盘、光驱等，我们的工作就是用这些部件组装成自己需要的计算机。当然软件中的组态要比硬件的组装有更大的发挥空间，因为一般软件中的"部件"要比硬件中的"部件"多，而且每个"部件"都很灵活，因为软部件都有内部属性，通过改变属性可以改变其规格（如大小、形状、颜色等）。

在组态概念出现之前，要实现某一任务，都是通过编写程序（如，通过 BASIC、C、FORTRAN 等编程语言）来实现的。编写程序不但工作量大、周期长，而且容易犯错误，不易保证工期。组态软件的出现则解决了这个问题。对于过去需要几个月的工作，通过组态软件几天就可以完成。

组态软件是有专业性的。一种组态软件只能适合某种领域的应用。组态概念最早出现在工业计算机控制中，如 DCS（集散控制系统）组态、PLC（可编程序控制器）梯形图组态。人机界面生成软件就叫工控组态软件。其实在其他行业也有组态的概念，人们只是不这么叫而已。组态形成的数据只有其制造工具或其他专用工具才能识别。不同之处在于，工业控制中形成的组态结果是用于实时监控的，组态工具的解释引擎要根据这些组态结果实时运行。从表面上看，组态工具的运行程序就是执行自己特定的任务。虽然说组态不需要编写程序就能完成特定的应用，但是为了提供一些灵活性，组态软件也提供了编程手段，一般都是内置编译系统，提供类似 BASIC 的编程语言，有的甚至支持 VB。

2. 多机架系统的组态

多机架系统的组态模块要求见表 1-7。

表 1-7　多机架系统的组态模块要求

CPU		扩展基板数/个	模块安装数量/个	扩展电缆总长度/m
基本型	Q00J 型 CPU	2（最大）	16（最大）③	
	Q00 型 CPU	4（最大）	24（最大）③	
	Q01 型 CPU			
高性能型	Q02 型 CPU	7（最大）	64（最大）③	13.2（最大）
	Q02H 型 CPU			
	Q06H 型 CPU			
	Q12H 型 CPU			
	Q25H 型 CPU			
过程 CPU	Q12PH 型 CPU			
	Q25PH 型 CPU			
冗余 CPU	Q12PRH 型 CPU	0①	11（最大）②	
	Q25PRH 型 CPU			

注：①非冗余模块全部安装于远程站（一个远程站最多可安装 64 个模块）。
②最多可安装 7 个电源冗余模块。
③使用 12 槽基板时，可安装的最大 I/O 模块数、智能功能模块数和网络模块数分别为 16、24、64。

3. I/O 模块的地址分配

I/O 模块的地址由编程元件和五位数字组成，如 X00000、Y00100 等，五位数字中，前四位数字为位地址，表示 I/O 模块所处的通道号（每 16 点为一个通道），最后一位数字为位地址，表示 I/O 模块在相应通道中所占的位。下面以图 1-28 所示的 PLC 系统配置进行地址分配。该系统主基板选 8 槽（00CH～07CH），扩展基板选 5 槽的无源扩展模块。如果选用 4 块 16 点的输入模块分别放在 00CH～03CH 槽，1 块 32 点的输入模块放在 04CH 槽，4 块 16 点的输出模块分别放在 08CH～0BCH 槽，其余为空槽（各为 16 点），则地址分配分别为 00CH:X00～X0F、01CH:X10～X1F、02CH:X20～X2F、03CH:X30～X3F、04CH:X40～X5F、08CH:Y90～Y9F、09CH:YA0～YAF、0ACH:YB0～YBF、0BCH:YC0～YCF。

地址分配很方便，00CH 槽的地址 X00～X0F 分配完后，01CH 槽的地址可以为 X10～X1F，也可以为其他的 16 的倍数。如，若 01CH 槽的地址设为 X50～X5F，则后面槽的地址也应进行相应的改变。地址设置完成后，必须在 PLC 编程软件中进行相应的 I/O 地址分配，使之与上面设定的地址一致，否则 PLC 会出错。

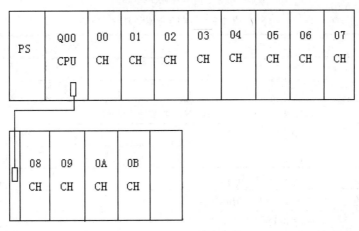

图 1-28　PLC 系统配置

4. CPU 模块的参数设置

可以在 GX Works2 编程软件中对参数进行设置，I/O 分配的具体操作见 1.2 节。

1.3.4　I/O 模块

1. 数字量输入模块

Q 系列 PLC 输入模块分为 AC 输入模块和 DC 输入模块，输入点数有 8 点、16 点、32 点和 64 点。其中 8 点和 16 点输入的为螺钉连接型；而 32 点和 64 点输入的必须另选连接器方可接线。以 QX40 为例，QX40 接线图见表 1-8，16 点的 DC 输入模块 QX40 的接线图及参数说明见表 1-9。

表 1-8　QX40 接线图及参数说明

外部连接	端子排编号	信号名称	端子排编号	信号名称
	TB1	X00	TB10	X09
	TB2	X01	TB11	X0A
	TB3	X02	TB12	X0B
	TB4	X03	TB13	X0C
	TB5	X04	TB14	X0D
	TB6	X05	TB15	X0E
	TB7	X06	TB16	X0F
	TB8	X07	TB17	COM
	TB9	X08	TB18	空

2. 数字量输出模块

Q 系列 PLC 输出模块分为触点输出（即继电器输出）、晶闸管输出和晶体管输出三种类型，输出点数有 8 点、16 点、32 点和 64 点。晶体管输出又分为漏型和源型两种。下面以 16 点的源型晶体管输出模块 QY80 为例进行讲解。QY80 接线图见表 1-10，参数说明见表 1-11。

表 1-9　QX40 参数说明

项目		说明	外形
输入点数		16 点	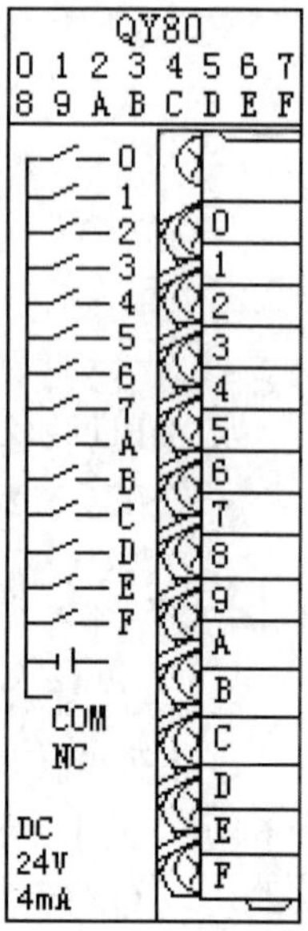
隔离方法		光耦合器	
额定输入电压		DC24V（+20%/-15%，纹波系数在 5% 以内）	
额定输入电流		约 4mA	
输入额定降低值		无	
ON 电压/ON 电流		19V 或更高/3mA 或更高	
OFF 电压/OFF 电流		11V 或更低/1.7mA 或更低	
输入阻抗		约 5.6kΩ	
响应时间	OFF 至 ON	1ms/5ms/10ms/20ms/70ms 或更短（在编程软件中设置）初始化设置为 10ms	
	ON 至 OFF	1ms/5ms/10ms/20ms/70ms 或更短（在编程软件中设置）初始化设置为 10ms	
公共端子排列		16 点/公共端（公共端子：TB17）	
I/O 点数		16（按 16 点输入模块设置 I/O 分配）	
运行指示器		ON 指示（LED）	
外部连接		18 点端子排（M3×6 螺钉）	
适用导线截面积		芯 0.3～0.75mm^2（外径最大 2.8 mm^2）	
适用夹紧端子		R1.25-3（不能使用带套管夹紧端子）	
DC5V 内部电流消耗		50mA（所有点：ON）	
重量		0.16kg	

表 1-10　QY80 接线图

外部连接	端子排编号	信号名称	端子排编号	信号名称
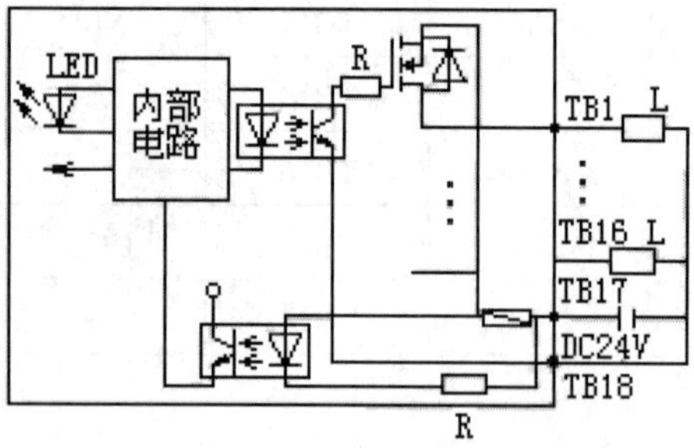	TB1	Y00	TB10	Y09
	TB2	Y01	TB11	Y0A
	TB3	Y02	TB12	Y0B
	TB4	Y03	TB13	Y0C
	TB5	Y04	TB14	Y0D
	TB6	Y05	TB15	Y0E
	TB7	Y06	TB16	Y0F
	TB8	Y07	TB17	COM
	TB9	Y08	TB18	0

表 1-11　QY80 参数说明

项目		说明	外形
输出点数		16 点	
隔离方法		光耦合器	
额定负载电压		DC12～24V（+20%/-15%）	
最大负载电流		约 0.5A/点，　4A/公共端	
最大启动电流		4A，10ms 或更短	
OFF 时的泄漏电流		0.1mA 或更小	
ON 时的最大电压降		DC0.2V（标准）0.5A，DC0.3V（最大）0.5A，	
输入阻抗		约 5.6kΩ	
响应时间	OFF 至 ON	1ms 或更短	
	ON 至 OFF	1ms 或更短（额定负载、电阻负载）	
电涌抑制器		齐纳二极管	
熔丝		6.7A（不可更改）（熔丝熔断电流：50A）	
熔丝熔断指示		有（当熔断时 LED 有表示并且信号输出到 CPU）	
外部电源	电压	DC12～24V（+20%/-15%，纹波系数在 5%以内）	
	电流	20mA（在 DC24V 时）	
介质耐压电压		AC560V（有效值）/3 个周期（海拔 2000m）	
绝缘电阻		由绝缘电阻测试仪器测出 10MΩ或更高	
抗扰度		通过 500V（峰-峰）噪声电压、1μs 噪声宽度和 25～60Hz 噪声频率的噪声模拟器	
		第一瞬时噪声 IEC61000－4－4：1kV	
防护等级		IP2X	
公共端子排列		16 点/公共端（公共端子：TB17）	
I/O 点数		16（按 16 点输出模块设置 I/O 分配）	
运行指示器		ON 指示（LED）	
外部连接		18 点端子排（M3×6 螺钉）	
适用导线截面积		芯 0.3～0.75mm^2（外径最大 2.8 mm^2）	
适用夹紧端子		R1.25－3（不能使用带套管夹紧端子）	
DC5V 内部电流消耗		80mA（所有点：ON）	
重量		0.17kg	

3.　模拟量输入模块

模拟量输入模块是将模拟量（电流或电压）转换成数字量输出的模块，模拟量来自于各种传感器，如温度传感器、压力传感器、位移传感器等。目前 Q 系列 PLC 的模拟量输入模块型号有 Q64AD、A68ADV、Q68ADI，其性能规格说明见表 1-12，通道端子号排列说明见表 1-13，外部接线说明见表 1-14，I/O 地址见表 1-15。

表 1-12　模拟量输入模块的性能规格说明

项目		型号		
		Q64AD	A68ADV	Q68ADI
模拟输入点		4 点（4 个通道）	8 点（8 个通道）	8 点（8 个通道）
模拟输入	电压	DC-10～10V（输入电阻值为 1MΩ）		—
	电流	DC0～20mA（输入电阻值为 250Ω）	—	DC0～20mA（输入电阻值为 250Ω）
数字输出		16 位标志的二进制（正常分辨率模式：-4096～4095，高分辨率模式：-12288～12287，-16384～16383）		

I/O 特点、最大分辨率	模拟输入范围		正常分辨率模式		高分辨率模式	
			数字输出值	最大分辨率	数字输出值	最大分辨率
	电压	0～10V	0～4000	2.5mV	0～1600	0.626mV
		0～5V		1.25mV	0～1200	0.416mV
		1～5V		1.0mV		0.333mV
		-10～10V	-4000～4000	2.5mV	-1600～1600	0.625mV
		用户范围设置		0.375mV	-1200～1200	0.333mV
	电流	0～20mA	0～4000	5μA	0～1200	1.66μA
		4～20mA		4μA		1.33μA
		用户范围设置	-4000～4000	1.37μA	-1200～1200	1.33μA

精度（与最大数字输出值对应的精度）	模拟输入范围		正常分辨率模式			高分辨率模式		
			环境温度 0～55℃		环境温度（25±5℃）	环境温度 0～55℃		环境温度（25±5℃）
			带温度补偿纠正	不带温度补偿纠正		带温度补偿纠正	不带温度补偿纠正	
	电压	0～10V	±0.3%（±12 位数）	±0.4%（±16 位数）	±0.1%（±48 位数）	±0.3%（±48 位数）	±0.4%（±64 位数）	±0.1%（±16 位数）
		-10～10V						
		0～5V				±0.3%（±36 位数）	±0.4%（±48 位数）	±0.1%（±12 位数）
		1～10V						
		用户范围设置						
	电流	0～20mA						
		4～20mA						
		用户范围设置						

转换速度	80μs/通道（当有温度漂移时，不管使用的通道数目有多少，都将加上 160μs 的时间）
绝对最大输入	电压：±15V，电流：±30mA
E²PROM 写入次数/万次	最高 10

项目	型号		
	Q64AD	A68ADV	Q68ADI
隔离方式	I/O 端子和 PLC 电源之间：光电耦合隔离，通道之间：非隔离		
介电电压	I/O 端子和 PLC 电源之间：AC500V，1min		
绝缘电阻	I/O 端子和 PLC 电源之间：AC500V，20MΩ或更大		
占用点数	16 点		
连接端子	18 点端子排		
适用导线截面积	$0.3\sim0.75mm^2$		
适用压装端子	R1.25－3（不能使用带套管的压装端子）		
内部电流消耗（DC5V）/A	0.63	0.64	0.64
重量/kg	0.18	0.19	0.19

表 1-13　模拟量输入模块的通道端子号排列说明

端子编号	型号					
	Q64AD		A68ADV		Q68ADI	
1	CH1	V+	CH1	V+	CH1	I+
2		V-		V-		I-
3		I+	CH2	V+	CH2	I+
4		SLD		V-		I-
5	CH2	V+	CH3	V+	CH3	I+
6		V-		V-		I-
7		I+	CH4	V+	CH4	I+
8		SLD		V-		I-
9	CH3	V+	CH5	V+	CH5	I+
10		V-		V-		I-
11		I+	CH6	V+	CH6	I+
12		SLD		V-		I-
13	CH4	V+	CH7	V+	CH7	I+
14		V-		V-		I-
15		I+	CH8	V+	CH8	I+
16		SLD		V-		I-
17	A.G.（ANALOG GND）					
18	FG					

表 1-14　模拟量输入模块的外部接线说明

型号	外部接线图	标号说明
Q64AD	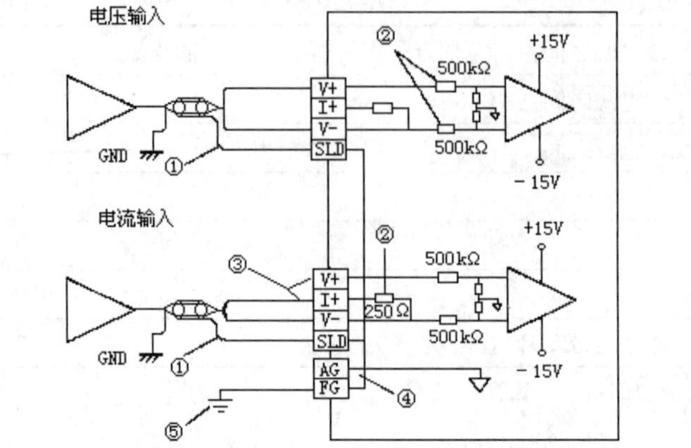	①电源线采用双绞屏蔽线 ②表示输入电阻 ③如果输入的模拟量为电流信号，则必须将 V+和 I+短接 ④通常 AG 端处于悬空，不需要接线，但是当 AG 端和兼容设备的 GND 端之间极性有差异时可作兼容设备的 GND 端；或当±电线上+端开路时作为 0 输入的替换方案 ⑤必须接地
A68ADV	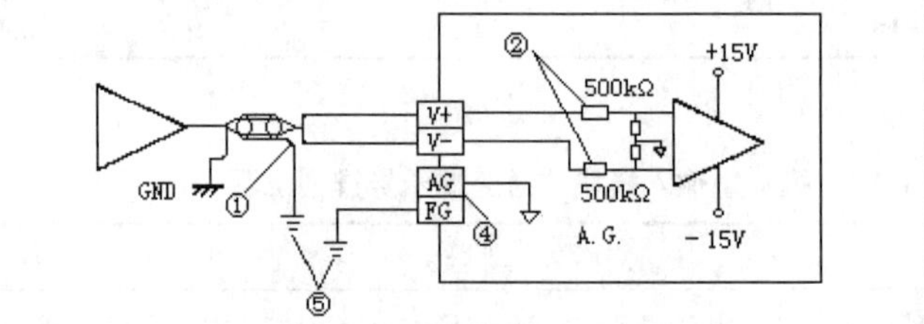	
Q68ADI	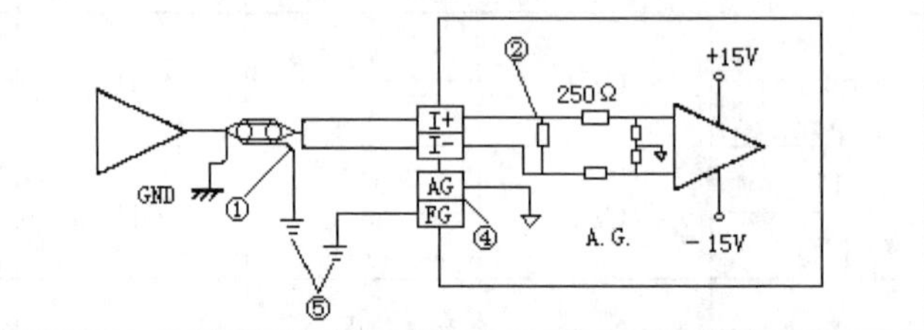	

表 1-15　模拟量输入模块的 I/O 地址

信号方向 CPU←A－D 转换模块		信号方向 CPU→A－D 转换模块	
软元件地址（输入）	信号名称	软元件地址（输出）	信号名称
X0	禁用	Y0	禁用
X1		Y1	
X2		Y2	
X3		Y3	
X4		Y4	
X5		Y5	
X6		Y6	
X7		Y7	
X8		Y8	
X9	高分辨率模式状态标志	Y9	运行条件设置请求
XA	偏置/增益设置模式标志	YA	用户范围写请求

续表

信号方向 CPU←A−D 转换模块		信号方向 CPU→A−D 转换模块	
软元件地址（输入）	信号名称	软元件地址（输出）	信号名称
XB	通道更改完成标志	YB	通道更改请求
XC	禁用	YC	禁用
XD	最大值/最小值复位完成请求	YD	最大值/最小值复位完成请求
XE	A−D 转换完成标志	YE	禁用
XF	出错标志	YF	出错标志

4. 模拟量输出模块

模拟量输出模块是将数字量转换成模拟量（电流或电压）输出的模块，如接入该模块的电气转换器等。目前 Q 系列 PLC 的模拟量输出模块型号有 Q62DA、Q64DA、Q68DAV、Q68DAI，其性能规格说明见表 1-16，通道端子号排列说明见表 1-17，外部接线说明见表 1-18，I/O 地址见表 1-19。

表 1-16　模拟量输出模块的性能规格说明

项目		型号			
		Q62DA	Q64DA	D68DAV	Q68DAI
模拟输出点		2 点（2 个通道）	4 点（4 个通道）	8 点（8 个通道）	
模拟输入	电压	DC-1 0～10V（外部负载电阻值 1kΩ～1MΩ）			—
	电流	DC0～20mA（输入电阻值为 250Ω）		—	DC0～20mA（外部负载电阻值为 0～60Ω）
数字输入		16 位标志的二进制（正常分辨率模式：-4096～4095、高分辨率模式：-12288～12287、-16384～16383）			

I/O 特点、最大分辨率	模拟输出范围		正常分辨率模式		高分辨率模式	
			数字输入值	最大分辨率	数字输入值	最大分辨率
	电压	0～5V	0～4000	1.25mV	0～1200	0.416mV
		1～5V		1.0mV		0.333mV
		-10～10V	-4000～4000	2.5mV	-1600～1600	0.625mV
		用户范围设置		0.75mV	-1200～1200	0.333mV
	电流	0～20mA	0～4000	5μA	0～1200	1.66μA
		4～20mA		4μA		1.33μA
		用户范围设置	-4000～4000	1.37μA	-1200～1200	0.83μA

精度（与最大数字输出值对应的精度）	环境温度（25±5℃）在±0.1%以内（电压：±100mV，电流：±20μA）在±0.3%以内（电压：±30mV，电流：±60μA）			
转换速度	80μs/通道（当有温度漂移时，不管使用的通道数目有多少，都将加上 160μs 的时间）			
绝对最大输出	±12V		—	
	21mA		—	21mA
E^{2}PROM 写入次数/万次	最高 10			

项目	型号			
	Q62DA	Q64DA	D68DAV	Q68DAI
输出短路保护	有			
隔离方式	I/O 端子和 PLC 电源之间：光电耦合隔离；通道之间：无隔离 外部电源和模拟输出之间：无隔离			
介电耐压电压	I/O 端子和 PLC 电源之间：AC500V，1min			
绝缘电阻	I/O 端子和 PLC 电源之间：AC500V，20 MΩ或更大			
占用点数	16 点			
连接端子	18 点端子排			
适用导线截面积	0.3～0.75 mm^2			
适用压装端子	R1.25－3（不能使用带套管的压装端子）			
内部电流消耗 （DC5V）/A	0.33	0.34	0.39	0.38
重量/kg	0.19		0.18	
外部电源	DC24V（+20%，-15%），纹波，500mV（峰-峰）或更小			
	启动电流：1.9A 在 300μs 以内	启动电流：3.1A 在 300μs 以内	启动电流：3.3A 在 70μs 以内	启动电流：3.1A 在 75μs 以内
	0.12A	0.18A	0.19A	0.28A

表 1-17 模拟量输出模块的通道端子号排列说明

端子编号	型号							
	Q62DA		Q64DA		Q68DAV		Q68DAI	
1	CH1	V+	CH1	V+	CH1	V+	CH1	I+
2		COM		COM		COM		COM
3		I+		I+	CH2	V+	CH2	I+
4	空		空			COM		COM
5	CH2	V+	CH2	V+	CH3	V+	CH3	I+
6		COM		COM		COM		COM
7		I+		I+	CH4	V+	CH4	I+
8			空			COM		COM
9	空		CH3	V+	CH5	V+	CH5	I+
10				COM		COM		COM
11				I+	CH6	V+	CH6	I+
12			空			COM		COM
13			CH4	V+	CH7	V+	CH7	I+
14				COM		COM		COM
15				I+	CH8	V+	CH8	I+
16	24V					COM		COM
17	24G				24V			
18	FG				24G			

表 1-18　模拟量输出模块的外部接线说明

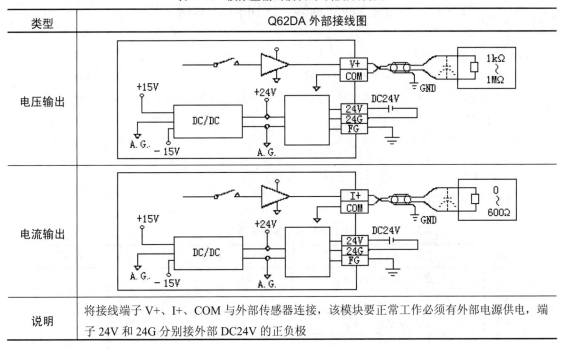

类型	Q62DA 外部接线图
电压输出	
电流输出	
说明	将接线端子 V+、I+、COM 与外部传感器连接，该模块要正常工作必须有外部电源供电，端子 24V 和 24G 分别接外部 DC24V 的正负极

表 1-19　模拟量输出模块的 I/O 地址

信号方向 CPU←D−A 转换模块		信号方向 CPU→D−A 转换模块	
软元件地址（输入）	信号名称	软元件地址（输出）	信号名称
X0	模块 READY	Y0	禁用
X1	禁用	Y1	CH1 输出运行/禁止标志
X2		Y2	CH2 输出运行/禁止标志
X3		Y3	CH3 输出运行/禁止标志
X4		Y4	CH4 输出运行/禁止标志
X5		Y5	CH5 输出运行/禁止标志
X6		Y6	CH6 输出运行/禁止标志
X7		Y7	CH7 输出运行/禁止标志
X8	高分辨率模式状态标志	Y8	CH8 输出运行/禁止标志
X9	运行条件设置完成标志	Y9	运行条件设置请求
XA	偏置/增益设置模式标志	YA	用户范围写请求
XB	通道更改完成标志	YB	通道更改请求
XC	设置值更换完成标志	YC	设置值更换请求
XD	同步输出模式标识	YD	同步输出请求
XE	禁用	YE	禁用
XF	出错标志	YF	出错清零请求

1.4 技能训练：认知 PLC 实训

1. 实训目的

（1）了解 PLC 软、硬件结构及系统组成。

（2）掌握 PLC 外围直流控制及负载线路的接法及上位计算机与 PLC 通信参数的设置。

（3）练习使用三菱编程软件。

（4）学会程序的输入和编辑方法。

（5）初步了解程序调试的方法。

2. 实训设备

实训设备见表 1-20。

表 1-20　实训设备

序号	名称	型号与规格	数量	备注
1	可编程控制器实训装置	THPFSL-1/2	1 套	—
2	实训导线	3 号	若干条	—
3	SC-09 通信电缆		1 条	三菱
4	计算机		1 台	自备

3. 控制要求

（1）认知三菱 FX 系列 PLC 的硬件结构，详细记录其各硬件部件的结构及作用。

（2）打开编程软件，编译基本的与、或、非程序段，并将其下载至 PLC 中。

（3）能正确完成 PLC 端子与开关、指示灯接线端子之间的连接操作。

4. 功能指令的使用

常用位逻辑指令的使用。

（1）与逻辑。如图 1-29 所示，当 X000、X001 状态均为 1 时，Y000 有输出；当 X000、X001 两者有任意一个的状态为 0 时，Y000 输出立即为 0。

图 1-29　与逻辑

（2）或逻辑。如图 1-30 所示，当 X000、X001 有任意一个的状态为 1 时，Y001 即有输出；当 X000、X001 状态均为 0 时，Y001 输出为 0。

图 1-30　或逻辑

（3）非逻辑。如图 1-31 所示，当 X000、X001 状态均为 0 时，Y002 有输出；当 X000、X001 两者有任意一个的状态为 1 时，Y002 输出为 0。

图 1-31　非逻辑

5. 端口分配及接线图

（1）I/O 端口分配功能表见表 1-21。

表 1-21　I/O 端口分配功能表

序号	PLC 地址（PLC 端子）	电气符号（面板端子）	功能说明
1	X00	K0	常开触点 01
2	X01	K1	常开触点 02
3	Y00	L0	"与"逻辑输出指示
4	Y01	L1	"或"逻辑输出指示
5	Y02	L2	"非"逻辑输出指示
6	主机 COM0、COM1、COM2 等接电源 GND		电源端

（2）控制接线图如图 1-32 所示。

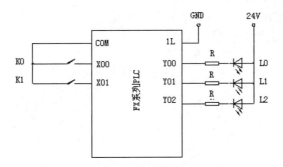

图 1-32　控制接线图

6. 操作步骤

（1）连接上位计算机与 PLC。

（2）按"控制接线图"连接 PLC 外围电路。打开软件，单击"在线/传输设置"，在弹出的对话框中选择计算机串口及通信速率，如图 1-33 所示。

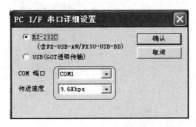

图 1-33　串口详细设置

（3）编译实训程序，确认无误后，单击"在线/PLC 写入"，将程序下载至 PLC 中。下载完毕后，将 PLC 模式选择开关拨至 RUN 状态。

（4）将 K0、K1 均拨至 OFF 状态，观察记录 L0 指示灯点亮状态。

（5）将 K0 拨至 ON 状态，将 K1 拨至 OFF 状态，观察记录 L1 指示灯点亮状态。

（6）将 K0、K1 均拨至 ON 状态，观察记录 L2 指示灯点亮状态。

7．实训总结

（1）详细描述 FX 系列 PLC 的硬件结构。

（2）总结上位计算机与 FX 系列 PLC 通信参数的设置方法。

思考与练习

1．什么是可编程控制器？它的发展经历了哪几个阶段？它有哪些主要特点？

2．可编程控制器是如何进行分类的？

3．PLC 的工作原理是什么？

4．Q 系列 PLC 与 FX_{2N} 系列 PLC 在地址分配上有何异同？

5．FX 系列 PLC 的面板由哪些部分组成？

6．PLC 晶体管输出有哪两种电路？接线时需要注意什么？

7．试说明编程快捷键 F2～F8 的作用。

8．PLC 的扫描过程主要有哪几个阶段？

9．PLC 的开关量输出有哪三种电路？各有何特点？

10．PLC 的性能指标主要包括哪几项？

项目二　三相异步电动机的 PLC 控制

【知识目标】

1．编程语言。
2．FX 系列 PLC 的软元件。
3．基本逻辑指令。
4．三相异步电动机 PLC 基本控制。
5．编程规则、技巧。

【技能目标】

1．了解并熟悉常用编程语言。
2．了解并熟悉 FX_{2N} 的软元件的字母及编号范围。
3．熟悉基本逻辑指令的格式及使用方法。
4．掌握三相异步电动机 PLC 基本控制。
5．了解并掌握 PLC 的编程规则、技巧。

【其他目标】

1．培养学生谦虚、好学的精神。
2．培养学生严谨认真的态度。
3．教师应遵守工作时间，在教学活动中要渗透企业的 6S 制度。
4．培养学生吃苦耐劳的精神。

2.1 相关知识

2.1.1 PLC 的编程语言

在可编程控制器中有多种程序设计语言，它们是梯形图（Ladder Diagram，LD）、指令语句（Instruction List，IL）、顺序功能图（Sequential Function Chart，SFC）、功能块图（Function Block Diagram，FBD）、结构文本（Structured Text，ST）等。其中，梯形图和功能块图为图形语言；指令语句和结构文本为文字语言；顺序功能图是一种结构块控制流程图。

梯形图和指令语句是基本程序设计语言，通常由一系列指令组成，用这些指令可以完成大多数简单的控制功能。例如，代替继电器、计数器、计时器完成顺序控制和逻辑控制等，通过扩展或增强指令集，能执行其他的基本操作。

1. 梯形图（Ladder Diagram）程序设计语言

梯形图程序设计语言是最常用的一种程序设计语言（为简化起见，梯形图程序设计也可简称为梯形图），它来源于继电器逻辑控制系统的描述。在工业过程控制领域，电气技术人员对继电器逻辑控制技术较为熟悉，因此，由这种逻辑控制技术发展而来的梯形图受到了欢迎，并得到了广泛的应用。梯形图与操作原理图相对应，具有直观性和对应性，与原有的继电器逻辑控制技术的不同点是，梯形图中的能流不是实际意义的电流，内部的继电器也不是实际存在的继电器，因此，应用时，需与原有继电器逻辑控制技术的有关概念区别对待。梯形图由触点、线圈（主要指 Y、M 等继电器和辅助继电器）和应用指令等组成。线圈通常代表逻辑输出结果和输出标志位，触点代表逻辑输入条件。

（1）梯形图编程的基本概念。

1）能流。在梯形图中为了分析各个元器件之间的输入与输出的关系，就会假想一个概念电流，也称为能流（Power Flow），认为电流按照从左到右的方向流动，这一方向与执行用户顺序时的逻辑运算关系是一致的，见表 2-1。当 X001 与 X002 的触点接通，或者 M0 与 X002 的触点接通时，就会有一个假想的能流流过 Y000 的线圈，使线圈通电。利用能流的这一概念，可以帮助我们更好地理解和分析梯形图。能流只能从左向右流动，层次改变只能从上向下。

2）母线。梯形图两侧的垂直公共线称为母线（Bus Bar），母线之间有能流从左向右流动。通常梯形图中的母线有左右两条，见表 2-1。

表 2-1　梯形图与语句表的基本结构形式

梯形图	语句表		
X001 X002 能流 ——┤├———┤/├————（Y000）—— M0 ——┤├——	序号	操作码	操作数
	0	LD	X001
	1	OR	M0
	2	ANI	X002
	3	OUT	Y000
	4	END	

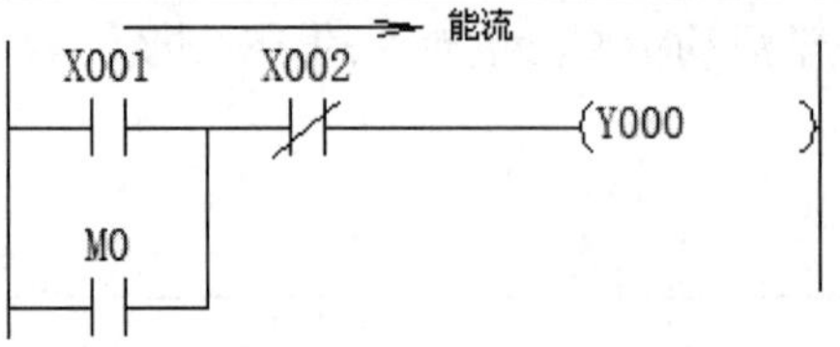

3）软触点。PLC 梯形图中的某些编程元件沿用了继电器这一名称，如输入继电器、输出

继电器、内部辅助继电器等，但是，它们不是真实的物理继电器，而是一些存储单元，每个继电器的触点与 PLC 存储器中映像继电器的一个存储单元相对应，所以这些触点称为软触点。这些软触点的 1 或 0 状态代表着相应继电器触点或线圈的接通或断开。而且对于 PLC 内部的软触点，该存储器单元如果为 1 状态，则表示梯形图中对应软继电器的线圈通电，其常开触点（┤├）接通，常闭触点（┤/├）断开。在继电器控制系统的接线中，触点的数目是有限的，而 PLC 内部的软触点的数目和使用次数是没有限制的，用户可以根据控制现场的具体要求在梯形图程序中多次使用同一软触点。

（2）梯形图的特点。PLC 的梯形图源于继电器逻辑控制系统的描述，并与电气控制系统梯形图的基本思想是一致的，只是在使用符号和表达方式上有一定区别。它采用梯形图的图形符号来描述程序设计，是 PLC 程序设计中最常用的一种程序设计语言。这种程序设计语言采用因果关系来描述系统发生的条件和结果，其中每个梯级是一个因果关系。在梯级中，描述系统发生的条件表示在左边，事件发生的结果表示在右边。PLC 的梯形图使用的内部辅助继电器、定时/计数器等都是由软件实现的，它的最大优点是使用方便、修改灵活、形象、直观和实用。这是传统电气控制的继电器硬件接线所无法比拟的。

关于梯形图的格式，一般有如下一些要求：每个梯形图网络由多个梯级组成；每个输出元素可构成一个梯级；每个梯级可有多个支路；通常每个支路可容纳 11 个编程元素，最右边的元素必须是输出元素；一个网络最多允许 16 条支路。

梯形图有以下 8 个基本特点：

1）PLC 梯形图与电气操作原理图相对应，具有直观性和对应性，并与传统的继电器逻辑控制技术一致。

2）梯形图中的"能流"不是实际意义的电流，而是"概念"电流，是用户程序运算中满足输出执行条件的形象表示方式。"能流"只能从左向右流动。

3）梯形图中各编程元件所描述的常开触点和常闭触点可在编制用户程序时无限引用，不受次数的限制，既可常开又可常闭。

4）梯形图格式中的继电器与物理继电器是不同的概念。在 PLC 中编程元件沿用了继电器这一名称，如输入继电器、输出继电器、内部辅助继电器等。对于 PLC 来说，其内部的继电器并不是实际存在的具有物理结构的继电器，而是软件中的编程元件（软继电器）。编程元件中的每个软继电器触点都与 PLC 存储器中的一个存储单元相对应。因此，在应用时，需与原有继电器逻辑控制技术的有关概念区别对待。

5）梯形图中输入继电器的状态只取决于对应的外部输入电路的通断状态，因此在梯形图中没有输入继电器的线圈。输出线圈只对应输出映像区的相应位，不能用该编程元件直接驱动现场机构，位的状态必须通过 I/O 模板上对应的输出单元驱动现场执行机构进行最后动作的执行。

6）根据梯形图中各触点的状态和逻辑关系，可以求出与图中各线圈对应的编程元件的 ON/OFF 状态，称为梯形图的逻辑运算。逻辑运算按照梯形图中从上到下、从左到右的顺序进行。逻辑运算是根据输入映像寄存器中的值，而不是根据逻辑运算瞬时外部输入触点的状态来进行的。

7）梯形图中的用户逻辑运算结果马上可为后面用户程序的逻辑运算利用。

8）梯形图与其他程序设计语言有一一对应关系，便于相互的转换和对程序的检查。但对于较为复杂的控制系统，与顺序功能图等程序设计语言比较，梯形图的逻辑性描述还不够清晰。

（3）梯形图的设计规则。

1）由于梯形图中的线圈和触点均为"软继电器"，因此同一标号的触点可以反复使用，次数不限，这也是 PLC 区别于传统控制的一大优点。

2）每个梯形图由多层逻辑行（梯级）组成，每层逻辑行起始于左母线，经过触点的各种连接，最后结束于线圈，不能将触点画在线圈的右边，只能在触点的右边接线圈。每一逻辑行实际代表一个逻辑方程。

3）梯形图中的"输入触点"仅受外部信号控制，而不能由内部继电器的线圈将其接通或断开，即线圈不能直接与左母线相连接。所以在梯形图中只能出现"输入触点"，而不可能出现"输入继电器的线圈"。

4）在几个串联回路相并联时，应将触点最多的那个串联回路放在梯形图的最上面。在几个并联回路相串联时，应将触点最多的并联回路放在梯形图的最左边。这种安排所编制的程序简洁明了，指令较少。

5）触点应画在水平线上，不能画在垂直分支上。被画在垂直线上的触点，难以正确识别它与其他触点间的关系，也难以判断通过触点对输出线圈的控制方向。因此梯形图的书写顺序是自左至右、自上至下，CPU 也按此顺序执行程序。

6）梯形图中的触点可以任意串联、并联，但输出线圈只能并联，不能串联。

2. 指令语句（Instruction List）程序设计语言

指令语句程序也称语句表程序。语句表程序设计语言是用布尔助记符来描述程序的一种程序设计语言。语句表程序设计语言与计算机中的汇编语言非常相似，采用布尔助记符来表示操作功能。语句表表达式与梯形图有一一对应的关系，由指令组成的程序叫作指令（语句表）程序。在用户程序存储器中，指令按步序号顺序排列。

语句表程序设计语言具有下列特点：

（1）采用助记符来表示操作功能，具有容易记忆，便于掌握的特点。

（2）在编程器的键盘上采用助记符表示，具有便于操作的特点，可在无计算机的场合进行编程设计。

（3）用编程软件可以将语句表与梯形图相互转换，见表 2-1。

3. 功能块图（Function Block Diagram）程序设计语言

功能块图程序设计语言是采用逻辑门电路的编程语言，有数字电路基础的人很容易掌握。功能块图指令由输入、输出端及逻辑关系函数组成，如图 2-1 所示。方框的左侧为逻辑运算的输入变量，右侧为输出变量，输入、输出端的小圆圈表示"非"运算，信号自左向右流动。

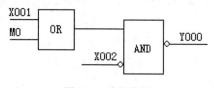

图 2-1　功能块图

4. 顺序功能流程图（Sequential Function Chart）程序设计

顺序功能流程图程序设计是近年来发展起来的一种程序设计方法。采用顺序功能流程图的描述，控制系统被分为若干个子系统，从功能入手，使系统的操作具有明确的含义，便于设计人员和操作人员设计思想的沟通，便于程序的分工设计和检查调试。顺序功能流程图的主要元素是步、转移、转移条件和动作。顺序功能流程图及其特点见表 2-2。

表 2-2　顺序功能流程图及其特点

顺序功能流程图	顺序功能流程图程序设计的特点
起动条件 步 1 —— 动作 转移条件 步 2 —— 动作 转移条件 步 3 —— 动作	1. 以功能为主线，条理清楚，便于对程序操作的理解和沟通 2. 对大型的程序，可分工设计，采用较为灵活的程序结构，可节省程序设计时间和调试时间 3. 常用于系统规模较大、程序关系较复杂的场合 4. 只有在活动步的命令和操作被执行后，才对活动步后的转换进行扫描，因此，整个程序的扫描时间要大大缩短

5.　结构文本（Structured Text）程序设计

结构文本是为 IEC61131-3 标准创建的一种专用的高级编程语言，如 BASIC、Pascal、C 语言等。它采用计算机的描述语句来描述系统中各种变量之间的运算关系、完成所需的功能或操作。与梯形图相比，它能实现复杂的数学运算，编写的程序非常简洁和紧凑。在大中型可编程控制器系统中，常采用结构文本设计语言来描述控制系统中各变量之间的关系，如一些模拟量等。它也被用于集散控制系统的编程和组态。在进行 PLC 程序设计过程中，除了允许几种编程语言供用户使用外，标准还规定，编程者可在同一程序中使用多种编程语言，这使编程者能选择不同的语言来适应特殊的工作，使 PLC 的各种功能得到更好的发挥。

2.1.2　FX 系列 PLC 的软元件

PLC 用于工业控制，其实质是用程序表达控制过程中事物间的逻辑或控制关系。在 PLC 内部设置了各种不同功能且能方便代表控制过程中各种事物的元器件，称为编程元件。编程元件用来完成程序所赋予的逻辑运算、算术运算、定时、计数等功能。PLC 的编程元件从物理实质上讲是电子电路及存储器，考虑到工程技术人员的习惯，常采用继电器电路中类似器件名称命名，如输入继电器、输出继电器、辅助继电器、状态继电器、定时器、计数器等。为了和普通的硬器件相区别，称 PLC 的编程元件为软元件，是等效概念的模拟器件，并非实际的物理器件。从编程的角度出发，可以不管这些软元件的物理实现，只需注意其功能，在编程中可以像在继电器-接触器电路中一样使用。

根据其功能为每种软元件赋予一个名称并用相应的字母表示，如输入继电器 X、输出继电器 Y、辅助继电器 M、状态继电器 S、定时器 T、计数器 C、数据寄存器 D 等。当有多个同类软元件时，在字母的后面加上数字编号，该数字也是元件的存储地址。其中，输入继电器和输出继电器用八进制数字编号；其他均采用十进制数字编号。

1.　输入继电器

输入继电器与 PLC 的输入端子相连，是专门用来接收 PLC 外部开关信号的元件。PLC 通过将外围输入设备的状态（接通或断开状态）转换成输入接口等效电路中输入继电器线圈的通电、断电状态（接通时为 1 状态，断开时为 0 状态，这个过程也称为外围设备状态写入）并存储在输入映像寄存器中。

　　输入继电器线圈由外部输入信号所驱动，只有当外部信号接通时，对应的输入继电器才得电，不能用指令来驱动，所以在程序中只能用触点（该输入继电器的专用数据存储区——输入映像寄存器的状态）而不可用其线圈。由于输入继电器（X）为输入映像寄存器中的状态，因此其触点的使用次数不限。另外，输入继电器的触点只能用于内部编程，无法驱动外部负载。

　　FX 系列 PLC 的输入继电器采用八进制数字编号，如 X000～X007、X010～X017。

　　注意：通过 PLC 编程软件或编程器输入时，会自动生成四位八进制的地址编号，因此在标准梯形图中是四位地址编号，但在非标准梯形图中，习惯写成 X0～X7，X10～X17 等，输出继电器（Y）的写法与此相同。FX 系列 PLC 输入继电器的编号范围为 X000～X267（184 个）。

　　2. 输出继电器

　　输出继电器与 PLC 的输出端子相连，用来将 PLC 内部程序运算结果输出给外部负载（用户输出设备）。输出继电器线圈由 PLC 内部程序的指令驱动，其线圈状态传送给输出单元，再由输出单元对应的硬触点来驱动外部负载。

　　每个输出继电器在输出单元都对应有唯一一个常开硬触点，但在程序中供编程的输出继电器的常开触点和常闭触点都可以使用无数次。

　　FX 系列 PLC 的输出继电器采用八进制数字编号，如 Y000～Y007、Y010～Y017 等。FX 系列 PLC 输出继电器的编号范围为 Y000～Y267（184 个）。

　　3. 辅助继电器

　　PLC 内部有很多辅助继电器，它是一种内部的状态标志，相当于继电器控制系统中的中间继电器。它的常开/常闭触点在 PLC 的梯形图内可以无限次地自由使用，但是这些触点不能直接驱动外部负载。辅助继电器采用 M 与十进制数字共同组成编号。

　　FX$_{3U}$ 系列 PLC 的辅助继电器分为三种：通用辅助继电器、断电保持用辅助继电器和特殊辅助继电器。其中，M0～M499 为通用辅助继电器，M500～M7679 为断电保持用辅助继电器，M8000～M8511 为特殊辅助继电器。

　　（1）通用辅助继电器。在 FX 系列 PLC 中，除了输入继电器 X 和输出继电器 Y 的元件号采用八进制编号外，其他软元件的元件号均采用十进制进行编号。在 PLC 运行时，如果电源突然断电，则通用辅助继电器的全部线圈均为 OFF 状态；当电源再次接通时，除了因外部输入信号而变为 ON 状态的以外，其余的仍将保持 OFF 状态，它们没有断电保护功能。通用辅助继电器常在逻辑运算中用于辅助运算、状态暂存、移位等。

　　注意：根据需要可通过程序将（M0～M499）变为断电保持辅助继电器。

　　（2）断电保持辅助继电器。与普通辅助继电器不同，它具有断电保护功能，即能记忆电源中断瞬间时的状态，并在重新通电后再现其状态。它之所以能在电源断电时保持其原有的状态，是因为电源中断时利用了 PLC 中的锂电池供电来保持其映像寄存器中的内容。

　　注意：根据需要，可通过软件设置将 M500～M1023 设定为通用辅助继电器，这时应通过在程序最前面的地方用 RST 或 ZRST 指令进行状态初始化。

　　（3）特殊辅助继电器。PLC 内有大量的特殊辅助继电器，不同的特殊辅助继电器有各自特定的功能。FX$_{3U}$ 系列 PLC 中有 512 个特殊辅助继电器，通常分为触点型和线圈型两类，见表 2-3。

表 2-3　特殊辅助继电器

类型及名称		编号	功能	备注
触点型特殊辅助继电器	运行监视继电器	M8000	当 PLC 处于 RUN 时，其线圈一直得电	其线圈由 PLC 自动驱动，用户只可以利用其触点。用户可读取该触点来监视 PLC 运行状态或获取时钟
		M8001	当 PLC 处于 STOP 时，其线圈一直失电	
	初始化继电器	M8002	当 PLC 开始运行时的第一个扫描周期，其线圈得电	
		M8003	当 PLC 开始运行时的第一个扫描周期，其线圈失电	
	出错指示继电器	M8004	当 PLC 有错误时，其线圈得电	
		M8005	当 PLC 锂电池电压下降至规定值时，其线圈得电	
		M8061	PLC 硬件出错，出错代码为 D8061	
		M8064	参数出错，出错代码为 D8064	
		M8065	语法出错，出错代码为 D8065	
		M8066	电路出错，出错代码为 D8066	
		M8067	运算出错，出错代码为 D8067	
		M8068	当线圈得电，锁存错误运算结果	
	标志继电器	M8020	零标志。当运算结果为 0 时，其线圈得电	
		M8021	借位标志。减法运算的结果为负的最大值以下时，其线圈得电	
		M8022	进位标志。加法运算或移位操作的结果发生进位时，其线圈得电	
	时钟继电器	M8011	产生周期为 10ms 的脉冲	
		M8012	产生周期为 100ms 的脉冲	
		M8013	产生周期为 1s 的脉冲	
线圈型特殊辅助继电器		M8034	禁止全部输出。当 M8034 线圈被接通时，PLC 所有输出自动断开	由用户驱动线圈，PLC 将做出特定动作
		M8039	恒定扫描周期方式。当 M8039 线圈被接通时，PLC 以恒定的扫描方式运行，其扫描周期值由 D8039 决定	
		M8031	非保持型继电器、寄存器状态清除	
		M8032	保持型继电器、寄存器状态清除	
		M8033	PLC 的工作模式由 RUN 转为 STOP 时，输出保持 RUN 前状态	
		M8035	强制运行（RUN）监视	
		M8036	强制运行（RUN）	
		M8037	强制停止（STOP）	

（4）状态继电器。状态继电器（S）是构成状态转移图的基本要素，是对步进顺序控制进行简易编程的重要软元件，与步进指令 STL 组合使用。状态继电器的常开和常闭触点在 PLC 梯形图内可以自由使用，使用次数不限。不用步进顺序控制指令时，状态继电器可以作为辅助继电器在程序中使用。停电保持用状态继电器能记忆电源停电前一刻的开/关状态，因此能从

中途工序开始工作。与辅助继电器 M 一样，利用来自外围设备的参数设定，可改变普通型与断电保持型状态的地址分配。FX 系列 PLC 的状态继电器有下面五种类型。

1）初始状态继电器 S0～S9，共 10 个，用于状态转移图的初始状态。

2）回零状态继电器 S10～S19，共 10 个，在多运行模式控制中，用于返回原点的状态。

3）通用状态继电器 S20～S499，共 480 个，用于状态转移图的中间状态。

4）保持状态继电器 S500～S899，共 400 个，具有停电保持功能，用于停电恢复后需继续执行停电前状态的场合。

5）报警用状态继电器 S900～S999，共 100 个，作为报警元件使用。

注意： 当状态继电器作为一般状态使用时，应在程序的起始部分设置区间复位电路，如图 2-2 所示。

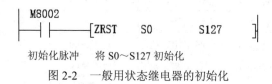

初始化脉冲　　将 S0～S127 初始化

图 2-2　一般用状态继电器的初始化

（5）定时器。定时器（T）又称计时器，在 PLC 中的作用相当于一个时间继电器，用于时间控制。PLC 中的定时器分为普通定时器和积算定时器两类。工作时，当定时器线圈得电时，定时器对应的时钟脉冲（100ms、10ms、1ms）从 0 开始计数，根据设定时间值与当前时间值的比较，当计数值等于设定值时，定时器触点动作。除此之外，也可以读取计时器的当前值用于控制。定时器可采用程序存储器内的常数 K（立即数）作为设定值，也可用数据寄存器 D 的内容进行间接指定。另外，不使用的定时器可用作数据寄存器。

FX 系列 PLC 定时器的分类与功能见表 2-4。

表 2-4　FX 系列 PLC 定时器的分类与功能

普通定时器		积分定时器		电位器型 0～255 的数值
100ms 0.1～3276.7s	10ms 0.01～327.67s	1ms 0.001～32.767s	100ms 0.1～3276.7s	
T0～T199（200 点），其中 T192～T199 为子程序和中断程序用	T200～T245（46 点）	T246～T249（4 点）执行中断的保持用	T250～T255（6 点）保持用	功能扩展板 8 点

定时器的定时常数可采用立即数设定，也可用数据寄存器 D 间接寻址方法设定。

1）立即数设定方法如图 2-3 所示。当 X003=ON 时，将十进制数 K100 赋予定时器 T10 的时间设定值寄存器，同时启动 T10 定时器，对 PLC 内部的 100ms 时基进行计数。

图 2-3　立即数设定方法

2）间接寻址方法设定如图 2-4 所示。当 X001=ON 时，将十进制数 K100 赋予数据寄存器 D5；当 X003=ON 时，将数据寄存器 D5 的数值（K100）赋予定时器 T10 的时间设定值寄存器，同时启动 T10 定时器，对 PLC 内部的 100ms 时基进行计数。

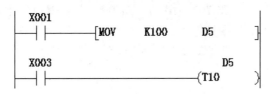

图 2-4　间接寻址方法设定

普通定时器的特点是不具备断电保持功能，即当输入电路断开或停电时定时器复位。

积算定时器具有计算累积的功能。在定时过程中如果断电或定时器线圈在 OFF 状态，积算定时器将保持当前的计数值（当前值），通电或定时器线圈在 ON 状态后继续累积，即其当前值具有保持功能，只有将积算定时器复位，其当前值才变为 0。

（6）计数器。计数器（C）在程序中用于计数控制，对 X、Y、M、S、T 和 C 等元件的触点通断次数进行计数。计数器与定时器相同，通过设定计数值与当前计数值的比较结果来输出触点信号。此外，也可以读取计数器的当前值用于控制。不使用的计数器，可用作数据寄存器。当用 MOV 等应用指令将小于当前值寄存器的数据写入设定值寄存器时，在下次计数输入到来时，计数器触点立即接通，当前值寄存器的数值变为设定值。当前值寄存器的最高位为符号位，符号位为 0 时，值为正数；符号位为 1 时，值为负数。

FX 系列 PLC 计数器主要分为 16 位增计数型计数器和 32 位增/减计数器，二者的特点见表 2-5，地址号与功能见表 2-6。

表 2-5　16 位计数器和 32 位计数器的特点

项目	16 位计数器	32 位计数器
计数方向	顺序计数	增/减可切换使用
设定值	1～32767	-2147483648～+2147483647
指定的设定值	常数 K 或数据寄存器	常数 K 或数据寄存器（一对）
当前值的变化	顺序计数后不变化	顺序计数后变化（循环计数器）
输出触点	顺序计数后保持动作	顺序计数后保持动作，倒数复位
复位动作	执行 RST 命令时，计数器的当前值为零，输出触点复位	
当前值寄存器	16 位	32 位

表 2-6　计数器的地址号与功能

计数器	16 位增计数器		32 位增/减计数器	
	普通型	断电保持型	普通型	断电保持型
地址号	C0～C99，100 点	C100～C199，100 点	C200～C219，20 点	C220～C234，15 点

FX 系列 PLC 系列计数器分为内部计数器和高速计数器两类。

1）内部计数器。内部计数器在执行扫描操作时对内部信号（如 X、Y、M、S、T 等）进行计数。内部输入信号的接通和断开时间应比 PLC 的扫描周期稍长。

16 位增计数器（C0～C199）共 200 个。这类计数器为递加计数，使用前先对其设置一设定值。当输入信号（上升沿）个数累加到设定值时，计数器动作，即其常开触点闭合、常闭触点断开。计数器的设定值为 1~32767（16 位二进制）。计数器可以用常数 K 作为设定值，也可以用数据寄存器 D 的内容作为设定值。

普通型 16 位增计数器的工作原理如图 2-5 所示。

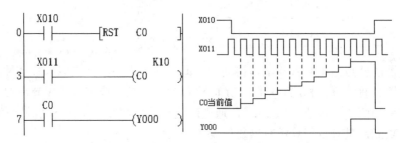

图 2-5　普通型 16 位增计数器的工作原理

32 位增/减计数器（C200~C234）共 35 个。这类计数器与 16 位增计数器相比除了位数不同外，还在于它能通过控制实现增/减双向计数，设定值范围均为-2147483648~+2147483647（32 位二进制）。

C200~C234 是增计数器还是减计数器，分别由特殊辅助继电器 M8200~M8234 设定。对应的特殊辅助继电器置为 ON 时，为减计数器；置为 OFF 时，为增计数器。

与 16 位计数器一样，32 位增/减计数器可以直接用常数 K 作为设定值，也可以间接用数据寄存器 D 的内容作为设定值。在间接设定时，要使用编号紧连在一起的两个数据寄存器。

如图 2-6 所示，X010 用来控制 M8200，X010 闭合时，采用减计数方式。X012 为计数输入，C200 的设定值为 5（可正可负）。将 C200 置为增计数方式（M8200 为 OFF），当 X012 计数输入累加由 4 变为 5 时，计数器的输出触点动作。当前值大于 5 时，计数器仍为 ON 状态。只有当前值由 5 变为 4 时，计数器才变为 OFF。只要当前值小于 5，则输出保持为 OFF 状态。复位输入 X011 接通时，计数器的当前值为 0，输出触点也随之复位。

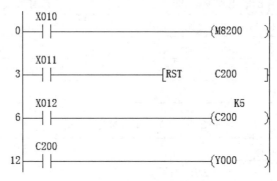

图 2-6　32 位增/减计数器

2）高速计数器。高速计数器与内部计数器相比，除了允许输入频率高之外，应用也更为灵活。高速计数器共有 21 个（C235~C255），均为 32 位增/减计数器，均有断电保持功能，适合用来作为高速计数器输入的 PLC 输入端口有 X000~X007。X000~X007 不能重复使用，即若某一个输入端已被某个高速计数器占用，则不能再用于其他高速计数器，也不能作为它用，不作为高速计数器使用的输入编号可在顺序控制程序内作为普通的输入继电器使用。当

X000～X007 作为高速计数器输入的 PLC 输入端口时：X000、X002、X003 的最高频率为 10kHz；X001、X004、X005 的最高频率为 7kHz；X006、X007 只能用在启动信号而不能用于高速计数。不同类型的计数器可同时使用，但输入不能共用。例如，由于 C251、C235、C236、C241、C244、C246、C247、C249、C252、C254 等高速计数器都使用 X000、X001 作为输入端，因此上述高速计数器中有一个被使用，则其他就不能再使用。此外，对应不作为高速计数器使用的高速计数器编号也可以作为数值存储用的 32 位数据寄存器使用。

高速计数器通过中断方式对特定的输入进行计数（FX 系列 PLC 为 X0～X3），与 PLC 的扫描周期无关，设定值范围为-2147483648～+2147483647。

高速计数器可分为 3 类，见表 2-7。

表 2-7　高速计数器

分类	编号范围	计数特点
单相单计数输入高速计数器	C235～C245	可进行增/减计数，计数方式取决于 M8235～M8245 的状态
单相双计数输入高速计数器	C246～C250	有两个输入端子，一个递增，一个递减，利用 M8246～M8250 的 ON/OFF 动作可监控 C246～C250 的增计数/减计数动作
双相输入型（A-B 相型）高速计数器	C251～C255	A 相和 B 相信号决定计数器是增计数还是减计数。利用 M8251～M8255 可监控 C251～C255 的增计数/减计数状态

注意：不要用计数器输入端触点作为计数器线圈的驱动触点。

（7）数据寄存器。PLC 在进行 I/O 处理、模拟量控制、位置控制时，需要许多数据寄存器（D）存储数据和参数。数据寄存器可存储 16 位二进制数（一个字），最高位为符号位，该位为 0 时数据为正，为 1 时数据为负。可用两个数据寄存器合并起来存储 32 位数据（两个字），最高位仍为符号位。FX 系列 PLC 的数据寄存器有 3 种类型，见表 2-8。

表 2-8　数据寄存器

分类	编号范围	特点
通用数据寄存器	D0～D199	将数据写入通用寄存器后，其值将保持不变，直到下一次被改写。当 M8033 为 ON 时，D0～D199 有断电保护功能；当 M8033 为 OFF 时，无断电保护功能，即当 PLC 的状态由 RUN 改为 STOP 或停电时，数据全部清零。
断电数据保存寄存器	D200～D7999	D200～D511 有断电保护功能，可以利用外部设备的参数设置改变通用数据寄存器与有断电保护功能数据寄存器的分配；D490～D509 供通信用；D512～D7999 的断电保护功能不能用软件改变，但可用指令清除其内容。通过参数设置可以将 D1000 以上的数据寄存器作为文件寄存器使用。
特殊数据寄存器	D8000～D8255	用来监控 PLC 的运行状态，如扫描时间、电池电压等。PLC 上电时，这些数据寄存器被写入默认值。对于未加定义的特殊数据寄存器，用户不能使用

（8）变址寄存器。FX 系列 PLC 有 16 个变址寄存器 V0～V7 和 Z0～Z7，它们都是 16 位的寄存器。变址寄存器实际上是一种特殊用途的数据寄存器。其作用相当于计算机中的变址寄

存器，用于改变元件的编号（变址），例如，当 V0=12 时，数据寄存器 D6V0 相当于 D18（6+12=18）。变址寄存器也可以用来修改常数的值，例如，当 Z0=20 时，K48Z0 相当于常数 68（48+20=68）。变址寄存器可以像其他数据寄存器一样进行读写操作。需要进行 32 位操作时，可将 V、Z 串联使用（Z 为低位，V 为高位）。

（9）指针。指针（P/I）用来指示分支指令的跳转目标和中断程序的入口标号，与跳转、子程序、中断程序等指令一起应用。在梯形图中，指针放在左侧母线的左边。FX 系列 PLC 的指针按用途分为分支用指针 P 和中断用指针 I。

1）分支用指针 P。分支用指针共 128 个（P0～P127），用来指示跳转指令的跳转目标或子程序调用指令调用子程序的入口地址。如图 2-7 所示，当 X001 常开触点接通时，执行跳转指令 CJ P0，PLC 跳到标号为 P0 处之后的程序去执行。

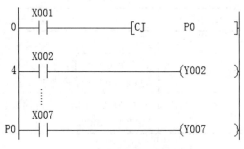

图 2-7　分支用指针应用

2）中断用指针。中断用指针用来指示某一中断程序的入口位置。执行中断后遇到中断返回指令，则返回主程序。中断用指针有 3 种类型，见表 2-9。

表 2-9　中断用指针

分类	编号范围	特点
外部输入中断用指针	I00□～I50□ 共 6 个	用于指示由特定输入端（X000～X005）的输入信号而产生中断的中断服务程序的入口位置。这类中断不受 PLC 扫描周期的影响，可以及时处理外界信息。□表示输入信号的边沿，可在 0 或 1 中选取（0 为下降沿，1 为上升沿）
定时器中断用指针	I6□□～I8□□ 共 3 个	用于指示周期定时中断的中断服务程序的入口位置。这类中断的作用是 PLC 以指定的周期定时执行中断服务程序，定时循环处理某些任务，处理的时间也不受 PLC 扫描周期的影响。□□表示定时范围，可在 10～99ms 中选取
计数器中断用指针	I0□0～I5□0 共 6 个	用在 PLC 内置的高速计数器中。根据高速计数器的计数当前值与计数设定值的关系确定是否执行中断服务程序,常用于利用高速计数器优先处理计数结果的场合。□表示计数器中断号，可在 1～6 中选取

（10）常数。常数有十进制整数和十六进制整数。十进制整数以数据前加 K 来表示，主要用来指定定时器或计数器的设定值及应用功能指令操作数中的数值，其范围：16 位为 -32768～+32767；32 位为-2147483648～+2147483647。十六进制整数以数据前加 H 来表示，主要用来表示应用功能指令的操作数值，其范围：16 位为 0～FFFF；32 位为 0～FFFFFFFF。

2.1.3　指令的软元件与常数的指定方法

使用各种功能指令时，很多都需要指定相应的软元件和常数。本节主要介绍使用指令操作数的指定方法，主要包括十进制数、十六进制数和实数的常数指定，位元件的组合、数据寄存器位位置的指定，特殊模块单元的缓冲存储器 BFM 的直接指定等。

1. 数值的种类

（1）十进制数。十进制数用 K 表示，可以用来作为定时器和计数器的设定值，也可以在功能指令中应用，如 K8 表示十进制的 8。指令

　　　MOV　K5　D0

表示把十进制数 5 传送到 D0 中。

（2）十六进制数。十六进制数用 H 表示，可在功能指令的操作数中作为数值指令，如 H12AB 可表示一个十六进制数 12AB。指令

　　　MOV　H12AB　D0

表示把十六进制数 12AB 传送到 D0 中。

（3）浮点数（实数）。FX 可编程控制器具有能够执行高精度运算的浮点数运算功能。浮点数有普通表示和指数表示两种表示方法，如 E12.34 和 E1.234+1 表示同一个浮点数。

普通表示是将设定的数值指定。例如，10.2345 就以 E10.2345 指定。

指数表示是将设定的数值以（数值）$\times 10^n$ 指定。例如，1234 以 E1.234+3 指定，[E1.234+3] 中的"+3"表示 10 的 3 次方。

2. 位组合

三菱系列的 PLC 可以把位元件以位元件组的形式接收或发送二进制数据。1 个位元件组由 4 个连续的位元件组成，书写形式是 KnX△、KnY△、KnM△等。比如，K1X000 表示起始位置为 X000 的 1 个位元件组，包含 X003～X000 之间的 4 个位元件；K2Y10 表示起始位置为 Y10 的 2 个位元件组，包含 Y17～Y10 之间的 8 个位元件；K4M10 表示由 M25～M10 共 16 位组成的一个 16 位的二进制数。以下是常见的表示方法：

K1X000，K1X004，K1X014……

K2Y000，K2Y020，K2X030……

K2M0，K3M12，K3M24，K3M36……

K4S16，K4S32，K4S48……

3. 字软元件位的指定

可以通过格式 D□.b 来指定字软元件的位，可以将其作为位元件数据使用。指定字软元件的位时，要使用字软元件编号和位编号（十六进制）进行设定。

例如，D0.0 表示数据寄存器 D0 的第 0 位。图 2-8 表示程序中用到了 D0.F 和 D0.3。

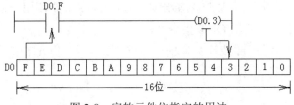

图 2-8　字软元件位指定的用法

注意：字软元件位指定用法只适用于 FX$_{3U}$ 系列的 PLC，FX 系列 PLC 及以下型号无此用法。

4. 缓冲存储器的直接指定

FX$_{3U}$ 系列的 PLC 可以直接指定特殊功能模块或特殊功能单元的缓冲存储器（BFM），格式为 U□\G□。BFM 中为 16 位或 32 位的数据，主要用于功能指令的操作数。例如，U0\G1 表示指定第 0 号特殊功能模块或单元的 BFM#1。模块号的范围是 0～7，BFM 中数的范围是 0～32767。

注意：缓冲存储器的直接指定用法只适用于 FX$_{3U}$ 系列的 PLC，FX 系列 PLC 及以下型号无此用法。

2.1.4　FX 系列 PLC 基本逻辑指令（一）

PLC 中用于一般控制系统的逻辑编程指令是基本逻辑指令。FX 系列 PLC 的基本逻辑指令有 27 条，能解决实际生产中一般的继电器-接触器控制问题。基本逻辑指令可采用指令符和梯形图两种常用语言形式。每条基本逻辑指令都有特定的功能和应用对象。

1. 逻辑取指令及线圈驱动指令

（1）指令符与功能。逻辑取指令及线圈驱动指令的指令符与功能见表 2-10。

表 2-10　逻辑取指令及线圈驱动指令的指令符与功能

指令符	名称	功能	梯形图	指令对象
LD	读取	常开触点逻辑运算开始	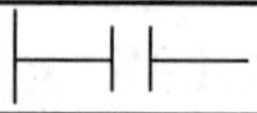 ─┤ ├─	X、Y、M、T、C、S
LDI	读取非	常闭触点逻辑运算开始	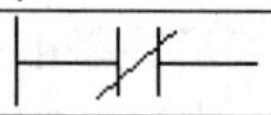 ─┤/├─	X、Y、M、T、C、S
OUT	输出	线圈驱动	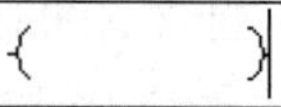 ─( )─	Y、M、T、C、S

（2）指令使用说明。
- LD 为读取指令，用于常开触点与母线连接。
- LDI 为读取非指令，用于常闭触点与母线连接。
- OUT 为输出指令，用于将逻辑运算的结果驱动一个指定线圈。
- LD 与 LDI 指令对应的触点一般与左母线相连，若与后述的 ANB、ORB 指令组合，则可用于串联、并联电路块的起始触点。
- OUT 指令不能直接从左母线输出（应用步进指令控制除外）；不能串联使用；在梯形图中位于逻辑行末尾，紧靠右母线；可以连续使用，相当于并联输出；若未特别设置（输出线圈使用设置），则同名输出继电器的线圈只能使用一次 OUT 指令。
- 输入继电器 X 不能使用 OUT 指令。
- 对于定时器的定时线圈或计数器的计数线圈，必须在 OUT 指令后设定常数。

（3）指令应用举例见表 2-11。

表 2-11　逻辑取指令及线圈驱动指令的应用举例

梯形图	语句表
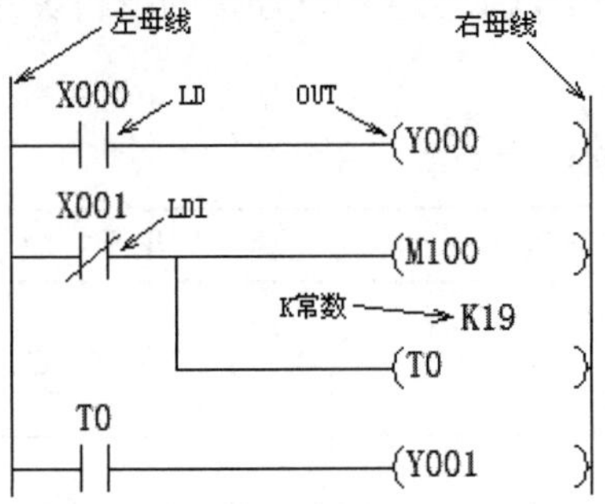	0　LD　　X000 1　OUT　　Y000 2　LDI　　X001 3　OUT　　M100 4　OUT　　T0　　　K19 7　LD　　　T0 8　OUT　　Y001 9　END

案例分析：当 X000 的常开触点闭合时，驱动输出继电器 Y000 的线圈；当 X001 的常闭触点不动作时，驱动辅助继电器 M100 的线圈，同时，时间继电器 T0（100ms 普通定时器）的线圈也被驱动，开始计时，1.9s 后 T0 的常开触点闭合，驱动输出继电器 Y001。

2.　触点串联指令

（1）指令符与功能。触点串联指令的指令符与功能见表 2-12。

表 2-12　触点串联指令的指令符与功能

指令符	名称	功能	梯形图	指令对象
AND	与	常开触点串联连接	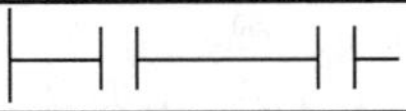 ⊢⊣├─┤├	X、Y、M、T、C、S
ANI	与非	常闭触点串联连接	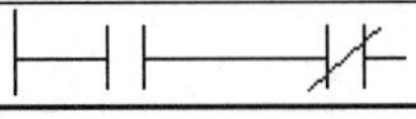 ⊢⊣├─┤/├	X、Y、M、T、C、S

（2）指令使用说明。

- AND 为与指令，用于单个常开触点的串联，完成逻辑"与"运算。
- ANI 为与非指令，用于单个常闭触点的串联，完成逻辑"与非"运算。
- AND 和 ANI 指令均用于单个触点的串联，串联触点数目没有限制，此两指令可以重复多次使用。
- OUT 指令后，通过触点对其他线圈使用 OUT 指令称为纵接输出。在顺序正确的前提下，纵接输出可以多次使用。
- 串联触点的数目和纵接的次数虽然没有限制，但由于图形编辑器和打印机功能有限制，因此应尽量做到一行不超过 10 个触点和一个线圈，连续输出总共不超过 24 行。

3.　触点并联指令

（1）指令符与功能。触点串联指令的指令符与功能见表 2-13。

（2）指令使用说明。

- OR 为或指令，用于单个常开触点的并联，完成逻辑"或"运算。
- ORI 为或非指令，用于单个常闭触点的并联，完成逻辑"或非"运算。
- OR 和 ORI 指令从该指令的当前步开始，对前面的 LD、LDI 指令并联连接，并联连接的次数没有限制，但是由于图形编辑器和打印机功能有限制，因此并联连接的次数不超过 24 次。

- OR 和 ORI 指令用于单个触点与前面电路的并联，并联触点的左端接到该指令所在的电路块的起始点（LD 点）上，右端与前一条指令对应的触点的右端相连，即单个触点并联到它前面已经连接好的电路的两端（两个以上触点串联连接的电路块并联连接时，要用后述的 ORB 指令）。

表 2-13　触点并联指令的指令符与功能

指令符	名称	功能	梯形图	指令对象
OR	或	常开触点并联连接	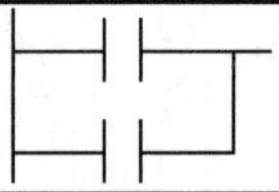	X、Y、M、T、C、S
ORI	或非	常闭触点并联连接	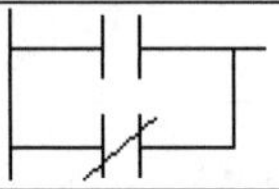	X、Y、M、T、C、S

（3）指令应用举例见表 2-14。

表 2-14　触点串、并联指令的应用举例

梯形图	语句表
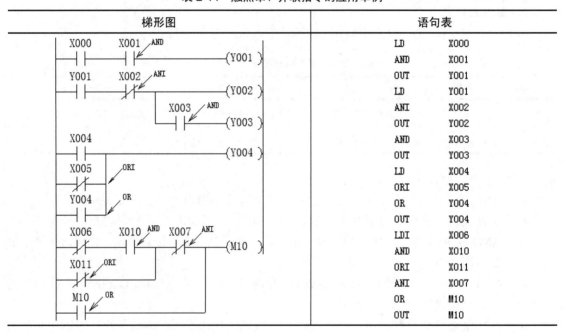	LD　　X000 AND　X001 OUT　Y001 LD　　Y001 ANI　X002 OUT　Y002 AND　X003 OUT　Y003 LD　　X004 ORI　X005 OR　　Y004 OUT　Y004 LDI　X006 AND　X010 ORI　X011 ANI　X007 OR　　M10 OUT　M10

案例分析：

- 触点串联指令是用来描述单个触点与其他触点或触点（而不是线圈）组成的电路连接关系的，虽然梯形图中的 X003 的触点与 Y003 的线圈组成的串联电路与 Y002 的线圈是并联关系，但是 X003 的常开触点与左边的电路是串联关系，因此对 X003 的触点使用串联指令。

- 在"OUT　Y002"指令后，再通过 X003 的触点对 Y003 线圈使用"OUT　Y003"指令，因此，此处为纵接输出。

- M10 常开触点前面的 4 条指令已经将 4 个触点串、并联为一个整体，因此"OR　M10"指令将对应的常开触点并联到该电路的两端。

4.串联电路块并联指令

（1）指令符与功能。串联电路块并联指令的指令符与功能见表 2-15。

表 2-15　串联电路块并联指令的指令符与功能

指令符	名称	功能	梯形图	指令对象
ORB	块或	串联电路块的并联连接	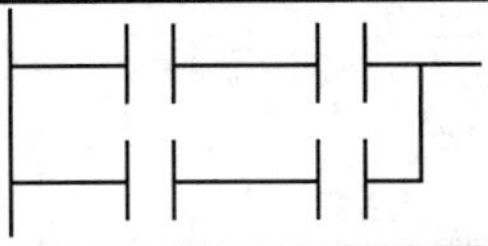	无

（2）指令使用说明。

● ORB 为块或指令，用于串联电路块的并联连接（两个以上的触点串联连接的电路称为串联电路块）。

● 串联电路块并联时，各电路块分支的开始用 LD 或 LDI 指令，分支的结尾用 ORB 指令。

● 若需将多个串联电路块并联，则在每个电路块后面加上一条 ORB 指令，并联电路块的个数没有限制。

● ORB 指令为不带软元件编号的独立指令。

5. 并联电路块串联指令

（1）指令符与功能。并联电路块串联指令的指令符与功能见表 2-16。

表 2-16　并联电路块串联指令的指令符与功能

指令符	名称	功能	梯形图	指令对象
ANB	块与	并联电路块的串联连接	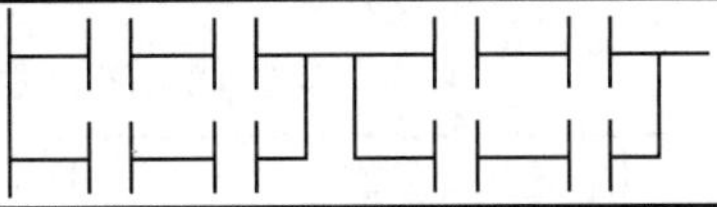	无

（2）指令使用说明。

● ANB 为块与指令，用于并联电路块的串联连接（两个以上的触点并联连接的电路称为并联电路块）。

● 在使用 ANB 指令之前，应先完成并联电路块的内部连接。并联电路块串联时，并联电路块中各分支开始用 LD 或 LDI 指令，在并联好的电路块后，使用 ANB 指令与前面的电路串联。

● 如果有多个并联电路块串联，依次用 ANB 指令与前面的支路连接，支路数量没有限制。

● ANB 指令为不带软元件编号的独立指令。

（3）指令应用举例见表 2-17。

案例分析：

● 梯形图中 X000 与 X001 的触点、X002 与 X003 的触点、X004 与 X005 的触点分别组成串联电路块，然后串联电路块再并联。

● X010 与 X011 的触点、X012 与 X013 的触点、X014 的触点共同组成一个并联电路块，X015 与 X016 的触点共同组成另一个并联电路块，然后两个并联电路块再串联。

● 由于 X014 的触点、X017 的触点分别为单个触点，因此它们与其他电路的并联只能使用 OR 指令。

表 2-17 串、并联电路的并、串联指令的应用举例

梯形图	语句表
               	LD X000 AND X001 LD X002 ANI X003 ORB LD X004 ANI X005 ORB OUT Y001 LDI X011 AND X010 LD X012 ANI X013 ORB OR X014 LD X015 OR X016 ANB OR X017 OUT M10

2.2 项目实施

2.2.1 连续带点动且具有过载保护的电动机单向运行的 PLC 控制

1. 连续带点动且具有过载保护的电动机 PLC 控制的 I/O 配置

PLC 的 I/O 配置见表 2-18。

表 2-18 PLC 的 I/O 配置

序号	类型	设备名称	信号地址
1	输入	停止按钮	X000
2		连续运行启动按钮	X001
3		点动运行启动按钮	X002
4		过载保护	X003
5	输出	接触器	Y000

说明：本书有多个名称为"PLC 的 I/O 配置"的表，这些表实际是针对不同项目的 PLC 的 I/O 配置，为简化起见，未将项目名称加入表格名称中。

2. PLC 梯形图程序设计

PLC 梯形图程序设计如图 2-9 所示。

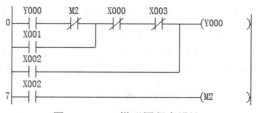

图 2-9 PLC 梯形图程序设计

说明：本书有多个名称为"PLC 梯形图程序设计"的图，这些图实际是针对不同项目的，为简化起见，未将项目名称加入图名称中。

2.2.2　自动循环控制电路的 PLC 控制

1. 自动往返继电器-接触器控制线路如图 2-10 所示

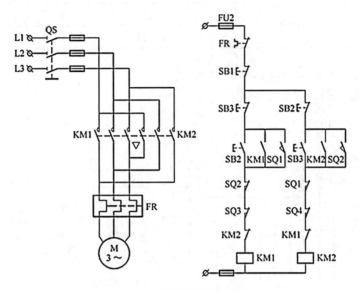

（a）电气控制线路原理图

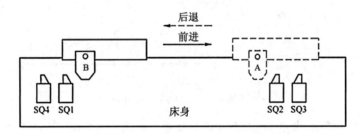

（b）行程开关安装位置图

图 2-10　自动往返继电器-接触器控制线路

2. 自动往返 PLC 控制的 I/O 配置

PLC 的 I/O 配置见表 2-19。

表 2-19　PLC 的 I/O 配置

序号	类型	设备名称	信号地址	编号
1	输入	停止按钮	X000	SB1
2		正转启动按钮	X001	SB2
3		反转启动按钮	X002	SB3
4		过载保护	X003	FR
5		正转限位	X005	SQ2

续表

序号	类型	设备名称	信号地址	编号
6		反转限位	X004	SQ1
7	输入	正转极限	X006	SQ3
8		反转极限	X007	SQ4
9	输出	电动机正转接触器	Y000	KM1
10		电动机正转接触器	Y001	KM2

3. 自动往返 PLC 控制的输入/输出接线

PLC 的 I/O 接线图如图 2-11 所示。

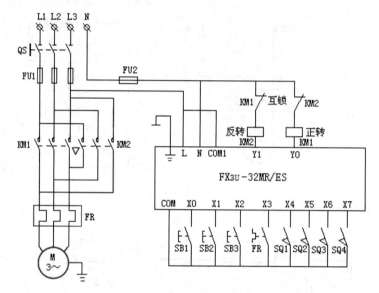

图 2-11 PLC 的 I/O 接线图

说明：本书有多个名称为"PLC 的 I/O 接线图"的图，这些图实际是针对不同项目的 PLC 的 I/O 接线图，为简化起见，未将项目名称加入图名称中。

4. 自动往返 PLC 控制的梯形图程序设计

梯形图程序设计如图 2-12 所示。

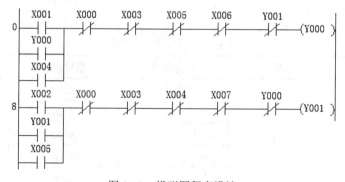

图 2-12 梯形图程序设计

2.2.3　电动机 Y-△降压启动的 PLC 控制

1．Y-△降压启动继电器-接触器控制线路

有些生产机械设备要求加工时采用 Y-△降压启动方式的三相鼠笼型电动机来拖动。

如图 2-13 所示，该电路能实现 Y-△降压启动过程。三相鼠笼型电动机由 KM△ 和 KMY 两个接触器来控制 Y-△转换。工作原理如下：按下启动按钮 SB1，KT、KMY、KM 通电并自保，电动机接成 Y 形启动，3s 后，KT 延时断开的常闭触点动作，使 KMY 断电，KM△ 通电吸合，电动机接成△型运行；按下停止按钮 SB2，电动机停止运行。

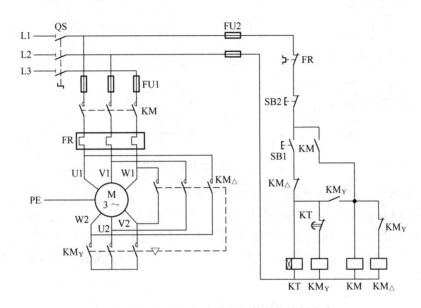

图 2-13　Y-△降压启动继电器-接触器控制线路

2．Y-△降压启动 PLC 控制的 I/O 配置

PLC 的 I/O 配置见表 2-20。

表 2-20　PLC 的 I/O 配置

序号	类型	设备名称	信号地址	编号
1	输入	启动按钮	X000	SB1
2		停止按钮	X001	SB2
3		过载保护	X002	FR
4	输出	电动机接通电源接触器	Y000	KM1
5		星形接法	Y001	KM2
6		三角形接法	Y002	KM3

3．Y-△降压启动 PLC 控制的输入/输出接线

PLC 的 I/O 接线图如图 2-14 所示。

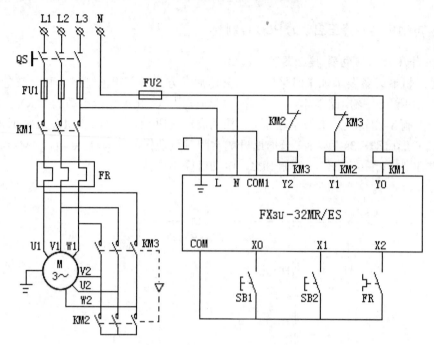

图 2-14　PLC 的 I/O 接线图

4．Y-△降压启动 PLC 控制的梯形图程序设计

由于图 2-14 中的 KM3 和 KM2 不能同时吸合，所以在程序设计过程中应充分考虑由星形向三角形切换的时间，即当电动机绕组从星形切换到三角形时，从 KM2 完全断开（包括灭弧时间）到 KM3 接通这段时间应锁定（如 T38），以防电源短路。该梯形图程序设计如图 2-15 所示。

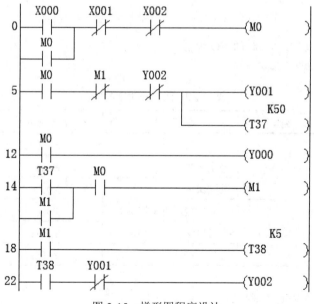

图 2-15　梯形图程序设计

2.3　知识拓展

PLC 程序设计常用的方法主要有经验设计法、继电器控制电路转换为梯形图法、逻辑设计法、顺序控制设计法等。

2.3.1　编程规则

数字量控制系统又称开关量控制系统。继电器控制系统就是典型的数字量控制系统。

可以用设计继电器电路图的方法来设计比较简单的数字量控制系统的梯形图，即在一些典型电路的基础上，根据被控对象对控制系统的具体要求，不断地修改和完善梯形图。有时需要多次反复地调试和修改梯形图，增加一些中间编程元件，最后才能得到一个较为满意的结果。这种方法没有普遍的规律可循，具有很大的试探性和随意性，最后的结果不是惟一的，设计所用的时间和设计的质量与设计者的经验有很大的关系，所以有人把这种设计方法叫作经验设计法，它可以用于较简单的梯形图的设计。

PLC 的梯形图程序是从继电器触点控制基础上发展起来的一种编程语言。继电器控制电路是从左到右、从上到下同时工作的，而 PLC 是按照逐行扫描方式工作的。因此，在编写梯形图程序时，不可以完全按照继电器线路的设计方法进行，必须按照 PLC 的梯形图程序设计原则和规律进行。在 PLC 梯形图程序中，元器件或触点排列顺序对程序执行可能会带来很大影响，有时甚至使程序无法运行。

1. 继电器线圈可使用、梯形图不能（不宜）使用的情况

虽然 PLC 的梯形图功能要远远强于继电器触点控制线路，但并非可以完全、无条件地照搬全部继电器触点控制线路，有的线路必须通过必要的处理才能用于 PLC 梯形图中。下面两种情况在继电器控制回路中可以正常使用，但在 PLC 中需要经过必要的处理。

（1）"桥接"支路。在梯形图中，不允许进行"垂直"方向的触点编程，这违背 PLC 的指令执行顺序。在图 2-16（a）（b）（c）所示的继电器控制线路中，为了节约触点，常采用"电桥型连接"（简称"桥接"）支路交叉实现对线圈 KM1、KM2 的控制。但在 PLC 梯形图控制程序中，只能采用图 2-16（e）（f）（g）所示的程序。图 2-16 中，K1 对应 X001；K2 对应 X002；K3 对应 X003；K4 对应 X004；K5 对应 X005；KM1 对应 Y001；KM2 对应 Y002。

（2）"后置触点"的处理。在图 2-16（d）所示的继电器控制回路中，可以在继电器线圈后使用"后置触点"。但在 PLC 梯形图中，不允许在输出线圈后使用"后置触点"，必须将输出线圈后"触点"移到线圈前，如图 2-16（h）所示。

2. 梯形图能使用、继电器线路不能实现的情况

（1）线圈。在继电器控制回路中，继电器线圈是不能重复使用的。在 PLC 梯形图程序中，一般情况下不允许出现双线圈输出，但因编程需要，有时使用线圈重复输出（同一输出线圈重复使用）。合理使用双线圈输出可以解决程序设计中的一些问题，还可以减少执行程序的时间。在图 2-17（a）所示的梯形图中，输出线圈 Y003 重复使用（编程时可能提示线圈重复错误），Y003 的最终输出状态以最后执行的程序处理结果（第二次输出）为准。对于第二次输出前的程序段，Y003 的内部状态为第一次的输出状态。运行时序如图 2-17（b）所示。

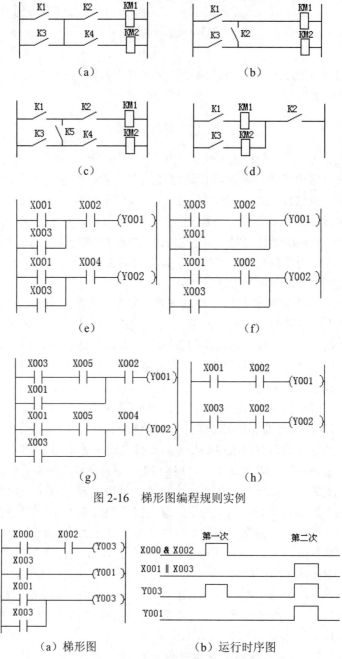

图 2-16　梯形图编程规则实例

图 2-17　线圈重复输出的梯形图及其运行时序

（a）梯形图　　　　　　　（b）运行时序图

另外，在以下三种特定的条件下允许双线圈输出。

1）在跳步条件相反的两个程序段（如自动程序和手动程序）中允许出现双线圈现象，即同一元件的线圈可以在两个程序段中分别出现一次。

2）在调用条件相反的两个子程序中允许出现双线圈现象，即同一元件的线圈可以在两个子程序中分别出现一次。

与跳步指令控制的程序段相同，子程序中的指令只是在该子程序被调用时才执行，没有被调用时不执行。因为调用它们的条件相反，在一个扫描周期内只能调用一个子程序，实际上只执行正在处理的子程序中双线圈元件的线圈输出指令。

3）如果使用三菱 PLC 的 STL（步进梯形）指令，由于 CPU 只执行活动步对应的 STL 触点驱动的电路块，使用 STL 指令时允许双线圈输出，即不同时闭合的 STL 触点可以分别驱动同一编程元件的一个线圈。

（2）边沿信号处理。在 PLC 梯形图程序中，可以实现边沿信号输出；在继电器控制回路中，类似回路的设计没有任何意义。

2.3.2　编程技巧

1. 基本方法

PLC 使用与继电器电路图极为相似的梯形图语言。如果用 PLC 改造继电器控制系统，根据继电器电路图来设计梯形图是一条捷径。这是因为原有的继电器控制系统经过长期的使用和考验，已经被证明能完成系统要求的控制功能，而继电器电路图又与梯形图有很多相似之处，因此可以将继电器电路图"翻译"成梯形图，即用 PLC 的外部硬件接线图和梯形图程序来实现继电器系统的功能。

这种设计方法一般不需要改动控制面板，保持了系统原有的外部特性，操作人员不用改变长期形成的操作习惯，本项目实施中就是用此方法进行设计的。

在分析 PLC 控制系统的功能时，可以将 PLC 想象成一个继电器控制系统中的控制箱，其外部接线图描述了这个控制箱的外部接线，梯形图是这个控制箱的内部"线路图"，梯形图中的输入位（X）和输出位（Y）是这个控制箱与外部世界联系的"接口继电器"，这样就可以用分析继电器电路图的方法来分析 PLC 控制系统。在分析时可以将梯形图中输入位的触点想象成对应的外部输入器件的触点，将输出位的线圈想象成对应的外部负载的线圈。外部负载的线圈除了受梯形图的控制外，还可能受外部触点的控制。

将继电器电路图转换成功能相同的 PLC 的外部接线图和梯形图的步骤如下：

（1）了解和熟悉被控设备的工艺过程和机械的动作情况，根据继电器电路图分析和掌握控制系统的工作原理，这样才能做到在设计和调试控制系统时心中有数。

（2）确定 PLC 的输入信号和输出负载，以及与它们对应的梯形图中的输入位和输出位的地址，画出 PLC 的外部接线图。

（3）确定与继电器电路图的中间继电器、时间继电器对应的梯形图中的位存储器（M）和定时器（T）的地址。这两步建立了继电器电路图中的元件和梯形图中编程元件的地址之间的对应关系。

（4）根据上述对应关系画出梯形图。

2. 梯形图程序的优化

梯形图和继电器电路虽然表面上看起来差不多，实际上有本质的区别。继电器电路是全部由硬件组成的电路，而梯形图是一种软件，是 PLC 图形化的程序。在继电器电路图中，由同一个继电器的多对触点控制的多个继电器的状态可能同时变化。而 PLC 的 CPU 是串行工作的，即 CPU 同时只能处理一条与触点和线圈有关的指令。

根据继电器电路图设计 PLC 的外部接线图和梯形图时应注意以下问题。

（1）应遵守梯形图语言中的语法规定。

（2）设置中间单元。在梯形图中，若多个线圈都受某一触点串、并联电路的控制，为了简化电路，在梯形图中可以设置用该电路控制的位存储器（如 M0），它类似于继电器电路的中间继电器。

（3）尽量减少 PLC 的输入信号和输出信号。PLC 的价格与 I/O 点数有关，每一输入信号和每一输出信号分别要占用一个输入点和一个输出点，因此减少输入信号和输出信号的点数是降低硬件费用的主要措施。

与继电器电路不同，在梯形图中，一般只需要同一输入器件的一个常开触点给 PLC 提供输入信号，可以多次使用同一输入位的常开触点和常闭触点。

在继电器电路图中，如果几个输入器件的触点的串、并联电路总是作为一个整体出现，可以将它们作为 PLC 的一个输入信号，只占 PLC 的一个输入点。

某些器件的触点如果在继电器电路图中只出现一次，并且与 PLC 输出端的负载串联（例如有锁存功能的热继电器的常闭触点），不必将它们作为 PLC 的输入信号，可以将它们放在 PLC 的外部输出回路，仍与相应的外部负载串联，如图 2-20 中的 FR 所示。

继电器控制系统中某些相对独立且比较简单的部分，可以用继电器电路控制，这样可减少所需的 PLC 的输入点和输出点。

（4）设立外部联锁电路。为了防止控制正、反转的两个接触器同时动作造成三相电源短路，应在 PLC 外部设置硬件联锁电路。图 2-10 中的 KM1 与 KM2 线圈不能同时通电，除了在梯形图中设置与它们对应输出位的线圈串联常闭触点组成的联锁电路外，还在 PLC 外部设置了硬件联锁电路。

如果在继电器电路中有接触器之间的联锁电路，在 PLC 的输出回路也应采用相同的联锁电路。

（5）梯形图的优化设计。为了减少语句表指令的指令条数，在串联电路中，单个触点应放在右边（左重右轻），在并联电路中，单个触点应放在下面（上重下轻），如图 2-18 所示。

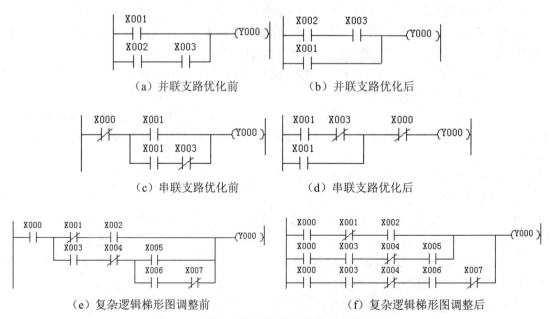

（a）并联支路优化前　　（b）并联支路优化后

（c）串联支路优化前　　（d）串联支路优化后

（e）复杂逻辑梯形图调整前　　（f）复杂逻辑梯形图调整后

图 2-18　并联、串联支路及复杂逻辑梯形图优化

（6）外部负载的额定电压。PLC 的继电器输出模块和双向晶闸管输出模块只能驱动额定电压最高为 AC220V 的负载，如果系统原来的交流接触器的线圈电压为 AC380V，应将线圈电压换成 AC220V 的，或设置外部中间继电器。

2.3.3　电动机正、反转 Y-△ 降压启动的 PLC 控制

1.　电动机正反转 Y-△ 降压启动继电器-接触器控制线路

有些生产机械设备要求加工时正、反转均采用 Y-△ 降压启动方式的三相鼠笼型电动机来拖动。

如图 2-19 所示，该电路能实现正、反两个方向的 Y-△ 降压启动过程。三相鼠笼型电动机的正、反转分别由 KM1 和 KM2 两个接触器来控制，KM3 和 KM4 来完成 Y-△ 转换。具体要求是，电动机开始启动时接成 Y 形，延时一段时间后，自动切换到 △ 连接运行。

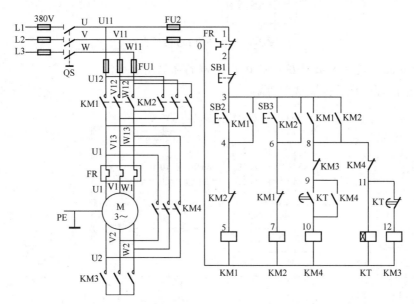

图 2-19　正、反转 Y-△ 降压启动继电器-接触器控制线路

2.　电动机正、反转 Y-△ 降压启动 PLC 控制的 I/O 配置

PLC 的 I/O 配置见表 2-21。

表 2-21　PLC 的 I/O 配置

序号	类型	设备名称	信号地址	编号
1	输入	停止按钮	X000	SB1
2		正转启动按钮	X001	SB2
3		反转启动按钮	X002	SB3
5	输出	电动机正转接触器	Y000	KM1
6		电动机反转接触器	Y001	KM2
7		星形接法	Y002	KM3
8		三角形接法	Y003	KM4

3. 电动机正、反转 Y-△降压启动 PLC 控制的输入/输出接线
PLC 的 I/O 接线图如图 2-20 所示。

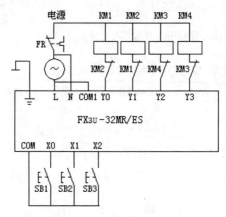

图 2-20　PLC 的 I/O 接线图

4. 电动机正、反转 Y-△降压启动 PLC 控制的梯形图程序设计
PLC 梯形图程序设计如图 2-21 所示。

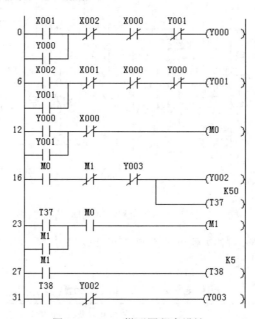

图 2-21　PLC 梯形图程序设计

2.4　技能实训

2.4.1　基本指令应用设计与调试

1. 实训目的
（1）掌握常用基本逻辑指令的使用方法。

（2）学会用基本逻辑与、或、非等指令实现基本逻辑组合电路的编程。

（3）熟悉编译调试软件的使用。

2. 实训器材

计算机一台、PLC 实训箱一个、编程电缆一根、导线若干。

3. 实训内容

本实训通过使用常用基本指令 LD、LDI、AND、ANI、OR、ORI、ORB、ANB、OUT 等进行编程操作训练。

4. 实训步骤

（1）用下载电缆将计算机串口与 PLC 端口进行连接，然后将实训箱接通电源，打开电源开关，如主机和电源的指示灯亮，表示工作正常，可进入下一步。

（2）进入编译调试环境，用指令符或梯形图输入下列练习程序（图 2-22 和图 2-23）。

练习 1：

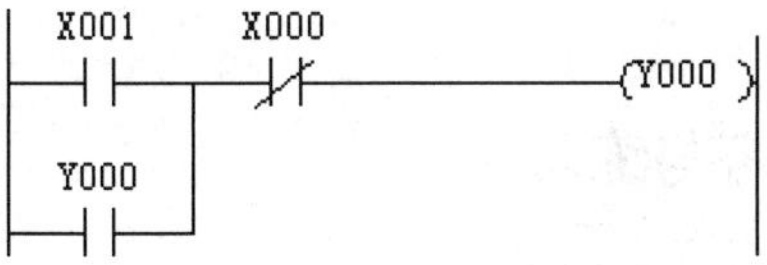

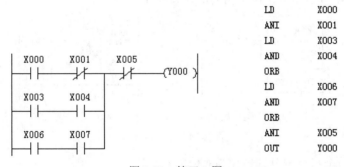

```
LD    X001
OR    Y000
ANI   X000
OUT   Y000
```

图 2-22　练习 1 图

练习 2：

```
LD    X000
ANI   X001
LD    X003
AND   X004
ORB
LD    X006
AND   X007
ORB
ANI   X005
OUT   Y000
```

图 2-23　练习 2 图

（3）根据程序进行相应的连线（接线方法可参见项目一中"PLC 输入/输出接口电路"的相关内容）。

（4）下载程序并运行，观察运行结果。

2.4.2　典型电动机控制实训

1. 实训目的

（1）掌握 PLC 功能指令的用法。

（2）掌握用 PLC 控制交流电机的可逆启动控制电路及 Y-△启动电路。

2. 实训器材

计算机一台、PLC 实训箱一个、编程电缆一根、导线若干。

3．实训内容及步骤

设计要求

（1）设计通过 PLC 控制电机的 Y-△ 启动电路的程序。

电机 Y-△ 控制示意图如图 2-19 所示。

当按下正转启动按钮时，电机正转（接触器 KM1 控制），并运行在 Y 形接法（低速运行，接触器 KM4 控制）；3s 后 KM4 断开，电机运行在△形接法（全速运行，接触器 KM3 控制）。

当按下停止按钮时，电机停转。

当按下反转启动按钮时，电机反转（接触器 KM2 控制），并运行在 Y 形接法（低速运行，接触器 KM4 控制）；3s 后 KM4 断开，电机运行在△形接法（全速运行，接触器 KM3 控制）。

（2）确定输入、输出端口并编写程序。

（3）编译程序，无误后将程序下载至 PLC 主机的存储器中并运行程序。

（4）调试程序，直至符合设计要求。

（5）参考 I/O 分配接线（图 2-20）。

思考与练习

1．定时器有几种类型？各有何特点？

2．计数器有几种类型？各有何特点？

3．写出图 2-24 所示的两个梯形图的语句表程序。

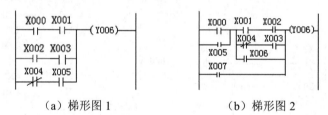

（a）梯形图 1　　　（b）梯形图 2

图 2-24　题 3 的图

4．请将下列两个指令表分别转化为对应的梯形图。

（1）指令表 1。

```
LD      X000
OUT     Y000
LDI     X001
OUT     M100
OUT     T000    K19
LD      T000
OUT     Y001
END
```

（2）指令表 2。

```
LD      X000
OR      X005
```

```
LD      X001
AND     X002
LDI     X004
AND     X003
ORB
OR      X006
ANB
OR      X007
OUT     Y006
END
```

5. 画出图 2-25 中 Y000 的波形图。

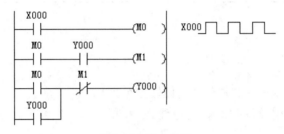

图 2-25　题 5 的图

6. 分别设计满足图 2-26 所示的两个时序图的梯形图。

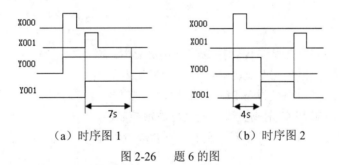

（a）时序图 1　　　　（b）时序图 2

图 2-26　题 6 的图

7. 画出三相异步电动机即可点动又可连续运行的电气控制线路，并由 PLC 控制；画出 PLC 的 I/O 端子接线图，并写出梯形图程序。

8. 画出由 PLC 控制的三相异步电动机三地控制（即三地均可启动、停止）的电气控制线路；画出 PLC 的 I/O 端子接线图并写出梯形图程序。

9. 为两台异步电动机设计主电路和控制电路，其要求如下：

（1）两台电动机互不影响地独立操作启动与停止。

（2）能同时控制两台电动机的停止。

（3）当其中任一台电动机发生过载时，两台电动机均停止。

要求由 PLC 控制，画出 PLC 的 I/O 端子接线图并写出梯形图程序。

项目三　家用小型设备的 PLC 控制

3.1　相关知识

3.1.1　FX 系列 PLC 基本逻辑指令（二）

1. 边沿检测脉冲指令

（1）指令符与功能。边沿检测脉冲指令的指令符与功能见表 3-1。

表 3-1　边沿检测脉冲指令的指令符与功能

指令符	名称	功能	梯形图	指令对象
LDP	取脉冲上升沿	上升沿检出运算开始	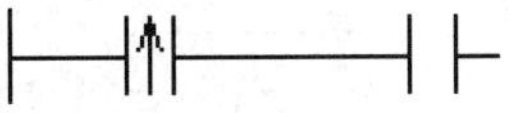	X、Y、M、T、C、S
LDF	取脉冲下降沿	下降沿检出运算开始	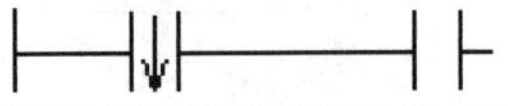	X、Y、M、T、C、S
ANDP	与脉冲上升沿	上升沿检出串联连接	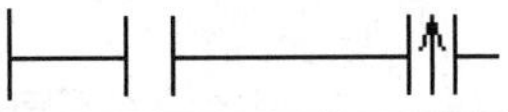	X、Y、M、T、C、S
ANDF	与脉冲下降沿	下降沿检出串联连接		X、Y、M、T、C、S
ORP	或脉冲上升沿	上升沿检出并联连接	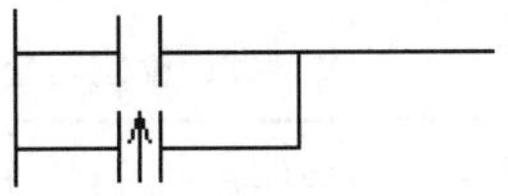	X、Y、M、T、C、S
ORF	或脉冲下降沿	下降沿检出并联连接	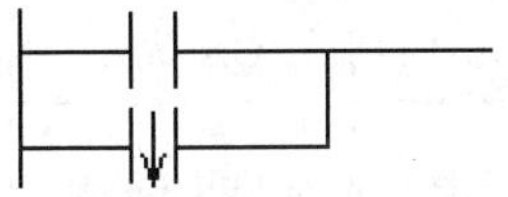	X、Y、M、T、C、S

（2）指令使用说明。

- LDP 为从母线直接取用上升沿脉冲触点指令。
- LDF 为从母线直接取用下降沿脉冲触点指令。
- ANDP 为串联上升沿脉冲触点指令。
- ANDF 为串联下降沿脉冲触点指令。
- ORP 为并联上升沿脉冲触点指令。
- ORF 为并联下降沿脉冲触点指令。
- LDP、ANDP、ORP 是用来检测触点状态变化的上升沿（由 OFF→ON 变化时）的指令。当上升沿到来时，使其操作对象接通一个扫描周期，又称上升沿微分指令。
- LDF、ANDF、ORF 是用来检测触点状态变化的下降沿（由 ON→OFF 变化时）的指令。当下降沿到来时，使其操作对象接通一个扫描周期，又称下降沿微分指令。

（3）指令应用举例见表 3-2。

案例分析：梯形图中，当 X001 的上升沿或 X002 的下降沿到来时，Y001 有输出，并且接通一个扫描周期；对于 Y003，仅当 X003 接通且 T2 的上升沿出现时，Y003 输出一个扫描周期。

2. 置位与复位指令

（1）指令符与功能。置位与复位指令的指令符与功能见表 3-3。

表 3-2 边沿检测脉冲指令的应用举例

梯形图	语句表
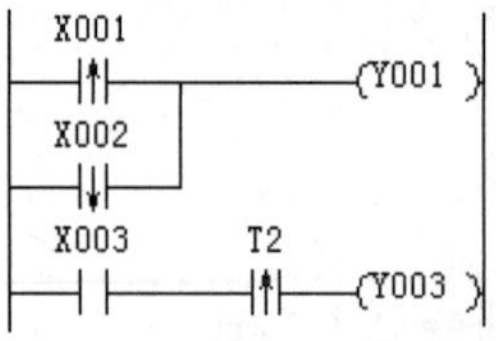 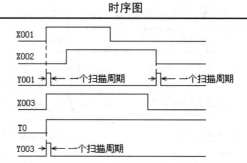	LDP　　X001 ORF　　X002 OUT　　Y001 LD　　　X003 ANDP　　T2 OUT　　Y003

时序图

表 3-3 置位与复位指令的指令符与功能

指令符	名称	功能	梯形图	指令对象
SET	置位	令元件自保持 ON 状态	─[SET]	Y、M、S
RST	复位	令元件自保持 OFF 状态	─[RST]	Y、M、S、C、D、V、Z、积算型定时器（记忆型定时器）

（2）指令使用说明。

- SET 为置位指令，用于对输出继电器 Y、辅助继电器 M、状态继电器 S 的置位，也就是使操作对象置 1，并保持接通状态。
- RST 为复位指令，用于对输出继电器 Y、辅助继电器 M、状态继电器 S 的复位，也就是使操作对象置 0，并保持断开状态。
- 对同一元件可以多次使用 SET 和 RST 指令，顺序可任意，但最后执行者有效。
- 在 SET 和 RST 指令之间可以插入其他的指令。
- 要使数据寄存器 D、变址寄存器 V/Z 的内容清零，也可使用 RST 指令。
- 计数器 C、积算型定时器（T246～T255）的当前值复位及触点复位也可使用 RST 指令。

（3）指令应用举例见表 3-4。

案例分析：

- 梯形图中，X000 一旦接通，即使再断开，Y000 也保持接通；X001 接通后，即使再断开，Y000 也保持断开；对于 M、S 也是一样。
- 当 X011 接通时，积算型定时器 T250 的当前值复位。
- 当 X012 接通时，计数器 C0 的当前值复位，其触点断开，同时计数器恢复到设定值，输出继电器 Y001 断开。

表 3-4 置位与复位指令的应用举例

梯形图	语句表
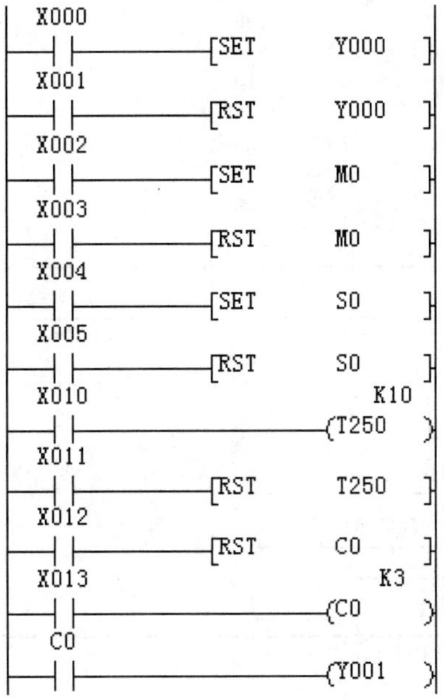 X000 ├┤├─────[SET Y000] X001 ├┤├─────[RST Y000] X002 ├┤├─────[SET M0] X003 ├┤├─────[RST M0] X004 ├┤├─────[SET S0] X005 ├┤├─────[RST S0] X010　　　　　K10 ├┤├─────(T250) X011 ├┤├─────[RST T250] X012 ├┤├─────[RST C0] X013　　　　　K3 ├┤├─────(C0) C0 ├┤├─────(Y001)	LD　　　X000 SET　　Y000 LD　　　X001 RST　　Y000 LD　　　X002 SET　　M0 LD　　　X003 RST　　M0 LD　　　X004 SET　　S0 LD　　　X005 RST　　S0 LD　　　X010 OUT　　T250　　K10 LD　　　X011 RST　　T250 LD　　　X012 RST　　C0 LD　　　X013 OUT　　C0　　　K3 LD　　　C0 OUT　　Y001

3. 脉冲输出指令

（1）指令符与功能。脉冲输出指令的指令符与功能见表 3-5。

表 3-5 脉冲输出指令的指令符与功能

指令符	名称	功能	梯形图	指令对象
PLS	上升沿脉冲	上升沿微分输出	─[PLS]	除特殊的 M 以外的 M、Y
PLF	下降沿脉冲	下降沿微分输出	─[PLF]	除特殊的 M 以外的 M、Y

（2）指令使用说明。

● PLS 为脉冲上升沿微分输出指令。

● PLF 为脉冲下降沿微分输出指令。

● PLS、PLF 指令只能用于输出继电器 Y 和辅助继电器 M（不包括特殊辅助继电器）。

● 使用 PLS 指令时，仅在驱动输入状态为 ON 后的一个扫描周期内，输出继电器 Y 和辅助继电器 M 动作。

● 使用 PLF 指令时，仅在驱动输入状态为 OFF 后的一个扫描周期内，输出继电器 Y 和辅助继电器 M 动作。

（3）指令应用举例见表 3-6。

案例分析：在梯形图中，M0 仅在 X000 的常开触点由断开变为接通（X000 的上升沿）时的一个扫描周期内为 ON，同时使得输出继电器 Y000 接通（ON）并保持；M1 仅在 X001 的常开触点由接通变为断开（X000 的下降沿）时的一个扫描周期内为 ON，同时使得输出继电器 Y000 断开（OFF）并保持。

表 3-6　脉冲输出指令的应用举例

梯形图	语句表
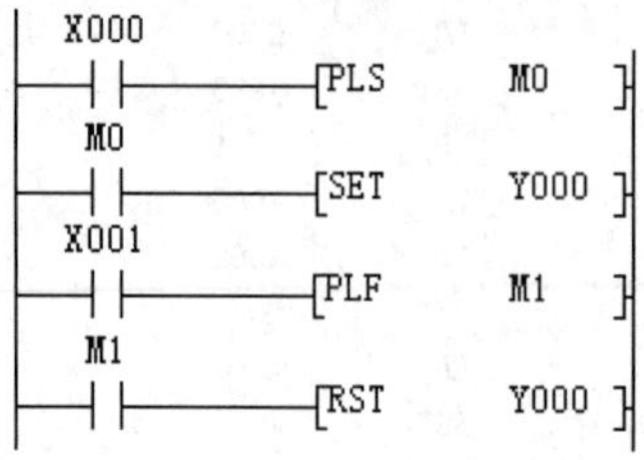 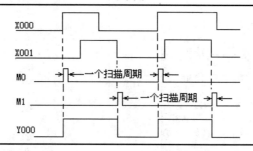	LD　　X000 PLS　　M0 LD　　M0 SET　　Y000 LD　　X001 PLF　　M1 LD　　M1 RST　　Y000

时序图

4. 取反指令

（1）指令符与功能。取反指令的指令符与功能见表 3-7。

表 3-7　取反指令的指令符与功能

指令符	名称	功能	梯形图	指令对象
INV	取反	逻辑运算结果取反	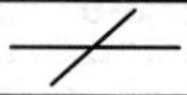 —／—	无

（2）指令使用说明。

● INV 指令将使用它之前的运算结果取反。

● INV 指令为不带软元件编号的独立指令，在梯形图中用一条 45° 短斜线表示。

● INV 指令不能单独占用一条电路支路，也不能直接与左母线相连。

5. 栈操作指令（多重输出指令）

（1）指令符及其功能。栈操作指令的指令符及其功能见表 3-8。

表 3-8　栈操作指令的指令符及其功能

指令符	名称	功能	梯形图	指令对象
MPS	进栈	运算存储	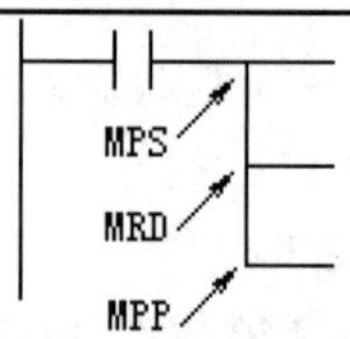 MPS MRD MPP	无
MRD	读栈	存储读出		
MPP	出栈	存储读出与复位		

（2）指令使用说明。

● FX 系列 PLC 有 11 个存储运算中间结果的存储器，称为堆栈存储器。堆栈采用先进后出的数据存取方式。

- MPS 为进栈指令，将多重电路的公共触点或电路块先存储起来，以便后面的多重输出支路使用。使用一次 MPS 指令，即将此时的运算结果送入栈的第一层存储。再使用一次 MPS 指令，又将此时的运算结果送入栈的第一层存储，而将先前送入存储的数据依次移到栈的下一层。

- MRD 为读栈指令，读取存储在堆栈最上层（电路分支）的运算结果，将下一个触点强制性地连接到该点。读栈后堆栈内的数据不会上移或下移。MRD 指令可多次连续重复使用，但不能超过 24 次。

- MPP 为出栈指令，弹出堆栈存储器的运算结果，首先将下一触点连接到该点，然后从堆栈中去掉分支点的运算结果。使用 MPP 指令时，堆栈中各层的数据向上移动一层，最上层的数据在弹出后从栈内消失。

- 多重电路的第一个支路前使用 MPS 进栈指令，多重电路的中间支路前使用 MRD 读栈指令，多重电路的最后一个支路前使用 MPP 出栈指令。

- MPS 和 MPP 的使用必须少于 11 次，并且要成对出现。

- MPS、MRD 和 MPP 这组指令为不带软元件编号的独立指令。

（3）指令应用举例见表 3-9。

表 3-9　栈操作指令的应用举例

梯形图	语句表
	LD　　　X000
	AND　　X001
	MPS
	AND　　X002
	OUT　　Y000
	MPP
	OUT　　Y001
	LD　　　X003
	MPS
	LD　　　X004
	OR　　　X005
	ANB
	OUT　　Y002
	MRD
	LD　　　X006
	AND　　X007
	LD　　　X010
	AND　　X011
	ORB
	ANB
	OUT　　Y003
	MPP
	AND　　X012
	OUT　　Y004
	LD　　　X013
	OR　　　X014
	ANB
	OUT　　Y005

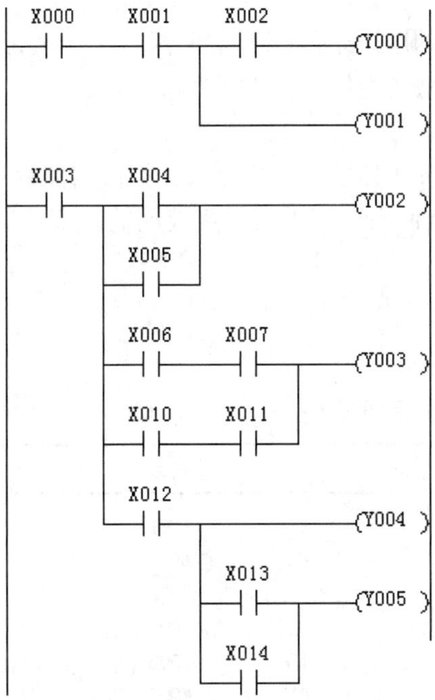

案例分析：

- 在梯形图中，利用 MPS 指令存储得出的中间运算结果驱动 Y000；用 MPP 指令使存储结果出栈，再驱动 Y001；X002、Y000 两者和 Y001 之间不是纵接输出的关系。

- X004 与 X005 并联后，作为一个电路块与 X003 串联；X010 与 X011 串联后，作为一个电路块与 X006 和 X007 组成的电路块并联；X006、X007、X010 和 X011 作为一个电路块与 X003 串联。
- X013 与 X014 并联后，作为一个电路块与 X012 串联；X013、X014、Y005 三者和 Y004 之间是纵接输出的关系。

6. 主控触点指令

（1）指令符与功能。主控触点指令的指令符与功能见表 3-10。

表 3-10　主控触点指令的指令符与功能

指令符	名称	功能	梯形图	指令对象
MC	主控	主控电路块起点	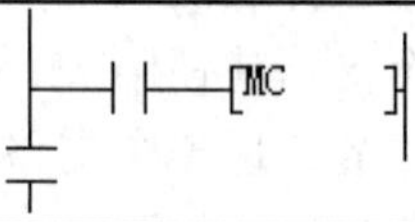 ⊣ ⊢[MC]	除特殊的 M 以外的 M、Y
MCR	主控复位	主控电路块终点	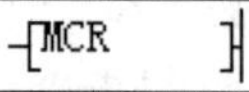 [MCR]	N（N0～N7）

（2）指令使用说明。

- 在编程时，经常会遇到许多线圈同时受一个或一组触点控制的情况，如果在每个线圈的控制电路中都串入同样的触点，将占用很多存储单元，主控指令可以解决这一问题。使用主控指令的触点称为主控触点，它在梯形图中与一般的触点垂直。主控触点是控制一组电路的总开关。
- MC 为主控指令，在主控电路块起点使用，用于表示主控区的开始。该指令后跟操作数 N（0～7，嵌套层数）和操作元件 Y、M（不包括特殊辅助继电器）。
- MC 指令的操作元件 Y、M 不能重复使用。
- MC 指令必须在一定条件下方可执行，当条件具备时，执行该主控段内的程序。
- MCR 为主控复位指令，在主控电路块终点使用，用于表示主控区的结束。该指令后跟操作数 N（0～7）。
- MC 和 MCR 必须成对使用。

（3）指令应用举例见表 3-11。

表 3-11　主控触点指令的应用举例

梯形图	语句表
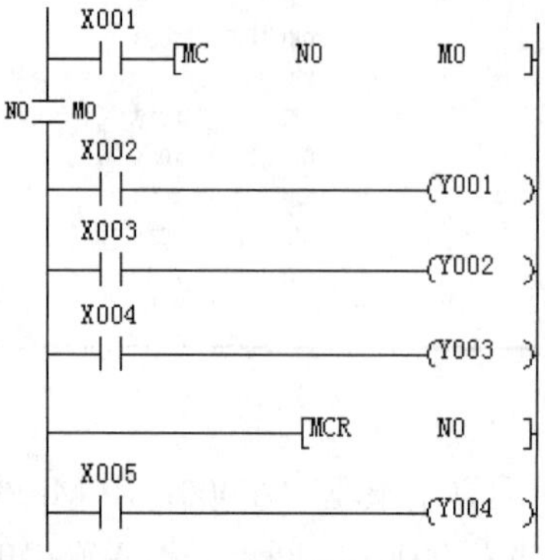 X001 ⊣⊢[MC N0 M0] N0—M0 X002 ⊣⊢(Y001) X003 ⊣⊢(Y002) X004 ⊣⊢(Y003) [MCR N0] X005 ⊣⊢(Y004)	LD X001 MC N0 M0 LD X002 OUT Y001 LD X003 OUT Y002 LD X004 OUT Y003 MCR N0 LD X005 OUT Y004

案例分析：在梯形图中，常开触点 X001 接通时，主控触点 M0 闭合，执行从 MC 到 MCR 的指令，输出继电器 Y001、Y002、Y003 线圈分别由 X002、X003、X004 的通断来决定各自的输出状态；当常开触点 X001 断开时，主控触点 M0 断开，MC 指令与 MCR 指令之间的程序不执行，此时无论 X002、X003、X004 是否通断，输出继电器 Y001、Y002、Y003 线圈全部处于 OFF 状态；输出继电器 Y004 不在主控范围内，所以其状态不受主控触点的限制，仅取决于 X005 的通断。

7. 空操作指令

（1）指令符与功能。空操作指令的指令符与功能见表 3-12。

表 3-12　空操作指令的指令符与功能

指令符	名称	功能	梯形图	指令对象
NOP	空操作	无动作	无	无

（2）指令使用说明。

● NOP 为空操作指令，该指令是一条无动作、不带软元件编号的独立指令。

● 用 NOP 指令代替已写入的指令（LD、LDI、ANB、ORB 等），可以改变电路构成。

● 在程序中加入 NOP 指令，在改变或追加程序时，可以减少步序号的改变。

● 执行程序全清除操作后，全部指令都变成 NOP。

8. 程序结束指令

（1）指令符与功能。程序结束指令的指令符与功能见表 3-13。

表 3-13　程序结束指令的指令符与功能

指令符	名称	功能	梯形图	指令对象
END	结束	输入/输出处理，程序回到第 0 步	─[END　　]─	无

（2）指令使用说明。

● END 为结束指令，用于程序的结束。该指令是一条不带软元件编号的独立指令。

● PLC 按照循环扫描的工作方式，首先进行输入处理，然后进行程序处理，当处理到 END 时进行输出处理。所以，若在程序中写入 END 指令，则 END 指令以后的程序就不再执行，直接进行输出处理；若不写入 END 指令，则从用户程序的第一步执行到最后一步。因此，若将 END 指令放在程序结束处，则只执行第一步至 END 这一步之间的程序，可以缩短扫描周期。

● 在调试程序时，将 END 指令插在各段程序之后，可依次检出各程序段的动作。这时，在确认前面电路块动作正确无误后，依次删除 END 指令，这种方法对程序的查错很有用处。

9. MEP 和 MEF 指令

● MEP 和 MEF 是使逻辑运算结果脉冲化的指令，不需要指定软元件的编号。

● MEP 指令是对该指令之前的触点逻辑运算结果从 OFF 变为 ON 时，变为导通状态。其应用举例见表 3-14，MEP 指令之前的运算结果为上升沿时，MEP 指令运算结果为 ON。

● MEF 指令是对该指令之前的触点逻辑运算结果从 ON 变为 OFF 时，变为导通状态。其应用举例见表 3-14，MEF 指令之前的运算结果为下降沿时，MEF 指令运算结果为 ON。

表 3-14 MEP 和 MEF 指令的应用举例

梯形图	语句表
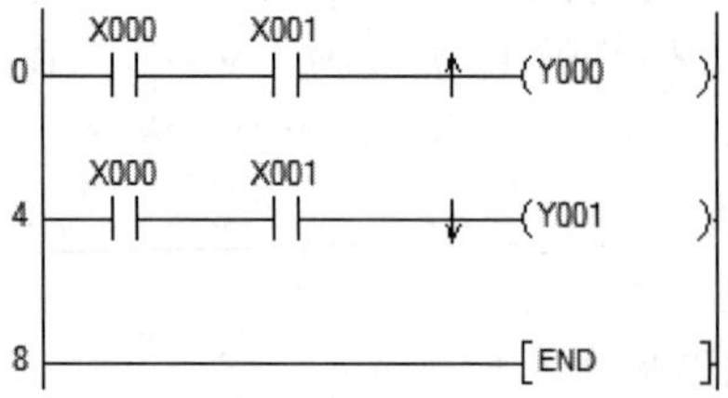	LD X000 AND X001 MEP OUT Y000 LD X000 AND X001 MEF OUT Y001 END

时序图

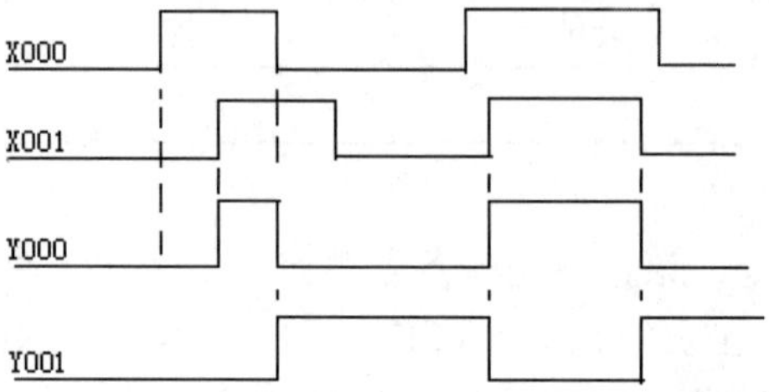

注意：FX₃ᵤ 具有 MEP 和 MEF 指令功能，FX₂ₙ 及以下 PLC 版本不支持这两条指令。

3.1.2 FX 系列 PLC 功能指令（一）——数据传送与数据比较指令

对于一些简单的程序设计，只需要使用基本逻辑指令，但对于一些较为复杂的控制，基本逻辑指令就显得无能为力了。FX 系列 PLC 具有大量功能强大的功能指令（也称应用指令），主要用于数据的运算、转换及其他控制功能，往往一条功能指令就可以实现几十条基本逻辑指令才可以实现的功能，这样就为编写复杂的程序提供了方便。还有很多功能指令具有基本逻辑指令难以实现的功能。

FX 系列 PLC 的功能指令可分为数据传送与数据比较、程序流程、算术与逻辑运算、循环与移位、数据处理、高速处理、方便指令、外围设备 I/O、外围设备 SER、浮点运算、定位、时钟运算、触点比较等十几大类，共 128 种。本节先介绍传送与比较指令。

数据传送与数据比较指令见表 3-15。数据传送指令用于获得程序的初始工作数据、PLC 内部数据的存取管理、将运算处理结果向输出端口传送等。数据比较指令用于对数据之间的大小进行比较。

表 3-15 数据传送与数据比较指令

编号	助记符	指令名称	编号	助记符	指令名称
FNC10	CMP	比较	FNC15	BMOV	块传送
FNC11	ZCP	区间比较	FNC16	FMOV	多点传送
FNC12	MOV	传送	FNC17	XCH	数据交换
FNC13	SMOV	移位传送	FNC18	BCD	BCD 变换
FNC14	CML	取反传送	FNC19	BIN	BIN 变换

1. 数据比较类指令

（1）数据比较指令 CMP（FNC10）。数据比较指令将源操作数［S1］和源操作数［S2］进行比较，将结果送到目标操作数［D］中，见表 3-16。

表 3-16　CMP 指令

说明	操作数								
FNC10 CMP 16 位/32 位指令 脉冲/连续执行	［S1·］［S2·］								
	K, H	KnX	KnY	KnM	KnS	T	C	D	V, Z
	X	Y	M	S					
	［D·］								

两个源操作数都按二进制数处理，其最高位为符号位：如果该位为 0，则表示该数为正；如果该位为 1，则表示该数为负。

目标操作数由 3 个位软元件组成，指令中标明的是第一个软元件，另外两个软元件紧随其后。

当执行条件满足时，比较指令执行，对两个源操作数进行比较，结果如下：当［S1］>［S2］时，［D］=ON；当［S1］=［S2］时，［D+1］=ON；当［S1］<［S2］时，［D+2］=ON。

执行比较操作后，即使其执行条件被破坏，目标操作数的状态仍保持不变，除非用复位指令将其复位。

（2）区间比较指令 ZCP（FNC11）。区间比较指令将源操作数［S1］和［S2］的值与［S］的值进行比较，将结果送到目标操作数［D］中，见表 3-17。

表 3-17　ZCP 指令

说明	操作数								
FNC11 ZCP 16 位/32 位指令 脉冲/连续执行	［S1·］［S2·］［S·］								
	K, H	KnX	KnY	KnM	KnS	T	C	D	V, Z
	X	Y	M	S					
	［D·］								

源操作数［S1］和［S2］确定区间比较范围，［S2］的数值不能小于［S1］。

所有源操作数都按二进制数处理，其最高位为符号位：如果该位为 0，则表示该数为正；如果该位为 1，则表示该数为负。

目标操作数由 3 个位软元件组成，指令中标明的是第一个软元件，另外两个软元件紧随其后。

当执行条件满足时，比较指令执行，将源操作数［S1］、［S2］的值与［S］的值进行比较，结果如下：当［S1］>［S］时，［D］=ON；当［S1］≤［S］≤［S2］时，［D+1］=ON；当［S］>［S2］时，［D+2］=ON。

执行比较操作后，即使其执行条件被破坏，目标操作数的状态仍保持不变，除非用复位指令将其复位。

（3）指令应用举例见表 3-18。

表 3-18　比较指令和区间比较指令的应用举例

梯形图	语句表
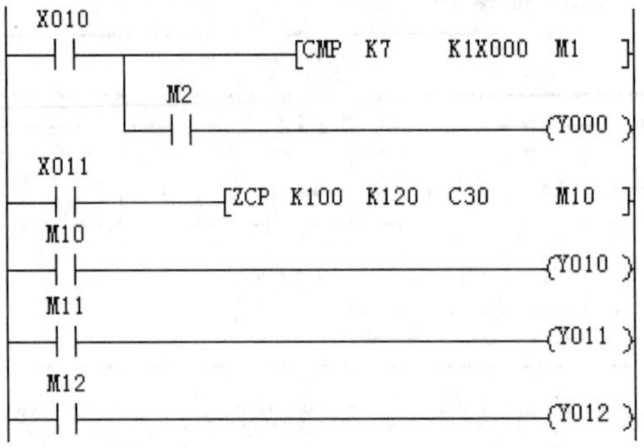 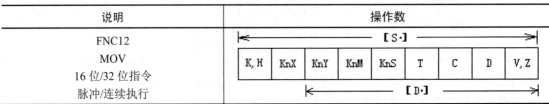	LD　　X010 CMP　　K7　　K1X000　M1 AND　　M2 OUT　　Y000 LD　　X011 ZCP　　K100　K120　C30　M10 LD　　M10 OUT　　Y010 LD　　M11 OUT　　Y011 LD　　M12 OUT　　Y012

案例分析：

- 梯形图中，当 X010 断开时，CMP 指令不执行，M1~M3 保持比较前的状态；当 X010 接通时，执行 CMP 指令，若 X000~X003 的状态分别为 ON、ON、ON 和 OFF（相当于二进制 0111，十进制的 7），则 M2 的状态为 ON，Y000 接通。
- 当 X011 断开时，ZCP 指令不执行，M10~M12 保持比较前的状态。当 X011 接通时，执行 ZCP 指令，若 K100>C30 的当前值，则 M10 的状态为 ON，Y010 接通；若 K100≤C30 的当前值≤K120，则 M11 的状态为 ON，Y011 接通；若 C30 的当前值>K120，则 M12 的状态为 ON，Y012 接通。

2. 传送类指令

（1）传送指令 MOV（FNC12）。传送指令是将源操作数 [S] 传送到目标操作数 [D] 中，数据是利用二进制格式进行传送的，见表 3-19。

表 3-19　MOV 指令

说明	操作数
FNC12 MOV 16 位/32 位指令 脉冲/连续执行	[S·] K, H　KnX　KnY　KnM　KnS　T　C　D　V, Z [D·]

（2）移位传送指令 SMOV（FNC13）。移位传送指令将源操作数 [S]（二进制）自动转换成 4 位 BCD 码，再将从右起第 [m1] 位开始的 [m2] 位 BCD 码传送到目标操作数 [D] 从右起第 [n] 位开始的 [m2] 位中，传送后的目标操作数 [D] 中的 BCD 码自动转换成二进制数。[m1]、[m2] 和 [n] 的取值范围为 1~4，见表 3-20。

（3）取反传送指令 CML（FNC14）。取反传送指令将源操作数 [S] 按二进制的位逐位取反并传送到目标操作数 [D] 中，见表 3-21。

（4）块传送指令 BMOV（FNC15）。块传送指令将源操作数 [S] 组件中的指定元件开始的 [n] 个数据组成的数据块的内容传送到目标操作数 [D] 组件中，见表 3-22。

表 3-20　SMOV 指令

说明	操作数
FNC13 SMOV 16 位指令 脉冲/连续执行	[S·] K, H KnX KnY KnM KnS T C D V, Z [D·] [m1],[m2],[n]

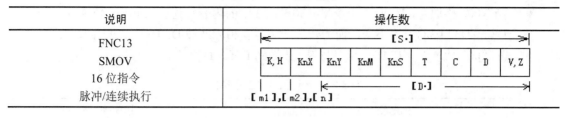

表 3-21　CML 指令

说明	操作数
FNC14 CML 16 位/32 位指令 脉冲/连续执行	[S·] K, H KnX KnY KnM KnS T C D V, Z [D·]

表 3-22　BMOV 指令

说明	操作数
FNC15 BMOV 16 位指令 脉冲/连续执行	[S·] K, H KnX KnY KnM KnS T C D V, Z [n] [D·]

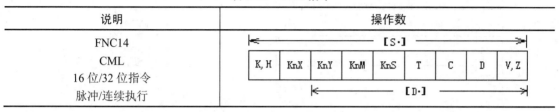

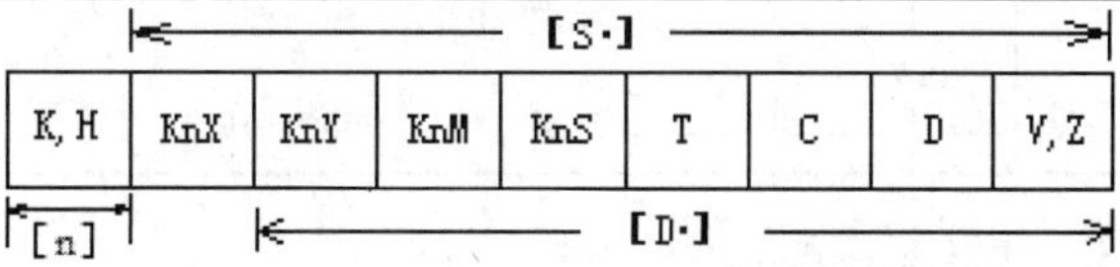

（5）多点传送指令 FMOV（FNC16）。多点传送指令将源操作数［S］中的数据传送到目标操作数［D］指定开始的［n］个元件中去。这［n］个元件中的数据完全相同，常用于某一段数据寄存器清零或置相同的初始值，见表 3-23。

表 3-23　FMOV 指令

说明	操作数
FNC16 FMOV 16 位/32 位指令 脉冲/连续执行	[S·] K, H KnX KnY KnM KnS T C D V, Z [n] [D·]

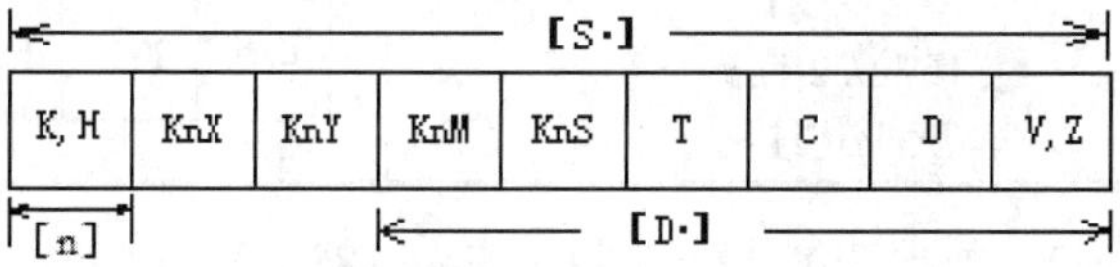

（6）指令应用举例见表 3-24。

案例分析：

- 梯形图中，当 X000 接通时，MOV 指令将 K50 传送到 D1 中。
- 当 X001 接通时，OUT 指令将 D1 中的数据设为 T0 的设定值。
- 当 X002 接通时，MOV 指令将 T0 中的当前值传送到 D2 中。
- 当 X003 接通时，MOV 指令将 K3（相当于二进制的 011）传送到 Y000～Y003 中，Y000、Y001 接通，Y002、Y003 断开。
- 当 X004 接通时，SMOV 指令将 D10 中右起第 4 位（［m1］=4）开始的两位（［m2］=2）BCD 码传送到 D12 右起第 3 位（［n］=3）开始的两位中，D12 中的 BCD 码会自动转换为二进制数，而 D12 中的第 1 位和第 4 位 BCD 码不变。

- 当 X005 接通时，CML 指令将 D20 的低 4 位取反后传送到 Y013～Y010 中。
- 当 X006 接通时，BMOV 指令将 D30～D32 中的内容传送到 D40～D42 中去，传送后 D30～D32 中的内容不变，而 D40～D42 内容相应地被 D30～D32 内容取代。
- 当 X007 接通时，FMOV 指令将 K0 传送到 D50～D59 中。

表 3-24　传送指令的应用举例

梯形图	语句表
X000 ├┤├─────────[MOV K50 D1] X001 ├┤├─────────────(T0 D1) X002 ├┤├─────────[MOV T0 D2] X003 ├┤├─────────[MOV K3 K1Y000] X004 ├┤├──[SMOV D10 K4 K2 D12 K3] X005 ├┤├─────────[CML D20 K1Y010] X006 ├┤├─────────[BMOV D30 D40 K3] X007 ├┤├─────────[FMOV K0 D50 K10]	LD　　X000 MOV　　K50　　D1 LD　　X001 OUT　　T0　　D1 LD　　X002 MOV　　T0　　D2 LD　　X003 MOV　　K3　　K1Y000 LD　　X004 SMOV　D10　K4　K2　D12　K3 LD　　X005 CML　　D20　　K1Y010 LD　　X006 BMOV　D30　D40　K3 LD　　X007 FMOV　K0　　D50　K10

3. 数据交换类指令

（1）数据交换指令 XCH（FNC17）。数据交换指令是将两个目标操作数 [D1] 和 [D2] 中的内容互相交换，见表 3-25。

表 3-25　XCH 指令

说明	操作数							
FNC17 XCH 16 位/32 位指令 脉冲/连续执行	←──────── [D1·] [D2·] ────────→							
	K, H	KnX	KnY	KnM	KnS	T	C	D	V, Z

（2）数据变换指令 BCD（FNC18）。数据变换指令 BCD 将源操作数 [S] 中的二进制数转换成 BCD 码送到目标操作数 [D] 中，常用于将 PLC 中的二进制数变换成 BCD 码以驱动七段码显示器，见表 3-26。

表 3-26　BCD 指令

说明	操作数								
FNC18 BCD 16 位/32 位指令 脉冲/连续执行	←──────────── [S·] ────────────→								
	K, H	KnX	KnY	KnM	KnS	T	C	D	V, Z
	←──────────── [D·] ────────────→								

（3）数据变换指令 BIN（FNC19）。数据变换指令 BIN 将源操作数 [S] 中的 BCD 码转

换成二进制数送到目标操作数［D］中，常用于将 BCD 数字开关的设定值输入 PLC 中，见表 3-27。

表 3-27　BIN 指令

说明	操作数
FNC19 BIN 16 位/32 位指令 脉冲/连续执行	←————————〔S·〕————————→ K, H ┃ KnX ┃ KnY ┃ KnM ┃ KnS ┃ T ┃ C ┃ D ┃ V, Z ←————————————〔D·〕————————————→

（4）指令应用举例见表 3-28。

表 3-28　数据交换指令的应用举例

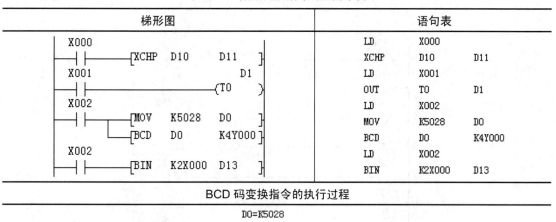

梯形图	语句表
（见图）	LD　　X000 XCHP　D10　　D11 LD　　X001 OUT　　T0　　D1 LD　　X002 MOV　K5028　D0 BCD　　D0　　K4Y000 LD　　X002 BIN　　K2X000　D13

BCD 码变换指令的执行过程

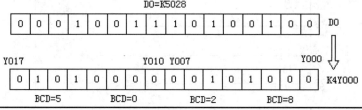

案例分析：梯形图中，当 X000 接通时，将 D10 和 D11 中的数据相互交换一次。当 X002 接通时，先将 K5028 传送到 D0 中，然后将 D0 的内容转换成 BCD 码送到输出位组件 K4Y000（Y000～Y017）中，见表 3-28 中的执行过程图，可以看出，D0 中存储的二进制数据与 K4Y000 中存储的 BCD 码完全不同，当 X002 接通时，将输入位组件 K2X000（X000～X007）中的 BCD 码转换成二进制数送到 D13 中。

3.2　项目实施

3.2.1　灯光的 PLC 控制

1. 控制电路要求

三组彩灯相隔 5s 依次点亮，各点亮 10s 后熄灭，循环往复。

2. I/O 配置

PLC 的 I/O 配置见表 3-29。

表 3-29　PLC 的 I/O 配置

序号	类型	设备名称	信号地址	编号
1	输入	电源开关	X001	SA
2	输出	灯	Y001	HL₁
3			Y002	HL₂
4			Y003	HL₃

3. 梯形图程序设计

方法一：用计时器、边沿指令及置位/复位指令完成，PLC 梯形图程序设计如图 3-1 所示。

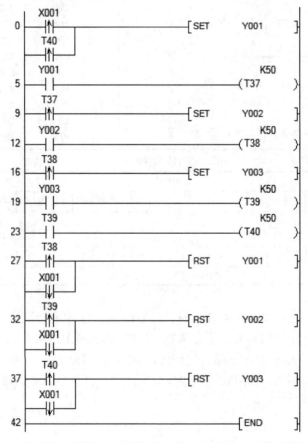

图 3-1　由计时器、边沿指令及置位/复位指令完成的 PLC 梯形图程序设计

方法二：由计时器、计数器、脉冲输出指令及置位/复位指令完成，PLC 梯形图程序设计如图 3-2 所示。

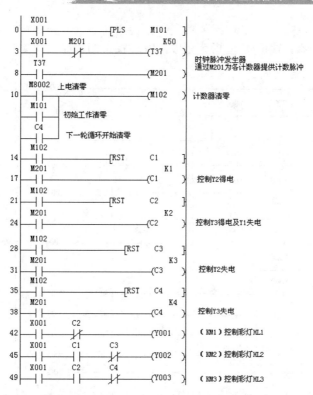

图 3-2　由计时器、计数器、脉冲输出指令及置位/复位指令完成 PLC 梯形图程序设计

3.2.2　抢答器的 PLC 控制

1. 控制电路要求

（1）参赛者分 3 组，每组桌上设置一个抢答器按钮。当主持人按下开始抢答按钮后，如果在 10s 内有人抢答，则最先按下的抢答信号按钮有效，相应桌上的抢答指示灯亮。

（2）当主持人按下开始抢答按钮后，如果在 10s 内没有人抢答，则撤销抢答指示灯亮，表示抢答器自动撤销此次抢答信号。

（3）当主持人再次按下开始抢答按钮后，所有抢答指示灯熄灭。

2. I/O 配置

PLC 的 I/O 配置见表 3-30。

表 3-30　PLC 的 I/O 配置

输入设备		信号地址	输出设备		信号地址
代号	功能		代号	功能	
SA	主持人启/停开关	X0	HL5	启动抢答指示灯	Y0
SB1	第 1 组抢答按钮	X1	HL1	第 1 组指示灯	Y1
SB2	第 2 组抢答按钮	X2	HL2	第 2 组指示灯	Y2
SB3	第 3 组抢答按钮	X3	HL3	第 3 组指示灯	Y3
SB4	开始抢答按钮	X4	HL4	撤销抢答指示灯	Y4

3. 梯形图程序设计

方法一：由计时器、置位/复位指令完成，PLC 梯形图程序设计如图 3-3 所示。

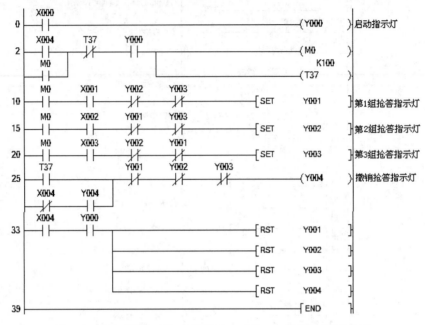

图 3-3　由计时器、置位/复位指令完成的 PLC 梯形图程序设计

方法二：由计时器、边沿指令及置位/复位指令完成，PLC 梯形图程序设计如图 3-4 所示。

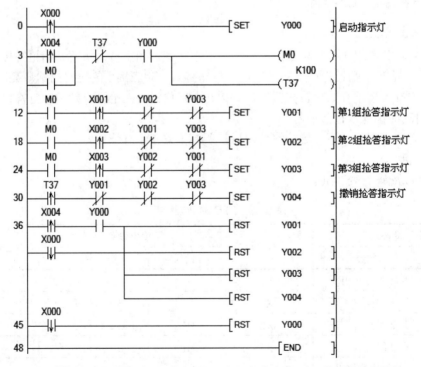

图 3-4　由计时器、边沿指令及置位/复位指令完成 PLC 梯形图程序设计

3.2.3　洗衣机的 PLC 控制

全自动洗衣机的洗衣桶（外桶）和脱水桶（内桶）是以同一中心进行安放的。外桶固定，用于放水；内桶可以旋转，用于脱水（甩干）。内桶的四周有许多小孔，使内、外桶的水流相通。

1. **控制电路要求**

全自动洗衣机的进水和排水分别由进水电磁阀和排水电磁阀来控制。进水时，通过电控系统使进水电磁阀打开，经进水管注入到外桶。排水时，通过电控系统使排水电磁阀打开，将水由外桶排到机外。洗涤正转、反转由洗涤电动机驱动波盘正、反转来实现，此时脱水桶并不旋转。脱水时，通过电控系统将离合器合上，由洗涤电动机带动内桶正转进行甩干。高、低水位开关分别用来检测水位的高、低。启动按钮用来启动洗衣机工作。停止按钮用来实现手动停止进水、排水、脱水及报警。排水按钮用来实现手动排水。

PLC 投入运行，系统处于初始状态，准备好启动。启动时开始进水。水满（即水位到达高水位）时停止进水并开始正转洗涤。正转洗涤 15s 后暂停；暂停 3s 后开始反转洗涤；反转15s 后暂停。3s 后若正、反转没有满 3 次，则返回从正转洗涤开始；若正、反转满 3 次后，则开始排水。水位下降到低水位时开始脱水并继续排水。脱水 10s 后即完成 1 次从进水到脱水的大循环过程。若未完成 3 次大循环，则返回从进水开始的全过程，进行下一次大循环；若完成了 3 次循环，则进行洗完报警。报警 10s 后结束全过程，自动停机。

此外，还可以按下排水按钮以实现手动排水；按停止按钮以实现手动停止进水、排水、脱水及报警。

2. **顺序功能流程图**

全自动洗衣机顺序功能流程图如图 3-5 所示。

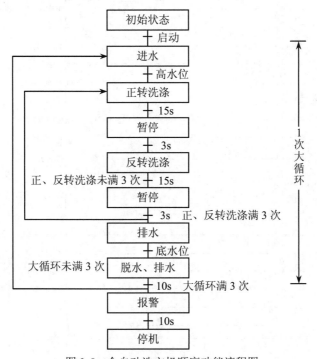

图 3-5　全自动洗衣机顺序功能流程图

3. I/O 配置

PLC 的 I/O 配置见表 3-31。

表 3-31　PLC 的 I/O 配置

输入设备		信号地址	输出设备		信号地址
代号	功能		代号	功能	
SB1	启动按钮	X0	YV1	进水电磁阀	Y0
SB2	停止按钮	X1	KM1	电动机正转接触器	Y1
SB3	排水按钮	X2	KM2	电动机反转接触器	Y2
SQ1	高水位开关	X3	YV2	排水电磁阀	Y3
SQ2	低水位开关	X4	YV3	脱水电磁离合器	Y4
			HA	报警蜂鸣器	Y5

4. 梯形图程序设计

方法一：用计时器、计数器及置位/复位指令完成全自动洗衣机 PLC 控制梯形图程序设计如图 3-6 所示。

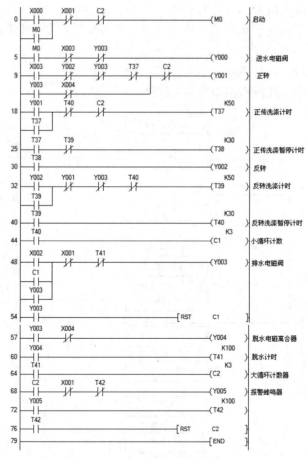

图 3-6　全自动洗衣机 PLC 控制梯形图程序设计（方法一）

　　方法二：由计时器、边沿指令及置位/复位指令完成全自动洗衣机 PLC 控制梯形图程序设计如图 3-7 所示。

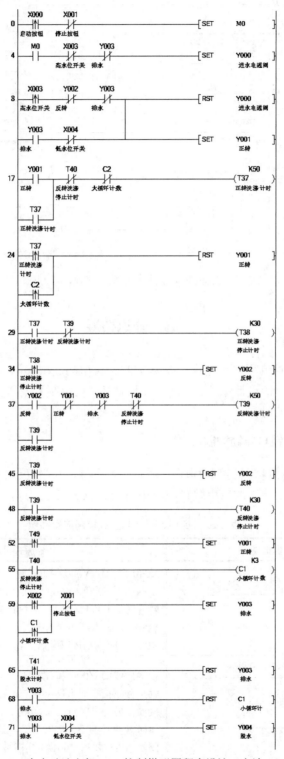

图 3-7　全自动洗衣机 PLC 控制梯形图程序设计（方法二）

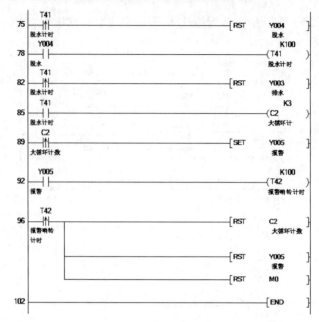

图 3-7　全自动洗衣机 PLC 控制梯形图程序设计（方法二）（续图）

3.3　知识拓展

在工程应用中，控制程序都是由一些基本的、典型的逻辑控制模块组成的。如果能够掌握常用的基本控制程序的设计原理、方法及编程技巧，在编制大型和复杂程序时，就能够得心应手，大大缩短编程的时间。

3.3.1　自锁、互锁与连锁控制

自锁、互锁控制是梯形图控制程序中最基本的环节，其中互锁中包含有连锁控制情况，常用于输入开关和输出线圈的应用编辑，应用举例见表 3-32。

表 3-32　自锁、互锁与连锁控制应用举例

名称	梯形图	原理分析
自锁控制	X000　X001　（Y000） Y000	X000 闭合使 Y000 得电，随之 Y000 触点闭合。此时即使 X000 触点断开，Y000 仍保持得电。只有当常闭触点 X001 断开时，Y000 才断电，Y000 触点断开。如果要再次启动 Y000，只有重新闭合 X000。图中 X000 对应启动按钮触点，X001 对应停止按钮触点，Y000 触点为自锁触点
互锁控制	X001　X000　Y001　（Y000） Y000 X002　X000　Y000　（Y001） Y001	在输出线圈 Y000 和 Y001 网络中，Y000 和 Y001 的常闭触点分别接在对方网络中。只要有一个触点（如 Y000）先接通，另一个触点（如 Y001）就不能再接通，从而保证任何时候两者都不能同时启动，这种控制称为互锁控制。常闭触点 Y000 和 Y001 为互锁触点

名称	梯形图	原理分析
连锁控制	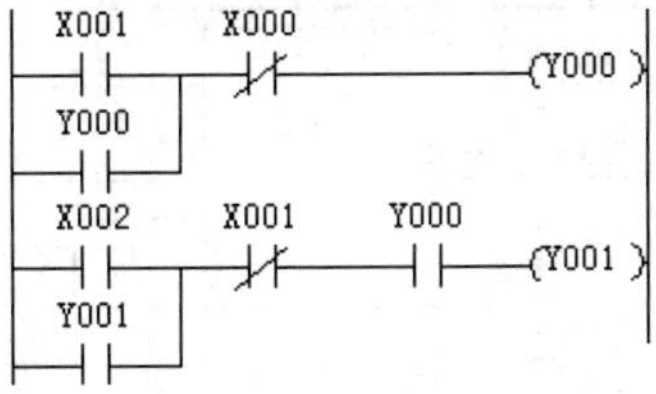 （a）触点连锁形式 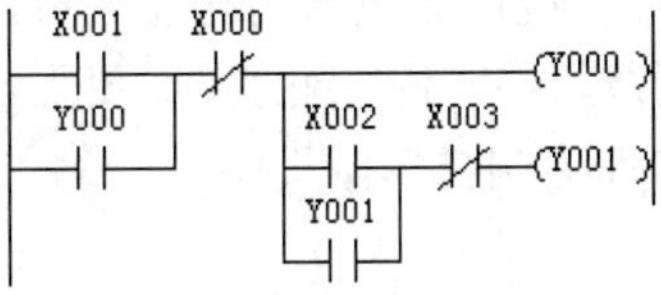 （b）网络接入连锁形式	图（a）中输出线圈 Y000 和 Y001 网络中，由于有常开触点 Y000 接在 Y001 中，而在 Y000 网络中没有常开触点 Y001 接入，因此只有当则 Y000 接通时，Y001 才有可能接通。只要 X000 为 OFF，则 Y000 和 Y001 均断开，若 Y000 断开，Y001 就不可能接通。图（a）和（b）只是梯形图形式不同，其实质是相同的。也就是说，一方的动作是以另一方的动作为前提的，这种控制称为连锁控制

案例说明：自锁、互锁与连锁控制是 PLC 控制程序中常用的控制程序形式，自锁控制也是常说的启—保—停控制。互锁控制就是在两个或两个以上输出继电器网络中，只能保证其中一个输出继电器接通输出，而不能让两个或两个以上输出继电器同时输出，避免了两个或两个以上输出继电器不能同时动作的控制对象同时动作。在工程控制系统中，若一个控制对象是在另一个控制对象动作的前提下才能动作的，则称为连锁控制。

3.3.2　时间控制

在 PLC 控制系统中，时间控制用得非常多，其中大部分用于延时和定时控制。在 FX 系列可编程控制器内部有两种类型的定时器和 3 个等级分辨率（1ms、10ms、100ms）可以用于时间控制，用户在编程时会感到十分方便。下面通过 3 个实例介绍时间控制。

1. 瞬时接通/延时断开控制

瞬时接通/延时断开控制要求在输入信号有效时，马上有输出，而输入信号无效后，输出信号延时一段时间才能停止，应用举例见表 3-33。

表 3-33　瞬时接通/延时断开控制应用举例

梯形图	时序图
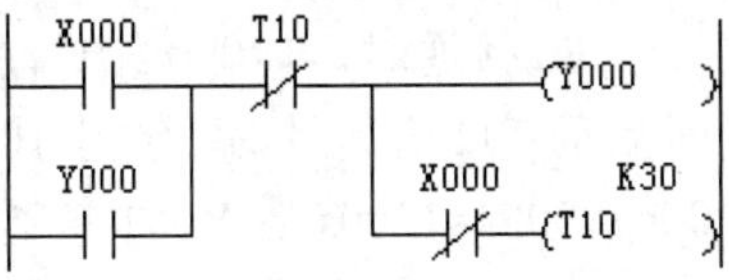	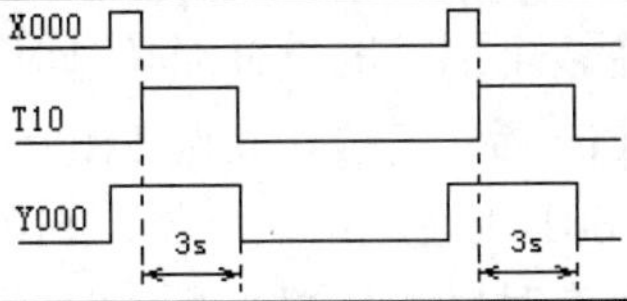

案例分析：梯形图中，当 X000 的状态为 ON 时，输出 Y000 的状态为 ON 并自锁；当 X000 的状态为 OFF 时，定时器 T10 工作 3s 后，定时器常闭触点断开，使输出 Y000 断开。

2. 延时接通/延时断开控制

延时接通/延时断开控制要求在输入信号处于 ON 状态后，停一段时间后输出信号才处于 ON 状态；而输入信号处于 OFF 状态后，输出信号延时一段时间才能处于 OFF 状态。应用举例见表 3-34。

表 3-34　延时接通/延时断开控制应用举例

梯形图	时序图
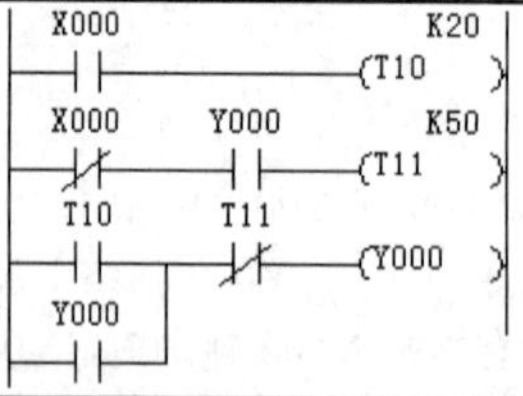 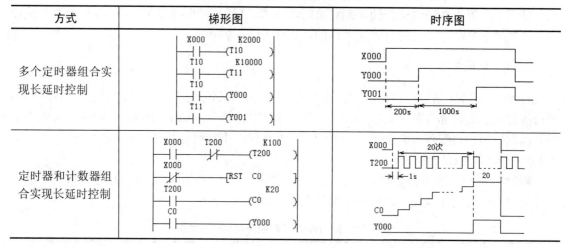	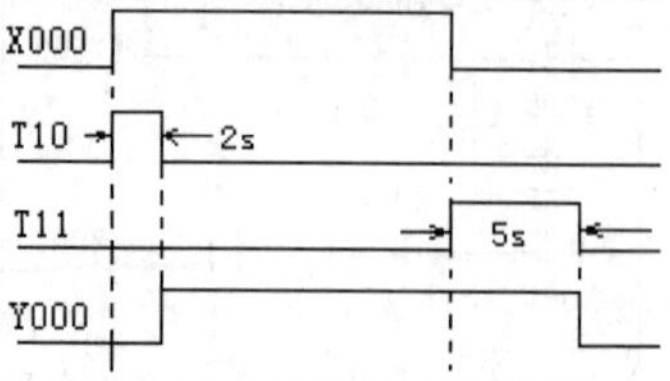

案例分析：梯形图中，使用定时器 T10 和 T11 配合实现控制电路的功能，可以通过修改调整它们的设定时间，得到需要的延时时间；延时接通/延时断开控制的梯形图用接通延时定时器和断开延时定时器可以使编程更简单，读者可以自行编制梯形图程序。

3. 长延时控制

有些控制场合需要的延时时间长，超出了定时器的定时范围，我们称为长延时。长延时电路可以用 h（小时）、min（分钟）或 s（秒）作为单位来设定。长延时控制可以使用多个定时器组合方式实现，也可以采用定时器与计数器组合方式实现。长延时控制应用举例见表 3-35。

表 3-35　长延时控制应用举例

方式	梯形图	时序图
多个定时器组合实现长延时控制		
定时器和计数器组合实现长延时控制		

案例分析：

- 在多个定时器组合的长延时控制程序中，当输入 X000 接通时，T10 开始计时，经过 200s 后，其常开触点 T10 闭合，Y000 接通，同时启动 T11 开始计时，经过 1000s 后，Y001 接通。由此可见，T10 和 T11 共同延时 200s+1000s=1200s 后 Y001 接通。
- 在定时器和计数器组合实现长延时控制程序中，是 T200 定时器和 C0 计数器组合实现长延时。T200 定时器启动 C0 计数器计数，反复循环进行，当 C0 计数达到 20 次后，由 C0 控制的常开触点闭合，输出 Y000 接通实现长延时控制。

3.3.3　脉冲触发控制

脉冲触发控制在 PLC 控制中属于常见的控制情况，可用微分操作指令或定时器实现控制，应用举例见表 3-36。

表 3-36　脉冲触发控制应用举例

方式	梯形图	时序图
周期脉冲触发控制	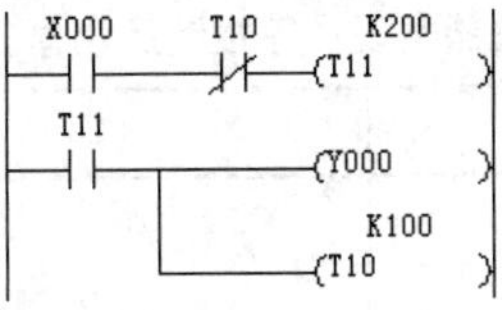 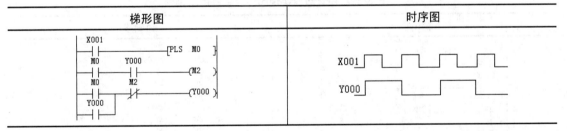	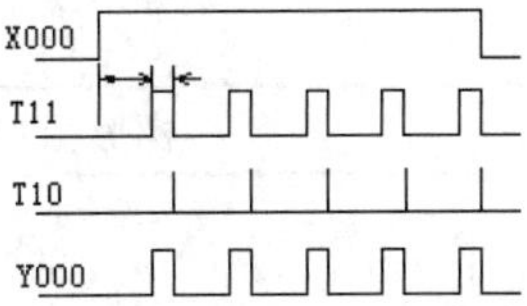
脉宽可控脉冲触发控制	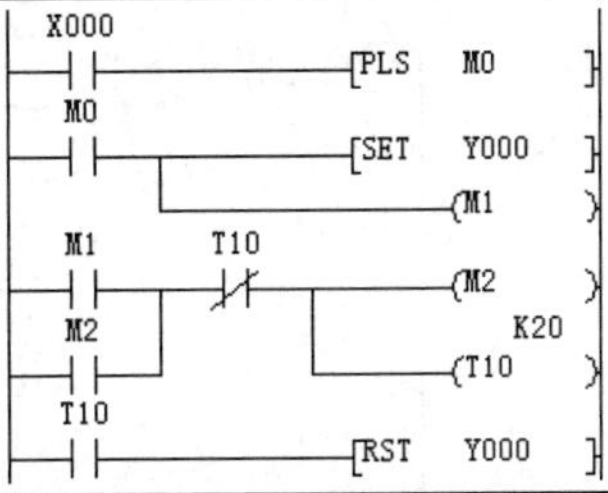	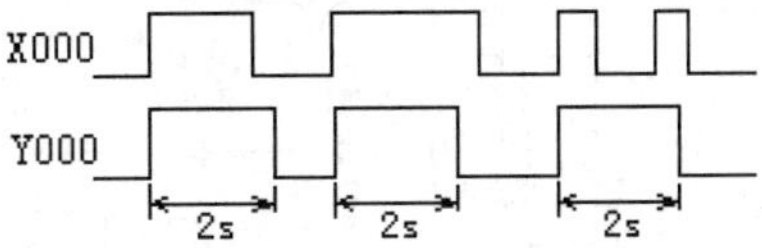

案例分析：

● 周期脉冲触发控制程序也叫闪烁控制程序，又称振荡控制程序。通过改变两个定时器 T10 和 T11 的时间常数可以改变脉冲周期和占空比，非常适用于脉冲触发控制。

● 脉宽可控脉冲触发控制应用微分上升沿 PLS 指令，将 X000 的不规则输入信号转化为瞬时触发信号，通过 SET/RST 指令将 Y000 置位或复位，Y000 置位时间长短由定时器 T10 设定值的大小决定，因此 Y000 宽度不受 X000 接通时间长短的影响。

3.3.4　分频控制

在许多控制场合需要对控制信号进行分频，常见的有二分频、四分频控制。下面以二分频控制为例介绍分频控制的实现，应用举例见表 3-37。

表 3-37　分频控制应用举例

梯形图	时序图

案例分析：本实例梯形图程序中，用微分上升沿 PLS 指令和两个辅助继电器 M0 与 M2，将规定频率的 X001 输入信号转化为脉宽为 X001 两倍的 Y000 信号输出。

3.3.5　顺序控制

顺序控制在工业控制系统中应用十分广泛。传统的控制器件继电器-接触器只能进行一些简单控制，并且整个系统十分笨重庞杂，接线复杂，故障率高，无法实现更复杂的控制。而用 PLC 进行顺序控制则变得轻松愉快。我们可以用各种不同的指令编写出形式多样、简洁清晰的控制程序。下面介绍两种实用的顺序控制程序。

1. 用定时器实现顺序控制

用定时器对被控对象实现顺序启/停控制，应用举例见表 3-38。

表 3-38　用定时器实现顺序控制应用举例

梯形图	语句表
	LD　　X000 OR　　T4 OR　　Y000 ANI　　X001 ANI　　Y001 OUT　　Y000 OUT　　T1　　　K50 LD　　T1 OR　　Y001 ANI　　X001 ANI　　Y002 OUT　　Y001 OUT　　T2　　　K50 LD　　T2 OR　　Y002 ANI　　X001 ANI　　Y003 OUT　　Y002 OUT　　T3　　　K50 LD　　T3 OR　　Y003 ANI　　X001 ANI　　Y000 OUT　　Y003 OUT　　T4　　　K50

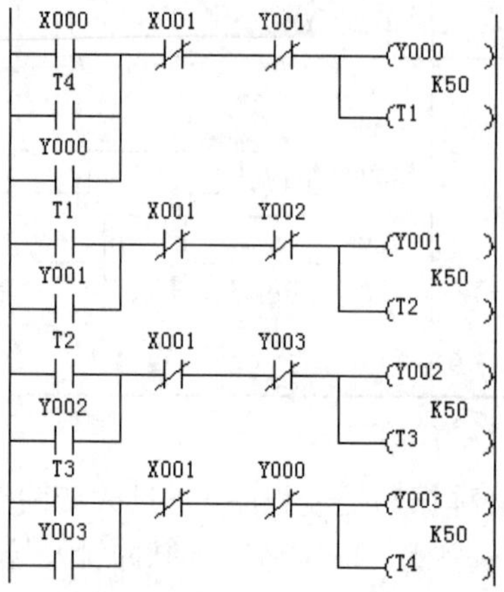

案例分析：本实例梯形图程序中，当 X000 总启动开关闭合后，Y000 先接通；经过 5s 后 Y001 接通，同时将 Y000 断开；再经过 5s 后 Y002 接通，同时将 Y001 断开；又经过 5s 后 Y003 接通，同时将 Y002 断开；再经过 5s 后 Y000 接通，同时将 Y003 断开。如此循环往复，实现了顺序启动/停止的控制。

2. 用计数器实现顺序控制

用计数器递增计数的原理对被控对象实现顺序启/停控制，应用举例见表 3-39。

表 3-39　用计数器实现顺序控制应用举例

梯形图	语句表
	LD　　C0 AND　　X000 RST　　C0 LD　　X000 OUT　　C0　　　K4 LD　　X000 CMP　　K2　　C0　　　MO LD　　MO OUT　　Y000 LD　　M1 OUT　　Y001 LD　　M2 OUT　　Y002 LD　　C0 OUT　　Y003

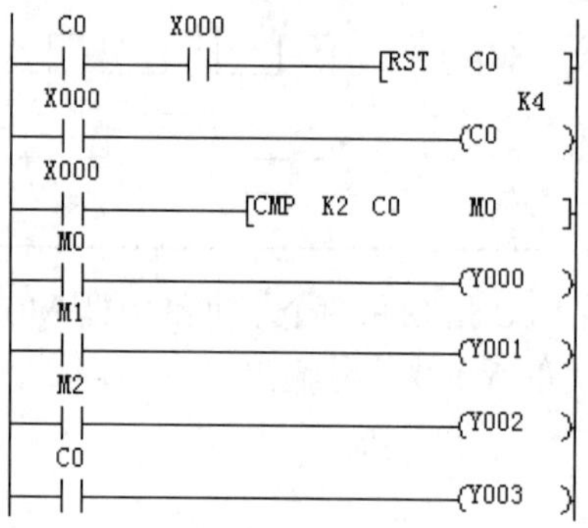

案例分析：

● 本实例梯形图程序中，若 C0 值为 4 且 X000 闭合，则 C0 复位为 0。当 X000 第一次闭合时，C0 计数值递增为 1，比较指令 CMP 将 C0 的当前值 1 与数字 2 比较，此时 C0 的值小于 2，则 M0 的状态为 ON，Y000 接通。

- 当 X000 第二次闭合时，C0 计数值递增为 2，比较指令 CMP 将 C0 的当前值 2 与数字 2 比较（此时 C0 的值为 2），则 M1 的状态为 ON，Y001 接通。
- 当 X000 第三次闭合时，C0 计数值递增为 3，比较指令 CMP 将 C0 的当前值 3 与数字 2 比较（此时 C0 的值大于 2），则 M2 的状态为 ON，Y002 接通。
- 当 X000 第四次闭合时，C0 计数值递增为 4，Y003 接通，同时将计数器复位，又开始下一轮计数。如此往复实现自动循环顺序控制。

3.3.6 循环控制

循环控制也是 PLC 控制程序的常见情况，如循环计数控制、周期连续进行的顺序控制等均属循环控制范畴（属基本控制程序）。下面以彩灯闪亮控制为例介绍循环控制实现的方法。

PLC 实现彩灯闪亮控制具有结构简单、变换形式多样、价格低的特点，应用广泛。彩灯控制变换形式主要有三种：长通类、变换类和流水类。长通类指彩灯用于照明或衬托底色，一旦彩灯通电，将长时间亮，没有闪烁；变换类指彩灯可被定时控制，彩灯时亮时灭，形成需要的各种变换，如字形变换、色彩变换、位置变换等，其特点是定时通断，频率不高；流水类指彩灯变换速度快，犹如行云流水、星光闪烁，其虽然也是定时通断，但频率较高。对于长通类亮灯，控制简单，只需一次接通或断开，属一般控制；对于变换类和流水类闪亮，则要预定节拍产生一个"环形分配器"，这个环形分配器控制彩灯按预设频率和花样变换闪亮。

下面以变换类和流水类彩灯闪亮控制为例进行分析设计。表 3-40 为彩灯闪亮循环控制应用实例。

表 3-40 彩灯闪亮循环控制应用举例

梯形图	语句表

``
     X000
0 ─┤├─────────[PLS M10]
     X000   M20   K50
3 ─┤├──┤/├──────────(T37)
     M8002
8 ─┤├────────────────(M30)
     M10
    ─┤├─
     C4
    ─┤├─
     M30
12 ─┤├────────────[RST C1]
                  ──[RST C2]
                  ──[RST C3]
                  ──[RST C4]
     M20   K1
21 ─┤├────────────(C1)
                  K2
                 ─(C2)
                  K3
                 ─(C3)
                  K4
                 ─(C4)
     T37
34 ─┤├────────────────(M20)
     X000   C2
36 ─┤├──┤/├──────────(Y001)
     X000 C1   C3
39 ─┤├──┤├──┤/├──────(Y002)
     X000 C2   C4
43 ─┤├──┤├──┤/├──────(Y003)
47 ───────────────────[END]
``
	0 LD X000
	1 PLS M10
	3 LD X000
	4 ANI M20
	5 OUT T37 K50
	8 LD M8002
	9 OR M10
	10 OR C4
	11 OUT M30
	12 LD M30
	13 RST C1
	15 RST C2
	17 RST C3
	19 RST C4
	21 LD M20
	22 OUT C1 K1
	25 OUT C2 K2
	28 OUT C3 K3
	31 OUT C4 K4
	34 LD T37
	35 OUT M20
	36 LD X000
	37 ANI C2
	38 OUT Y001
	39 LD X000
	40 AND C1
	41 ANI C3
	42 OUT Y002
	43 LD X000
	44 AND C2
	45 ANI C4
	46 OUT Y003
	47 END

案例分析：

- 彩灯闪亮循环控制程序控制 A、B、C 三盏彩灯，工作时，启动旋转开关（X000 接通），PLS 指令将 M10 仅闭合一个扫描周期，用于启动时复位各计数器，A 灯（Y001）开始亮。

- 定时间 T37 与辅助继电器 M20 构成彩灯循环闪亮的环形脉冲分配器（其脉冲宽度等于程序扫描周期时间+5s 定时时间），其分配脉冲用于每 5s 将 C1～C4 计数一次，实现 B 灯（Y002）、C 灯（Y003）依次点亮。

- 当 C4 计数值达到设定值时，将最后一个 C 灯熄灭，同时复位各计数器开始下一个循环，彩灯按 A→B→C 顺序循环往复。

- M8002 控制 PLC 加电时闭合一个扫描周期，当旋转开关断开（X000 断开）时，C1、C2、C3、C4 的计数值不定，其状态也不定，但三盏灯将熄灭。

- 本程序用定时器 T37 与 M20 构成彩灯循环闪亮的环形脉冲分配器，控制彩灯循环闪亮，属于变换类和流水类彩灯闪亮控制。

3.4　技能实训

3.4.1　基本指令及传送指令应用设计与调试

1. 实训目的

（1）掌握基本指令的使用方法。

（2）掌握常用计数指令及数据传送指令的使用方法。

（3）掌握计数器内部时基脉冲参数的设置。

（4）熟悉编译调试软件的使用。

2. 实训器材

计算机一台、PLC 实训箱一个、编程电缆一根、导线若干。

3. 实训内容

本实训进行常用基本指令的编程操作训练，如 S/R 置位复位指令、PLS 脉冲指令、定时器指令、计数器指令、数据比较指令、数据传送指令等。

4. 实训步骤

（1）用下载电缆将计算机串口与 PLC 端口进行连接，然后将实训箱接通电源。打开电源开关，如主机和电源的指示灯亮，表示工作正常，可进入下一步。

（2）进入编译调试环境，用指令符或梯形图输入下列练习程序。

（3）根据程序进行相应的连线（接线方法可参见项目一中"PLC 的输入/输出接口电路"的相关内容）。

（4）下载程序并运行，观察运行结果。

练习1：S/R 置位复位指令实训（图 3-8）。

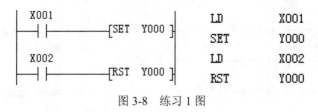

图 3-8　练习 1 图

练习2：PLS 脉冲指令实训（图 3-9）。

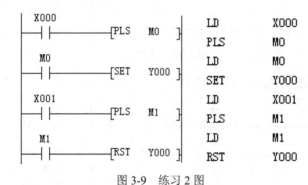

图 3-9　练习 2 图

练习3：定时器指令实训（图 3-10）。

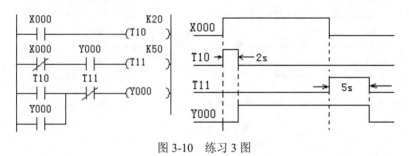

图 3-10　练习 3 图

练习4中：计数器指令实训（图 3-11）。

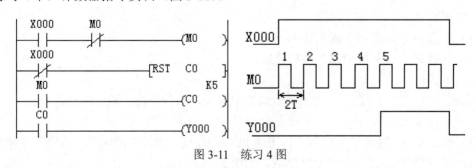

图 3-11　练习 4 图

练习 5：数据比较指令实训（图 3-12）。

```
LD   X010
CMP  K7    K1X000 M1
AND  M2
OUT  Y000
LD   X011
ZCP  K100  K120  C30  M10
LD   M10
OUT  Y010
LD   M11
OUT  Y011
LD   M12
OUT  Y012
```

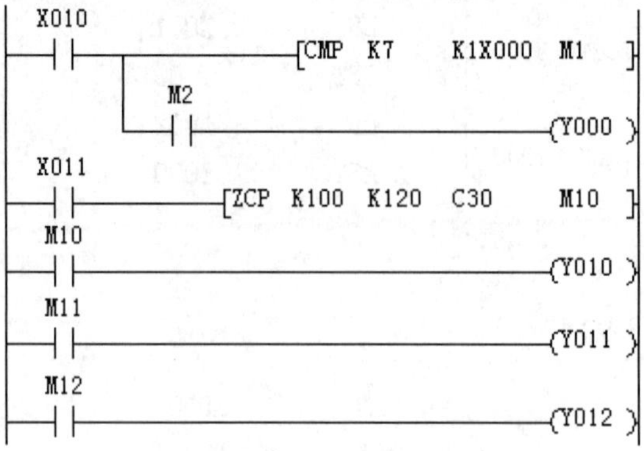

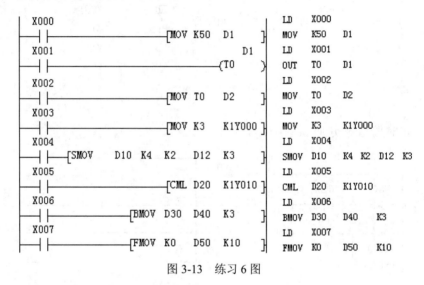

图 3-12　练习 5 图

练习 6：数据传送指令实训（图 3-13）。

```
LD   X000
MOV  K50   D1
LD   X001
OUT  T0    D1
LD   X002
MOV  T0    D2
LD   X003
MOV  K3    K1Y000
LD   X004
SMOV D10   K4  K2  D12  K3
LD   X005
CML  D20   K1Y010
LD   X006
BMOV D30   D40   K3
LD   X007
FMOV K0    D50   K10
```

图 3-13　练习 6 图

3.4.2　舞台灯的 PLC 控制设计与调试

1．实训目的

（1）掌握 PLC 功能指令的用法。

（2）掌握 PLC 与外围电路的接口连线。

2．实训器材

计算机一台、PLC 实训箱一个、舞台灯控制模块、编程电缆一根、导线若干。

3．实训内容及步骤

（1）设计要求。舞台灯光控制可以采用 PLC 来控制，如灯光的闪烁、移位及各种时序的变化。舞台灯控制模块由 7 组指示灯组成，如图 3-14 所示。

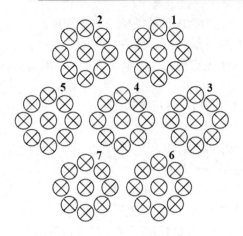

图 3-14　舞台灯控制示意图

要求 1~7 组灯点亮的时序如下：

1）1~7 号灯依次点亮，再全亮。

2）重复步骤 1），循环往复。

（2）确定输入、输出端口并编写程序。

（3）编译程序，无误后将程序下载至 PLC 主机的存储器中并运行程序。

（4）调试程序，直至符合设计要求。

思考与练习

1．用边沿检测指令设计如图 3-15 所示波形的梯形图。

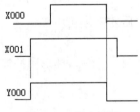

图 3-15　题 1 的图

2．按下按钮 X000 后，Y000 变为 1 状态并自保持；X001 输入 3 个脉冲后（用 C1 计数），T37 开始定时，5S 后，Y000 变为 0 状态，同时 C1 被复位；在可编程控制器刚开始执行用户程序时，C1 也被复位。根据题意设计如图 3-16 所示的梯形图。

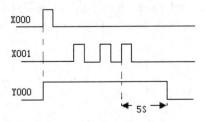

图 3-16　题 2 的图

3．设计周期为 5s，占空比为 20%的方波输出信号程序。

4．使用置位指令和复位指令编写两套程序，控制要求如下：

（1）启动时，电动机 M1 先启动，之后电动机 M2 才能启动；停止时，电动机 M1、M2 同时停止。

（2）启动时，电动机 M1、M2 同时启动；停止时，只有当电动机 M2 停止后，电动机 M1 才能停止。

5．试设计一个小车运行的 PLC 控制程序，小车由三相异步电动机拖动，其动作程序如下：

（1）小车由原位开始前进，到终点后自动停止。

（2）在终点停留一段时间后自动返回原位停止。

（3）在前进或后退途中的任意位置都能停止或启动。

6．试设计一台异步电动机的 PLC 控制程序，要求如下：

（1）能实现启、停的两地控制。

（2）能实现点动调整。

（3）能实现单方向的行程保护。

（4）要有短路和过载保护。

7．试设计一个工作台前进—退回的 PLC 控制。工作台由电动机 M 拖动，行程开关 SQ1、SQ2 分别装在工作台的原位和终点，要求如下：

（1）能自动实现前进—后退—停止到原位。

（2）工作台前进到达终点后停一下再后退。

（3）工作台在前进中可以立即后退到原位。

（4）有终端保护功能。

8．有两台三相异步电动机 M1 和 M2，要求如下：

（1）M1 启动后，M2 才能启动。

（2）M1 停止后，M2 延时 30s 后才能停止。

（3）M2 能点动调整。

试画出 PLC 输入/输出分配接线图，并编写梯形图控制程序。

9．设计抢答器 PLC 控制系统。

控制要求如下：

（1）抢答台 A、B、C、D 均有指示灯和抢答键。

（2）有裁判员台，有指示灯和复位按键。

（3）抢答时，有 2s 声音报警。

10．设计两台电动机顺序控制 PLC 系统，控制要求如下：

两台电动机相互协调运转，M1 运转 10s，停止 5s；M2 要求与 M1 相反；M1 停止 M2 运行，M1 运行 M2 停止；如此反复动作 3 次，M1 和 M2 均停止。

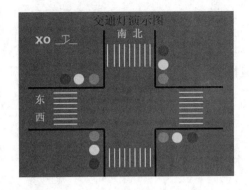

项目四　交通信号灯的 PLC 控制

【知识目标】

1. 触点比较指令。
2. 循环与移位指令。
3. 步进指令。
4. PLC 多种设计方法。
5. 交通信号灯 PLC 控制设计、安装与调试。

【技能目标】

1. 熟悉触点比较指令的格式及应用。
2. 熟悉循环与移位指令的格式及应用。
3. 掌握步进指令的应用。
4. 熟悉并掌握 PLC 多种设计方法。
5. 熟悉并掌握交通信号灯 PLC 控制设计、安装与调试方法。

【其他目标】

1. 培养学生勤于思考、做事认真的良好作风。培养学生良好的职业道德。
2. 培养学生的团结协作能力。
3. 教师应遵守工作时间，在教学活动中渗透企业的 6S 制度。
4. 培养学生整理、积累技术资料的能力。学生在进行电路设计、装接、故障排除之后能对所进行的工作任务进行资料收集、整理、存档。

4.1 相关知识

4.1.1 FX 系列 PLC 功能指令（二）——触点比较指令

触点比较指令共有 18 条，指令应用形式有 16 位和 32 位，如果助记符号中加（D）代表 32 位，否则就为 16 位，具体介绍如下所述。

1. LD 触点比较指令

LD 触点比较指令见表 4-1。

表 4-1　LD 触点比较指令

编号	助记符	导通条件	非导通条件
FNC224	（D）LD=	[S1]=[S2]	[S1]≠[S2]
FNC225	（D）LD>	[S1]>[S2]	[S1]≤[S2]
FNC226	（D）LD<	[S1]<[S2]	[S1]≥[S2]
FNC228	（D）LD≠	[S1]≠[S2]	[S1]=[S2]
FNC229	（D）LD≤	[S1]≤[S2]	[S1]>[S2]
FNC230	（D）LD≥	[S1]≥[S2]	[S1]<[S2]

图 4-1 所示为"LD="指令的应用，当计数器 C10 的当前值为 200 时驱动 Y010。

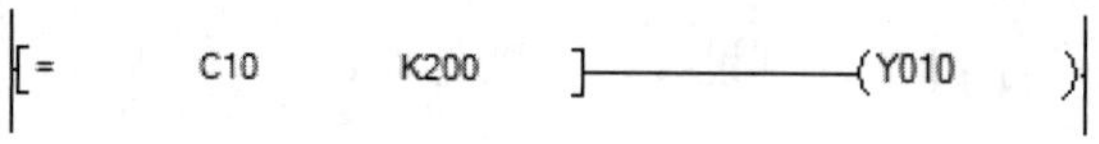

图 4-1　"LD="指令的应用

2. AND 触点比较指令

AND 触点比较指令见表 4-2。

表 4-2　AND 触点比较指令

编号	助记符	导通条件	非导通条件
FNC232	（D）AND=	[S1]=[S2]	[S1]≠[S2]
FNC233	（D）AND>	[S1]>[S2]	[S1]≤[S2]
FNC234	（D）AND<	[S1]<[S2]	[S1]≥[S2]
FNC236	（D）AND≠	[S1]≠[S2]	[S1]=[S2]
FNC237	（D）AND≤	[S1]≤[S2]	[S1]>[S2]
FNC238	（D）AND≥	[S1]≥[S2]	[S1]<[S2]

图 4-2 所示为"AND ="指令的应用，当 X000 的状态为 ON 且计数器 C10 的当前值为 200 时驱动 Y010。

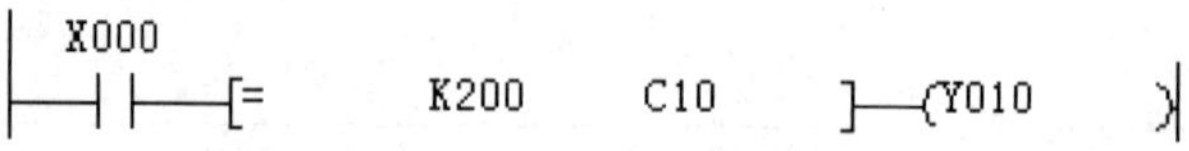

图 4-2　"AND ="指令的应用

3. OR 触点比较指令

OR 触点比较指令见表 4-3。

表 4-3　OR 触点比较指令

编号	助记符	导通条件	非导通条件
FNC240	（D）OR=	[S1]=[S2]	[S1]≠[S2]
FNC241	（D）OR＞	[S1]＞[S2]	[S1]≤[S2]
FNC242	（D）OR＜	[S1]＜[S2]	[S1]≥[S2]
FNC244	（D）OR≠	[S1]≠[S2]	[S1]=[S2]
FNC245	（D）OR≤	[S1]≤[S2]	[S1]＞[S2]
FNC246	（D）OR≥	[S1]≥[S2]	[S1]＜[S2]

图 4-3 所示为“OR =”指令的应用，当 X000 的状态为 ON 或者当计数器 C10 的当前值为 200 时驱动 Y010。

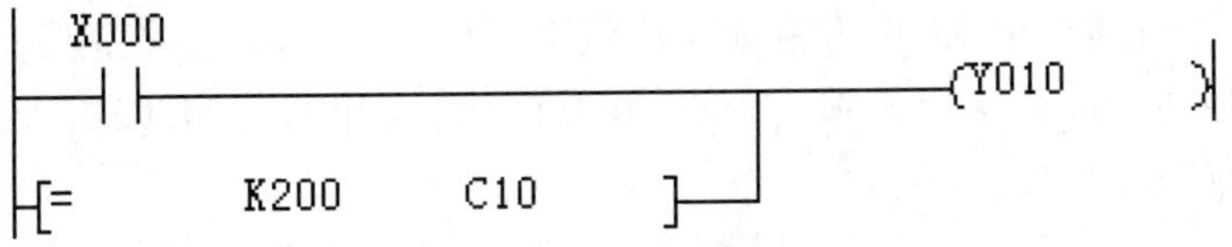
X000
Y010
[=
K200
C10

图 4-3　“OR =”指令的应用

4.1.2　FX 系列 PLC 功能指令（三）——循环与移位指令

循环与移位指令是使字数据、位组合的字数据向指定方向循环、移位的指令，见表 4-4。

表 4-4　循环与传送指令

编号	助记符	指令名称	编号	助记符	指令名称
FNC30	ROR	循环右移	FNC35	SFTL	位左移
FNC31	ROL	循环左移	FNC36	WSFR	字右移
FNC32	RCR	带进位循环右移	FNC37	WSFL	字左移
FNC33	RCL	带进位循环左移	FNC38	SFWR	移位写入
FNC34	SFTR	位右移	FNC39	SFRD	移位读出

（1）循环右移指令 ROR 和循环左移指令 ROL 见表 4-5。

表 4-5　ROR 和 ROL 指令

说明	操作数
FNC30　ROR FNC31　ROL 16 位/32 位指令 脉冲/连续执行	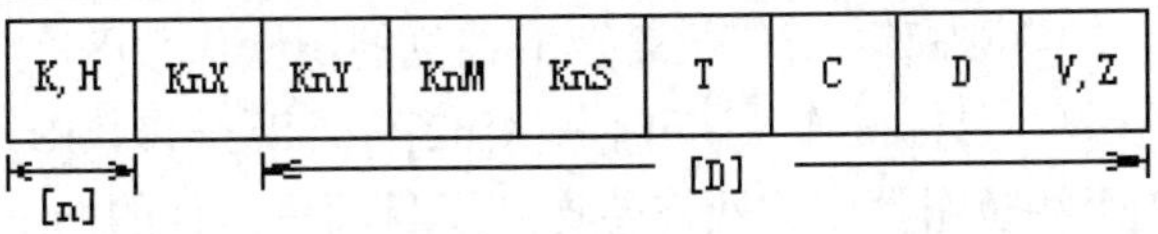K, H KnX KnY KnM KnS T C D V, Z [n] [D] [n]≤16（16 位指令）；[n]≤32（32 位指令）

1）循环右移指令 ROR 将目标操作数[D]中的二进制数按照指令中[n]规定的移动位数由高位向低位移动，最后移出的那一位将同时进入进位标志位 M8022。

2）循环左移指令 ROL 将目标操作数[D]中的二进制数按照指令中[n]规定的移动位数由低位向高位移动，最后移出的那一位将同时进入进位标志位 M8022。

3）对于连续执行型的指令，在每一个扫描周期都会进行循环移位动作，所以一定要注意。对于位元件组合的情况，位元件前的 K 值为 4（16 位）或 8（32 位）才有效，如 K4M0、K8M0。

（2）带进位循环右移指令 RCR 和带进位循环左移指令 RCL 见表 4-6。

表 4-6　RCR 和 RCL 指令

说明	操作数								
FNC32　RCR FNC33　RCL 16 位/32 位指令	K, H	KnX	KnY	KnM	KnS	T	C	D	V, Z
	←[n]→	←————————————[D]————————————→							
脉冲/连续执行	[n]≤16（16 位指令）；[n]≤32（32 位指令）								

1）带进位循环右移指令 RCR 将目标操作数[D]中的二进制数按照指令中[n]规定的移动位数由高位向低位移动，最后移出的那一位将同时进入进位标志位 M8022，而 M8022 中的内容则移动到目标操作数[D]中的高位。

2）带进位循环左移指令 RCL 将目标操作数[D]中的二进制数按照指令中[n]规定的移动位数由低位向高位移动，最后移出的那一位将同时进入进位标志位 M8022，而 M8022 中的内容则移动到目标操作数[D]中的低位。

3）这两条指令的执行情况基本与 ROR 和 ROL 类似，只是在执行 RCR 或 RCL 指令时，标志位 M8022 作为循环移动单元中的一位处理。

（3）位右移指令 SFTR 和位左移指令 SFTL 见表 4-7。

表 4-7　SFTR 和 SFTL 指令

说明	操作数			
FNC34　SFTR FNC35　SFTL 16 位指令	K, H	←————[S]————→		
		X	Y	M	S
	←[n1], [n2]→	←————[D]————→		
脉冲/连续执行	[n1]≤[n2]≤1024			

1）位右移指令将长度为[n2]位的源操作数[S]的低位从长度为[n1]位的目标操作数[D]的高位移入，目标操作数[D]向右移[n2]位，源操作数[S]中的数据保持不变。执行位右移指令后，[n2]个源位组件中的数被传送到了目的位组件的高[n2]位中，目的位组件中的低[n2]位数从其低端溢出。

2）位左移指令将长度为[n2]位的源操作数[S]的高位从长度为[n1]位的目标操作数[D]的低位移入，目标操作数[D]向左移[n2]位，源操作数[S]中的数据保持不变。执行位左移指令后，[n2]个源位组件中的数被传送到了目的位组件的低[n2]位中，目的位组件中的高[n2]位数从其高端溢出。

3）位右移指令（位左移指令）使位组件中的状态成组地向右（左）移动。

（4）字右移指令 WSFR 和字左移指令 WSFL 见表 4-8。字右移指令 WSFR 和字左移指令 WSFL 以字为单位，其执行过程与位右移指令 SFTR 和位左移指令 SFTL 相似，将[n1]个字右移或左移[n2]个字。

表 4-8　WSFR 和 WSFL 指令

说明	操作数
FNC36　WSFR FNC37　WSFL 16 位指令 脉冲/连续执行	[S] K, H ∣ KnX ∣ KnY ∣ KnM ∣ KnS ∣ T ∣ C ∣ D ∣ V, Z [n1], [n2] ∣ [D] [n2]≤[n1]≤512

（5）移位写入指令 SFWR 和移位读出指令 SFRD 见表 4-9。

表 4-9　SFWR 和 SFRD 指令

说明	操作数
FNC38　SFWR FNC39　SFRD 16 位指令 脉冲/连续执行	[S] K, H ∣ KnX ∣ KnY ∣ KnM ∣ KnS ∣ T ∣ C ∣ D ∣ V, Z [n] ∣ [D] 2≤[n]≤512

在条件满足时，移位写入指令 SFWR 将源操作数[S]中的内容依次写入目标操作数[D]。其中，写入的次数存放在首目标中，从首目标的后一个开始，最多可写入[n]-1 次。使用该指令可以进行先进先出控制的数据写入。

在条件满足时，移位读出指令 SFRD 将目标操作数[D]中的内容依次写入源操作数[S]中。其中，可读出的次数存放在首目标中，从首目标的后一个开始，最多可读出[n]-1 次。使用该指令可以进行先进先出控制的数据读出。

（6）循环与移位指令的应用见表 4-10、4-11、4-12、4-13、4-14。

表 4-10　循环移位指令应用举例

梯形图	语句表
X000 —[RORP　D0　K4] X001 —[ROLP　K4Y000　K1] X002 —[RCRP　D2　K4] X003 —[RCLP　D3　K2]	LD　　X000 RORP　D0　　K4 LD　　X001 ROLP　K4Y000　K1 LD　　X002 RCRP　D2　　K4 LD　　X003 RCLP　D3　　K2

案例分析：

● 在表 4-10 的梯形图中，当 X000 由断开转为接通时，D0 的各位向右循环移动 4 位，最后移出的那一位同时进入进位标志位 M8022。若 D0=1111 1111 0000 0000，则执行完该指令后，D0=0000 1111 1111 0000，M8022=0。

- 当 X001 由断开转为接通时，输出位组件 K4Y000（Y000～Y017，共 16 位）中的二进制数向左移动 1 位，最后移出的那一位同时进入进位标志位 M8022。

- 当 X002 由断开转为接通时，D2 的各位连同进位标志位 M8022 向右循环移动 4 位，最后移出的那一位同时进入进位标志位 M8022，而 M8022 中的内容则移动到 D2 中的高位。若 D2=1111 1111 0000 0000，M8022=1，则执行完该指令后，D0=0001 1111 1111 0000，M8022=0。

- 当 X003 由断开转为接通时，D3 的各位连同进位标志位 M8022 向左循环移动 2 位，最后移出的那一位同时进入进位标志位 M8022，而 M8022 中的内容则移动到 D3 中的低位。

表 4-11   位右移和位左移指令应用举例

梯形图	语句表			
X010 ├┤├─[SFTRP X000 M0 K16 K4] X011 ├┤├─[SFTLP X000 M0 K16 K4]	LD	X010		
	SFTRP	X000	M0	K16 K4
	LD	X011		
	SFTLP	X000	M0	K16 K4

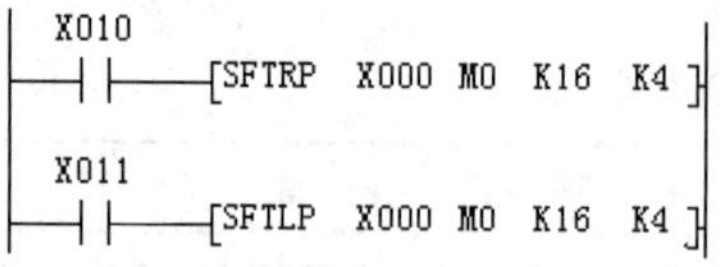

案例分析：

- 在表 4-11 的梯形图中，如果 X010 由断开转为接通，则将执行位组件的右移操作，即源位组件中的 4 位数据 X003～X000 被传送到目标位组件中的 M15～M12。

- 目标位组件中的 16 位数据 M15～M0 将右移 4 位，M3～M0 四位数据从目标位组件的低位溢出。M3～M0 中原来的数据将丢失，但源位组件中的 X003～X000 的数据保持不变。

同理，读者可自行分析位左移指令的结果。

表 4-12   移位写入和移位读出指令应用举例

梯形图	语句表		
X000 ├┤├─[MOVP K0 D1] X001 ├┤├─[SFWRP D0 D1 K10] X002 ├┤├─[SFRDP D1 D20 K10]	LD	X000	
	MOVP	K0	D1
	LD	X001	
	SFWRP	D0	D1 K10
	LD	X002	
	SFRDP	D1	D20 K10

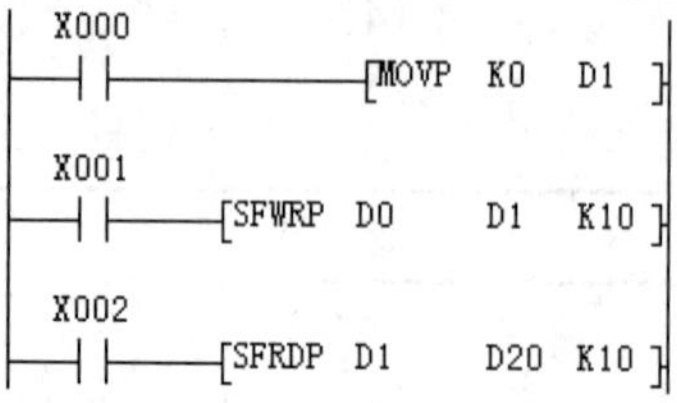

案例分析：

- 在表 4-12 的梯形图中，当 X000 由断开转为接通时，将 K0 传送到 D1，即对 D1 进行清零。

- 当 X001 由断开转为接通时，执行 SFWRP 指令，将 D0 中的数据写入 D2，而 D1 变成指示器，其值为 1（D1 必须先清零）；当 X001 再次由断开转为接通时，D0 中的数据写入 D3，而 D1 中的值变成 2……以此类推，D0 中的数据依次写入 D2～D10 中，写入的次数存放在 D1 中，当 D1 中的数值达到 9 后不再执行上述操作，同时进位标志位 M8022 置 1。

- 当 X002 由断开转为接通时，执行 SFRDP 指令，D2 中的数据读出送到 D20 中，同时指示器 D1 中的值减 1，D3～D10 的数据向低位移一个字；当 X002 再次由断开转为接通时，数据再从 D2 读出送到 D20 中，同时指示器 D1 中的值减 1，D4～D10 的数据向低位移一个字，以此类推。当 D1 中的数值达到 0 后不再执行上述操作，同时零标志位 M8020 置 1。

表 4-13　移位指令实际应用举例（一）

梯形图	语句表
 0　X000 　　┤├────[PLS　M0] 3　M0 　　┤├────[MOV　K1　K4M10] 9　X000 M8013 　　┤├──┤├─[ROLP　K4M10　K2] 16　X000 　　┤├────[PLF　M1] 19　M1 　　┤├────[MOV　K0　K4M10] 25　M10 　　┤├────────(Y000) 27　M12 　　┤├────────(Y001) 29　M14 　　┤├────────(Y002) 31　M16 　　┤├────────(Y003) 33　M18 　　┤├────────(Y004) 35　M20 　　┤├────────(Y005) 37　M22 　　┤├────────(Y006) 39　M24 　　┤├────────(Y007) 41　　────────[END]	LD　　X000 PLS　　M0 LD　　M0 MOV　　K1 　　　　K4M10 LD　　X000 AND　　M8013 ROLP　K4M10 　　　　K2 LD　　X000 PLF　　M1 LD　　M1 MOV　　K0 　　　　K4M10 LD　　M10 OUT　　Y000 LD　　M12 OUT　　Y001 LD　　M14 OUT　　Y002 LD　　M16 OUT　　Y003 LD　　M18 OUT　　Y004 LD　　M20 OUT　　Y005 LD　　M22 OUT　　Y006 LD　　M24 OUT　　Y007 END

案例分析：

- 如表 4-13 所示，8 只灯分别接于 Y000～Y007（K2Y0），要求当 X000 为 ON 时，灯每隔 1s 轮流亮，并循环。即第一只灯亮 1s 后灭，接着第二只亮 1s 后灭……当第八只亮 1s 灭后，第一只灯再接着亮，如此循环。当 X000 为 OFF 时，所有灯都灭。
- 用位左移循环指令来编写程序，但因该指令只对 16 位或 32 位进行循环操作，所以用 K4M10 来进行循环，每次移 2 位。然后用 M10 控制 Y000，M12 控制 Y001，M14 控制 Y002……，M24 控制 Y007。

表 4-14　移位指令实际应用举例（二）

梯形图	语句表
	LD　　X000 PLS　　M0 LD　　M0 ORI　　Y000 AND　　X000 SET　　M1 RST　　M2 LD　　Y007 RST　　M1 SET　　M2 LD　　X000 AND　　M8013 AND　　M1 SFTLP　M1 　　　　Y000 　　　　K8 　　　　K1 LD　　X000 END

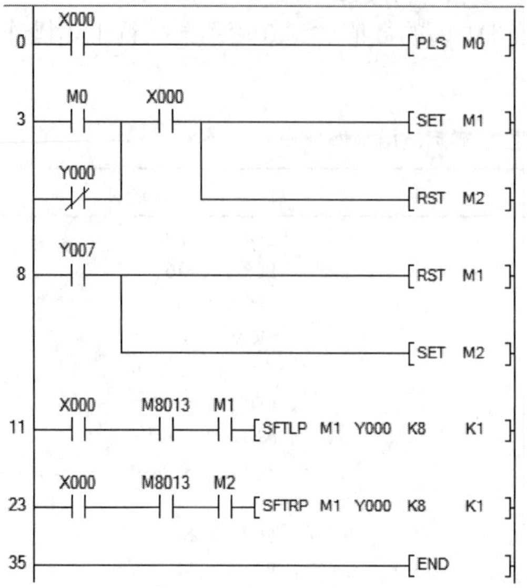

案例分析：

- 见表 4-14，有 8 只灯分别接于 Y000～Y007，要求 8 只灯每隔 1s 顺序点亮，逆序熄灭，再循环。即当 X000 为 ON 时，第一只灯亮，1s 后第二只灯亮，再过 1s 后第三只灯亮……最后全亮。

- 当第八只灯亮 1s 后，从第八只灯开始灭，过 1s 后第七只灯灭……，最后全灭。当第一只灯灭 1s 后再循环上述过程。当 X000 为 OFF 时，所有灯都灭。

- 8 只灯顺序点亮时用 SFTL 指令每隔 1s 写入一个 1 的状态；8 只灯逆序熄灭时用 SFTR 指令每隔 1s 写入一个 0 的状态。

4.1.3　步进阶梯指令

很多工业机械的动作中，各个动作是按照时间的先后次序遵循一定的规律进行的。一套完善的控制系统中，为适应各种功能要求，需有手动控制功能、自动控制功能及原点回归功能。自动控制功能中又需点动控制功能、半自动控制功能及全自动控制功能。若用顺序控制程序实现这些控制功能，编程设计就会相当复杂。

针对以上工序步进动作的机械控制，PLC 的指令系统中有专门的步进梯形图指令，甚至有 SFC 图指令，步进梯形图是继电器梯形图的风格表现。

1. 步进梯形图专用指令 STL 及 RET

步进指令有两条：STL 和 RET。STL 是步进开始指令，RET 是步进结束指令。步进梯形图专用指令符号、名称、功能及梯形图表达形式见表 4-15。

在步进梯形图动作状态中，STL 是利用 PLC 内部软元件 S 在顺序控制程序中进行工序步进梯形图控制的指令。在 FX 系列 PLC 中，把状态 S0～S19 分配为原点回归用，S20～S899 为动作状态控制用。

表 4-15　步进梯形图专用指令符号、名称、功能及梯形图

指令符号	名称与功能	梯形图
STL	步进梯形图动作状态中	[STL S*]
RET	步进梯形图动作状态结束	[RET]

步进梯形图动作状态结束指令 RET 表示状态 S 流程的结束，用于返回普通顺序控制主程序的指令。

在表 4-15 中，STL 接点与母线相连接，STL 指令后面的起始接点要使用 LD、LDI 指令。使用 STL 指令使新的状态置位，前一状态自动复位。STL 接点接通后，与此相连的电路就可执行；当 STL 接点断开时，与此相连的电路就停止执行。但要注意，在 STL 接点由接通变为断开后，还要执行一个扫描周期。

STL 步进指令仅对状态器有效。STL 指令和 RET 指令是一对步进（开始和结束）指令。在一系列步进指令 STL 后，加上 RET 指令，表示步进功能结束。

2. 步进梯形图专用指令 STL 及 RET 的应用

初始状态的编程要特别注意，最开始运行时，初始状态必须预先驱动，使之处于工作状态。下面我们以机械动作为例编写步进梯形图。

机械动作与步进梯形图见表 4-16，其初始状态是由 PLC 从停止→启动运行切换瞬间使特殊辅助继电器 M8002 接通，从而使状态 S0 置 ON。

除了初始状态器外，一般状态器元件必须在其他状态后加入 STL 指令才能驱动，不能脱离状态器用其他方式驱动。编程时必须将初始状态器放在其他状态器之前。

表 4-16　步进梯形图专用指令应用举例

机械动作过程	步进梯形图	SFC 图
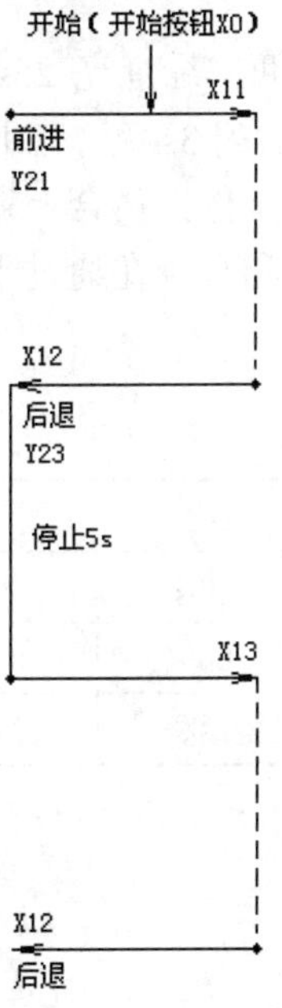	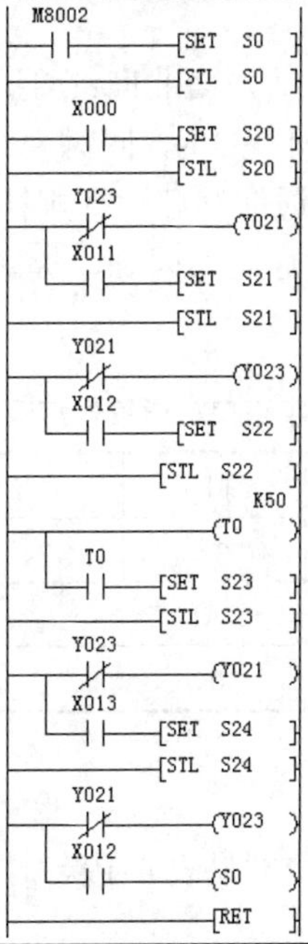	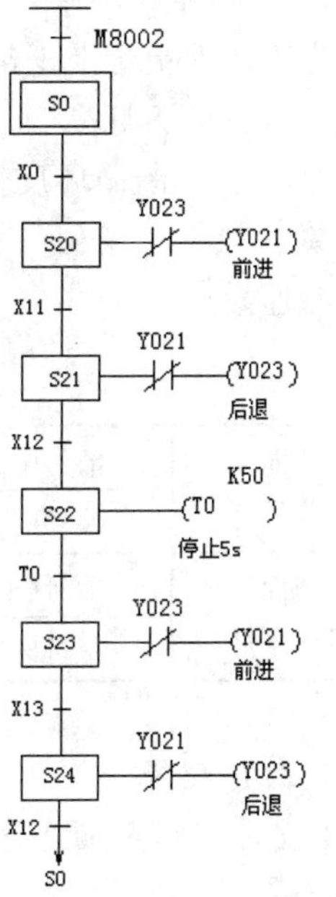

3．步进指令编程注意事项

（1）与 STL 步进触点相连的触点应使用 LD 或 LDI 指令。

（2）初始状态可由其他状态驱动，但运行开始时，必须用其他方法预先做好驱动，否则状态流程不可能向下进行。

（3）STL 触点可以直接驱动或通过触点驱动 Y、M、S、T 等原件的线圈和应用指令。

（4）由于 CPU 只执行活动步对应的电路块，因此，使用 STL 指令时允许双线圈输出，这一点在应用时特别方便。

（5）在步的活动状态的转移过程中，相邻两步的状态继电器会同时处于 ON 状态一个扫描周期，这可能会引发瞬间的双线圈问题。

（6）并行流程或选择流程中每一分支状态的支路数不能超过 8 条，总的支路数不能超过 16 条。

（7）若为顺序不连续转移（即跳转），不能使用 SET 指令进行状态转移，应该用 OUT 指令进行状态转移。

（8）STL 触点右边不能紧跟着使用入栈（MPS）指令。STL 指令不能与 MC、MCR 指令一起使用。在 FOR、NEXT 结构中及子程序和中断程序中，不能有 STL 程序块，但 STL 程序块中可允许使用最多 4 级嵌套的 FOR、NEXT 指令。

（9）需要在停电恢复后继续维持停电前的运行状态时，可使用 S500～S899 停电保持状态的锁存寄存器。

4.2　项目实施

4.2.1　用相对时间编程的十字路口交通灯 PLC 控制设计

1．控制电路要求

当工作人员合上正常工作开关 SA1 后，南北向红灯亮 30s，同时东西向绿灯亮 25s 后闪 3s 灭，东西向黄灯亮 2s；然后东西向红灯亮 30s，同时南北向绿灯亮 25 后闪 3s 灭，南北向黄灯亮 2s，并不断循环反复，十字路口交通信号灯运行规律见表 4-17。当工作人员合上夜间运行开关 SA2 后，东西、南北两方向的黄灯同时闪烁，提醒夜间过往人员和车辆在通过十字路口时减速慢行。

表 4-17　十字路口交通信号灯运行规律

南北向交通信号灯	信号颜色	绿灯	绿闪	黄灯	红灯		
	保持时间	25s	3s	2s	30s		
东西向交通信号灯	信号颜色	红灯			绿灯	绿闪	黄灯
	保持时间	30s			25s	3s	2s

2．I/O 配置

PLC 的 I/O 配置见表 4-18。定时器分配见表 4-19。

表 4-18　PLC 的 I/O 配置

序号	类型	设备名称	信号地址	编号
1	输入	正常工作开关	X000	SA1
2		夜间运行开关	X001	SA2
3	输出	东西向绿灯	Y000	HL1
4		东西向黄灯	Y001	HL2
5		东西向红灯	Y002	HL3
6		南北向绿灯	Y003	HL4
7		南北向黄灯	Y004	HL5
8		南北向红灯	Y005	HL6

表 4-19　定时器分配表

定时器	控制信号灯	功能	时间
T37	HL2	东西向绿灯	25s
T38	HL2	东西向绿闪	3s
T39	HL3	东西向黄灯	2s
T40	HL5	南北向绿灯	25s
T41	HL5	南北向绿闪	3s
T42	HL6	南北向黄灯	2s

3. 输入/输出接线

PLC 的 I/O 接线图如图 4-4 所示。

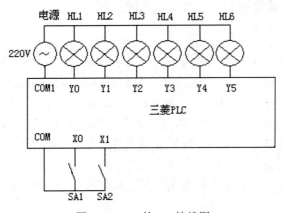

图 4-4　PLC 的 I/O 接线图

4. PLC 梯形图设计

PLC 梯形图如图 4-5 所示。

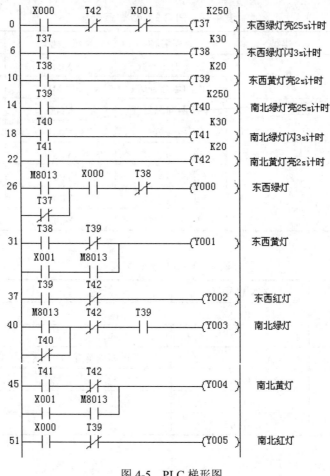

图 4-5　PLC 梯形图

4.2.2　用绝对时间编程的十字路口交通灯 PLC 控制设计

1. 控制电路要求

（1）在正常情况下，信号灯系统开始工作时，先南北向红灯亮 30s，同时东西向绿灯亮 25s 后闪 3s 灭，东西向黄灯亮 2s；然后东西向红灯亮 30s，同时南北向绿灯亮 25s 后闪 3s 灭，南北向黄灯亮 2s，即周期时间为 60s，见表 4-17。南北和东西方向采取对称接法（有些路口根据流量的不同采取非对称接法，即同一方向的通行时间和停止时间不对称）。

（2）南北方向出现紧急情况时，南北方向绿灯长亮，而东西方向红灯长亮。

（3）东西方向出现紧急情况时，东西方向绿灯长亮，而南北方向红灯长亮。

（4）在夜间情况下，东西与南北方向均只有黄灯闪烁（1s 内：通 0.5s，断 0.5s）

2. I/O 配置

PLC 的 I/O 配置见表 4-20。

3. 输入/输出接线

PLC 的 I/O 接线图如图 4-6 所示。

表 4-20　PLC 的 I/O 配置

序号	类型	设备名称	信号地址	编号
1	输入	正常工作启动按钮	X000	SB1
2		东西紧急通行按钮	X001	SB2
3		南北紧急通行按钮	X002	SB3
4		夜间运行按钮	X003	SB4
5		停止按钮	X004	SB5
6	输出	东西向红灯	Y000	HL1
7		东西向绿灯	Y001	HL2
8		东西向黄灯	Y002	HL3
9		南北向红灯	Y003	HL4
10		南北向绿灯	Y004	HL5
11		南北向黄灯	Y005	HL6

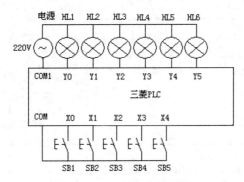

图 4-6　PLC 的 I/O 接线图

4. PLC 梯形图设计

PLC 梯形图如图 4-7 所示。

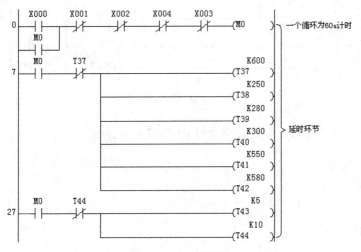

图 4-7　PLC 梯形图

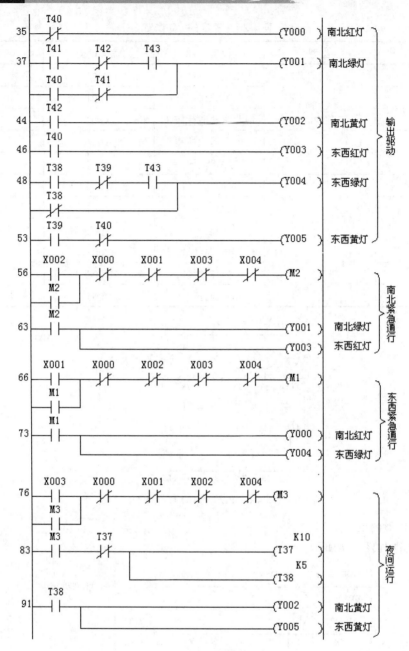

图 4-7　PLC 梯形图（续）

4.2.3　用比较指令完成十字路口交通灯 PLC 控制设计

1．控制电路要求
与 4.2.1 相同。

2．I/O 配置
与 4.2.1 相同。

3. 输入/输出接线

与 4.2.1 相同。

4. PLC 梯形图设计

PLC 梯形图如图 4-8 所示。

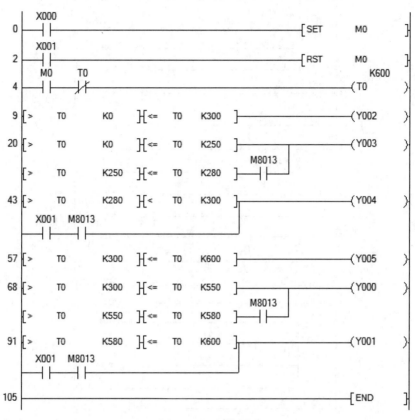

图 4-8　PLC 梯形图

4.2.4　用步进指令完成十字路口交通灯 PLC 控制设计

1. 控制电路要求

与 4.2.1 相同

2. I/O 配置

与 4.2.1 相同

3. 输入/输出接线

与 4.2.1 相同

4. PLC 梯形图设计

PLC 梯形图如图 4-9 所示。

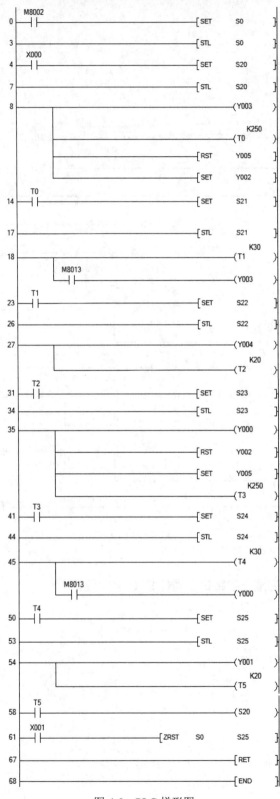

图 4-9　PLC 梯形图

4.3　知识拓展

项目二介绍了 PLC 程序设计常用的经验设计法、继电器控制电路转换为梯形图法、逻辑设计法以及编程规则和技巧。下面介绍顺序控制设计法。

4.3.1　顺序控制设计法与顺序功能图

1. 顺序控制设计方法

用经验法设计梯形图时，没有一套固定的方法和步骤可以遵循，具有很大的试探性和随意性，对于不同的控制系统，没有一种通用的容易掌握的设计方法。在设计复杂系统的梯形图时，用大量的中间单元来完成记忆和互锁等功能，由于需要考虑的因素很多，它们往往又交织在一起，分析起来非常困难，并且很容易遗漏一些应该考虑的问题。修改某一局部电路时，很可能会"牵一发而动全身"，对系统的其他部分产生意想不到的影响，因此梯形图的修改很麻烦，往往花很长时间还得不到一个满意的结果。为此，这里向大家介绍一种方法：顺序控制设计法。

顺序控制就是按照生产工艺预先规定的顺序，当满足输入信号、内部状态和时间关系等条件时，各个执行机构按顺序进行操作。使用顺序控制设计法时，首先根据系统的工艺过程画出顺序功能图，然后根据顺序功能图设计梯形图。

顺序功能图是描述控制系统的控制过程、功能和特性的一种图形，也是设计 PLC 的顺序控制程序的有力工具。

顺序功能图并不涉及所描述的控制功能的具体技术，是一种通用的技术语言，可以供进一步设计和不同专业的人员之间进行技术交流之用。

2. 功能流程图

功能流程图是按照顺序控制的思想，根据工艺过程和输出量的状态变化，将一个工作周期划分为若干顺序相连的步，在任何一步内，各输出量 ON/OFF 状态不变，但是相邻两步输出量的状态是不同的。所以，可以将程序的执行分成各个程序步，通常用顺序控制继电器 S 代表程序的状态步。使系统由当前步进入下一步的信号称为转换条件，又称步进条件。转换条件可以是外部的输入信号，如按钮、指令开关、限位开关的接通/断开等，也可以是程序运行中产生的信号，如定时器、计数器的常开触点的接通等，转换条件还可能是若干个信号的逻辑运算的组合。一个 3 步循环步进的功能流程图如图 4-10 所示。功能流程图中的每个方框代表一个状态步，如图 4-10 中 S0、S20、S21、S22 分别代表程序的 4 步状态。与控制过程的初始状态相对应的步称为初始步，用双线框表示。

从上面的简述中我们能清楚地看到顺序功能图由步、动作、转换、有向连线组成。

（1）步。步在 SFC 程序中也叫状态，是一种逻辑块，指控制对象的某一特定工作情况。在顺序功能图中，步用方框表示，方框里的数字是步的编号，也就是程序执行的顺序。为了在设计梯形图时方便，也可以用 PLC 的内部元件地址来代表各步，作为步的编号。例如，PLC 内部继电器（M103）等，在三菱 PLC 中，还可以利用专门的软元件"S**"（如 S20）表示。表 4-21 为三菱公司 FX 系列 PLC 软元件一览表。

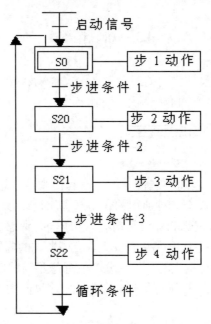

图 4-10　循环步进功能流程图

表 4-21　三菱公司 FX 系列 PLC 软元件一览表

PLC 型号	初始化用	ITS 指令用	一般用	报警用	停电保持区
FN_{1S}	S0-S9	S10-S19	S20-S127	—	S0-S127
FX_{1N}/FX_{1NC}	S0-S9	S10-S19	S20-S899	S900-S999	S10-S127
FX 系列 PLC/FX 系列 PLC_C	S0-S9	S10-S19	S20-S899	S900-S999	S500-S899
FX_{3U}/FX_{3UC}	S0-S9	S10-S19	S20-S4095	—	S500-S4059

　　步有两种状态：活动态和非活动态。在某一时刻，某一步可能处于活动态，也可能处于非活动态。当步处于活动态时称为"活动步"，与之相对应的命令或动作将被执行；与初始状态相对应的活动步称为 "初始步"，每个顺序功能图中至少应该有一个"初始步"，初始步用带步编号的双线框表示；某步处于非活动态时称为"静止步"，相应的非保持型动作被停止执行，而保持型动作则继续执行。某步的状态用二进制逻辑值 0 或 1 表示。例如：S20=0 表示该步为静止步；S22=1 表示该步是活动步。

　　（2）动作。一个控制系统中施控系统发出一个或数个"命令"，被控系统则执行相应的一个或数个"动作"，在活动步阶段这些动作或命令被执行。在功能图中动作或命令用矩形框内的文字或符号表示，该矩形框与相应的步的图形符号相连。一个步可以同时与多个动作或命令相连；这些动作或命令可以水平布置也可以垂直布置；这些动作或命令是同时执行的，没有先后之分。

　　动作或命令的类型有多种，如定时、延时、脉冲、保持型和非保持型等。动作或命令说明语句应正确选用，以明确表明该动作或命令是保持型还是非保持型，并且正确的说明语句还可区分动作与命令之间的差别。

（3）转换（转移）。转换时将结束某一步的操作而启动下一步操作的条件，这种条件是各种控制信号综合的结果。步的活动状态的进展由转换的实现来完成，并与控制过程的发展相对应。转换在功能图中用与有向连线垂直的短横线表示，两个转换也不能直接相连，必须用一个步隔开。转移也称为变迁或过渡。

1）转换条件。使系统由当前步进入下一步的信号称为转换条件。转换条件可以是外部的输入信号，也可以是 PLC 内部产生的信号，还可能是若干个信号与、或、非逻辑的组合。转换条件是与转换相关的逻辑命题。转换条件的表达形式有文字符号、布尔代数表达式、梯形图符号和二进制逻辑图符号四种。转换条件标注在转换的短线旁边，其中使用最多的是布尔代数表达式。

2）转换的使能和实现。根据步状态的不同，转换可分为使能转换和非使能转换两种。使能转换指与某一转换相连接的所有前级步都为活动步；否则此转换为非使能转换。如果某一转换是使能转换且相应的转换条件满足，则此转换为"实现转换"，也称为"触发"，即所有前级步变为静止步，而与此转换相连的后级步变为活动步；如果转换的前级步或后续步不止一个，实现的转换称为同步转换。为了强调同步实现，有向连线的水平部分用双线表示。因此要实现一个转换必须要满足两个条件：一个是该转换为使能转换，另一个是相应的转换条件全部满足。

只有当某步的前级步是活动步时，该步才有可能变为活动步。而初始步位于起始位置，为此必须外加驱动使初始步变为活动步。一般采用 PLC 上电时内部常闭触点启动初始步，并采用辅助继电器 M8002 的常开触点作为转换条件。如果系统有自动和手动两种工作方式，还应在系统由手动转入自动时用一个适当的信号将初始步置为活动步。

（4）有向连线。有向连线表示步与步之间进展的路线和方向，也表示了各步之间的连线顺序关系。有向连线也称为路径。有向连线的方向可以是水平的，也可以是垂直的，有时也可以用斜线表示。由于 PLC 的扫描顺序遵循从上到下、从左到右的原则，按照此原则发展的路线可不必标出箭头。如果不遵循上述原则，必须加箭头。为了更易于理解，在可以省略箭头的有向连线上也可以加箭头。如果垂直线和水平线没有内在的联系，则允许它们交叉，否则，不允许交叉。在复杂图或几张图中表示而使用有向连线必须中断时，应在中断点处指明下一步的标号或来自上一步的编号和所在的页号。

有向连线可分为选择和并行两种。选择连线间的关系是逻辑"或"的关系，哪条连线转换条件最先得到满足，该连线就被选中，程序就沿着这条线往下执行。选择连线的分支与合并一般用单横线表示。并行连线的分支与合并一般用双横线表示。

步、有向连线、转换之间的关系：步经有向连线连接到转换，转换经有向连线连接到步。为了能在全部操作完成后返回初始状态，步和有向连线应构成一个封闭的环状结构。当工作方式为连续循环时，最后一步应该回到下一个流程的初始步，也就是循环不能够在某步终止。

3．顺序功能图的基本结构

在顺序功能图中，步与步之间根据需要连接成不同的结构形式，其基本的结构形式可分为单流程串联结构及多流程并联结构两种。在并联结构中，根据转换是否为同时又可分为选择与并行两种结构。

（1）单序列。如果一个序列中各步依次变为活动步，此序列称为单序列。在此结构中，初始步只能有一个，步的转换方向始终自上而下、固定不变，并且每一步后面仅有一个转换条件，而每个转换后面也仅有一个步，如图 4-11（a）所示。

（2）选择序列。选择序列指根据转换条件从多个分支流程中选择一个或几个分支执行程序，只允许同时选择一个序列，即选择序列中的各序列是互相排斥的，其中的任何两个序列都不会同时执行。选择序列的开始部分称为分支，转换条件只能标在选择序列开始的水平线之下，如图 4-11（b）上部分所示，如果步 1 是活动步，当转换条件 A=1 时，则步 1 进展为步 2。与之类似，步 1 也可以进展为步 4，但是一次只能选择一个序列。

选择序列的结束称为合并，如图 4-11（b）下半部所示。几个选择序列合并到一个公共序列上时，用一条水平线和与需要重新组合序列数量相同的转换条件表示，转换条件只能标在结束水平线的上方。

（3）并行序列。在某一转换实现时，同时有几个序列被激活，也就是同步实现，这些同时被激活的序列称为并行序列。并行序列表示的是系统中同时工作的几个独立部分的工作状态。并行序列的开始称为分支，如图 4-11（c）上半部分所示，当步 1 是活动的且 H=1 时，2、4 这两步同时变为活动步，而步 1 变为静止步。转换条件只允许标在表示开始同步实现的水平线上。

并行序列的结束称为合并，如图 4-11（c）下半部分所示。转换条件只允许标在表示合并同步实现的水平线下方。并行序列的活动和静止可以分成一段或几段来实现。

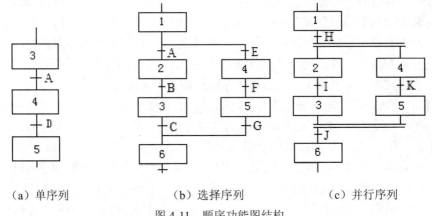

（a）单序列 （b）选择序列 （c）并行序列

图 4-11 顺序功能图结构

在三菱 FX 系列 PLC 中，每一个分支点最多允许 8 条支路，每条支路的步数不受限制；如果同时使用选择序列和并行序列时，最大支路数为 16 条。

（4）跳步、重复和循环。跳步、重复和循环是循序功能图中的常见结构形式，统称为循环序列。

1）跳步。在生产过程中，有时要求在一定条件下停止执行某些原定动作，此时可用图 4-12（a）所示的跳步序列。这是一种特殊的选择序列，当步 1 为活动步时，若转换条件 F=1 且 B=0，则步 2、3 不被激活而且直接转入步 4。

2）重复。在一定条件下，生产过程需要重复执行某几个工作步的动作，此时可用图 4-12（b）所示功能图，它也是特殊的选择序列，当步 4 为活动步时，若转换条件 E=0 而 G=1，序列返回到步 3，重复执行步 3 和步 4，直到转换条件 E=1 时才转入步 7。

3）循环。在序列结束后，用重复的办法直接返回到初始步，就形成了系统循环，如图 4-12（c）所示。

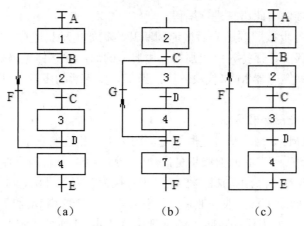

图 4-12　跳步、重复和循环

（5）子步。在复杂的顺序功能图中，某一步可能包含一系列的子步和转换，如图 4-13 所示。通常这种序列表示整个系统中一个完整的子功能。子步使系统设计者可以从最简单的对整个系统的描述开始，用更简洁的方式表示系统的整体功能和概貌。子步还可以向下细分，包含更详细的子步。这样增强了设计的逻辑性，减少了设计中的错误，缩短了总体设计和查错所需的时间。

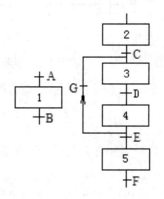

图 4-13　子步

（6）复合序列。复合序列是集单一序列、选择序列、并行序列、循环序列于一体的一种序列。复合序列比较复杂，在描述实际问题时要仔细。

4.3.2　起、保、停编程法

应用顺序功能图设计控制系统程序的特点是思路清晰，步骤及方法较为固定，初学者比较容易掌握，还可以大大提高编程的效率及程序的可读性、可移植性和可维护性。其设计的一般步骤如下所述。

（1）根据系统的生产工艺流程或工作过程，确定各步执行的顺序和相对应的动作，以及步与步之间转换的条件。

（2）在分析的基础上编写系统的顺序功能图。

（3）选取某一具体的设计方法将顺序功能图转换为顺序控制梯形图。如果 PLC 支持顺序功能图语言，则可直接使用此语言进行编程。

在顺序控制中，各步按照顺序先后接通和断开，犹如电动机顺序地接通和断开，因此，可以像处理电动机的启动、保持、停止那样，用典型的启—保—停电路解决顺序控制的问题。此种设计方法使用辅助继电器 M 来代表各步，当某一步为活动步时，对应的继电器为得电状态 1。

1. 单序列顺序功能图编程方法

在图 4-14 中，设 M_{i-1}、M_i、M_{i+1} 是顺序功能图中依次相连的三步，X_i 及 X_{i+1} 是其转换条件。根据功能图理论，若步 M_i 的前级步是活动的（$M_{i-1}=1$）且转换条件成立（$X_i=1$），步 M_i 应变为活动步。如果将 M_i 视为电动机，将 M_{i-1} 和 X_i 视为其启动开关，则 M_i 的启动电路由 M_{i-1} 和 X_i 的常开触点串联而成。X_i 一般为非存储型触点，所以还要用 M_i 的常开触点实现自锁。同样，当 M_i 的后续步 M_{i+1} 变为活动步时，M_i 应变为静态步，因此应将 M_{i+1} 的常闭触点与 M_i 的线圈串联。

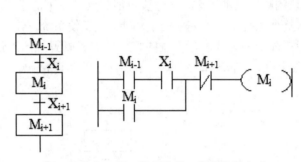

图 4-14　启—保—停电路单一序列编程方式

单一序列编程仅使用与 PLC 的触点和输出线圈相关的指令，适用于各种型号的 PLC，是顺序功能图最基本的编程方法。

2. 选择序列顺序功能图编程方法

选择序列编程的关键在于对其分支和合并的处理，转换实现的基本规则是设计复杂系统梯形图的基本规则。

（1）分支编程。如果某一步的后面有一个由 N 条分支组成的选择序列，该步可能转换到不同的分支，应将这 N 个后续步对应的辅助继电器的常闭触点与该步的线圈串联，作为结束该步的条件。如图 4-15 所示，步 M_i 之后有一个选择序列的分支，当它的后续步 M_{i+1}、M_{i+2} 或 M_{i+3} 变为活动步时，它应变为不活动步。所以，需将 M_{i+1}、M_{i+2} 和 M_{i+3} 的常闭触点串联作为步 M_i 的停止条件。

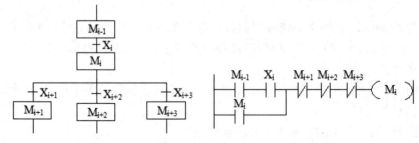

图 4-15　启—保—停电路选择序列分支编程方式

（2）合并编程。对于选择序列的合并，如果某一步之前有 N 个转换，即有 N 条分支在该步之前合并后进入该步，则代表该步的辅助继电器的启动电路由 N 条支路并联而成，各支路由某一前级步对应的辅助继电器的常开触点与相应转换条件对应的触点或电路串联而成。

如图 4-16 所示，步 M_i 之前有一个选择序列的合并。当步 M_{i-1} 为活动步且转换条件 X_{i-1} 满足，或者步 M_{i-2} 为活动步且转换条件 X_{i-2} 满足，或者步 M_{i-3} 为活动步且转换条件 X_{i-3} 满足，步 M_i 都应变成活动步，即控制步 M_i 的"启—保—停"电路的启动条件应为 $M_{i-1} \cdot X_{i-1} + M_{i-2} \cdot X_{i-2} + M_{i-3} \cdot X_{i-3}$，对应的启动条件由三条并联支路组成，每条支路分别由 M_{i-1}、X_{i-1}、M_{i-2}、X_{i-2}、M_{i-3}、X_{i-3} 的常开触点串联而成。

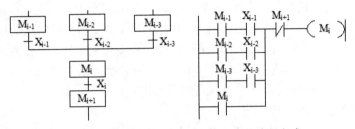

图 4-16　启—保—停电路选择序列合并编程方式

3. 并行序列顺序功能图编程方法

（1）分支的编程。若某并行序列某一步 M_i 的后面有 N 条分支，如果转换条件成立，并行序列中各单序列中的第一步应同时变为活动步，对控制这些步的启动、保持、停止电路使用相同的启动电路，实现这一要求，只需将 N 个后续步对应的软继电器的常闭触点中的任意一个与 M_i 的线圈串联，作为结束步 M_i 的条件即可，如图 4-17 所示。

（2）合并的编程。当并行序列合并时，只有当各并行序列的最后一步都是活动步且转换条件成立时，才能完成并行序列的合并。因此，合并后的步的启动电路应由 N 条并联支路中最后一级步的软继电器的常开触点与相应转换条件对应的电路串联而成。而合并后的步的常闭触点分别作为各并行序列的最后一步断开的条件，如图 4-17 所示。

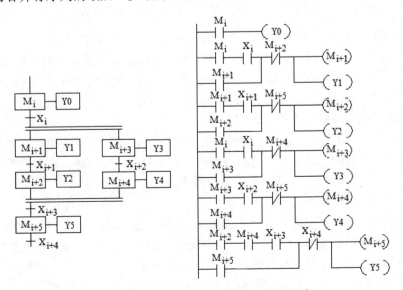

图 4-17　启—保—停电路并行序列编程方式

4.3.3　置位/复位编程法

几乎各种型号的 PLC 都有置位/复位（SET/RST）指令或相同功能的编程元件。使用通用逻辑指令实现的顺序功能控制同样也可以利用 SET、RST 指令实现。下面介绍使用 SET、RST 指令以转换条件为中心的编程方法。

所谓以转换条件为中心，指同一种转换在梯形图中只能出现一次，而对辅助存储器位可重复进行置位、复位。设步 M_i 是活动的（$M_i=1$），并且其后的转换条件成立（$X_{i+1}=1$），则步 M_i 应被复位，而后续步 M_{i+1} 应被置位（接通并自锁）。因此可将 M_i 的常开触点和 X_{i+1} 对应的常开触点串联作为 M_i 复位和 M_{i+1} 置位的条件，该串联电路即为通用逻辑电路中的启动电路，而置位、复位则采用置位、复位指令。在任何情况下，代表步的存储器位的控制电路都可以用这一方法设计，每一个转换对应一个这样的控制置位和复位的电路块，有多少个转换就有多少个这样的电路块。这种方法特别有规律，梯形图与实现转换的基本规则之间有着严格的对应关系，用于复杂功能图的梯形图设计时不容易遗漏和出错。

1. 单序列顺序功能图编程方法

单序列顺序功能图见图 4-18，图中要实现 X_i 对应的转换必须同时满足两个条件：前级步为活动步（$M_{i-1}=1$）和转换条件满足（$X_i=1$）。所以用 M_{i-1} 和 X_i 的常开触点串联组成的电路来表示上述条件。两个条件同时满足时，该电路接通，此时应完成两个操作：将后续步变为活动步（用 SET 指令将 M_i 置位），将前级步变为不活动步（用 RST 指令将 M_{i-1} 复位）。这种编程方式与转换实现的基本规则之间有着严格的对应关系，用它编制复杂的功能表图的梯形图时，更能显示出优越性。

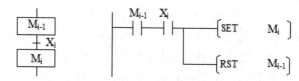

图 4-18　以转换条件为中心单一系列编程方式

使用这种编程方式时，不能将输出继电器的线圈与 SET、RST 指令并联，这是因为前级步和转换条件对应的串联电路接通的时间是相当短的，转换条件满足后前级步马上被复位，该串联电路被断开，而输出继电器线圈至少应该在某一步活动的全部时间内接通，因此只能用代表步的存储器位的常开触点或它们的并联电路来驱动线圈。

2. 选择序列顺序功能图编程方法

选择序列的分支与合并的编号与单序列的完全相同，除了与合并序列有关的转换以外，每一个控制置位、复位的电路块都由前级步对应的存储器位的常开触点和转换条件对应的触点组成的串联电路、一条置位指令和一条复位指令组成。

3. 并行序列顺序功能图编程方法

（1）分支的编程。如果某一步 M_i 的后面有 N 条分支组成，当 M_i 符合转换条件后，其后的 N 个后续步同时激活，所以只要用 M_i 的常开触点与转换条件的常开触点串联使后续 N 步同时置位，而 M_i 则使用复位指令复位即可，如图 4-19 所示。

（2）合并的编程。对于并行序列的合并，如果某一步 M_i 之前有 N 条分支，则将所有分支的最后一步辅助继电器常开触点串联，再与转换条件串联作为步 M_i 置位和 N 个分支复位的条件，如图 4-19 所示。

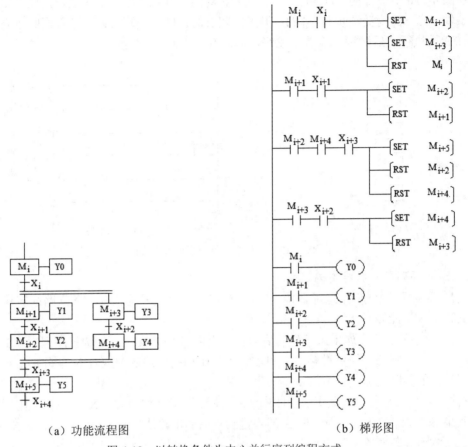

（a）功能流程图   （b）梯形图

图 4-19 以转换条件为中心并行序列编程方式

4.3.4 STL/RET 编程法

除了上述几种编程设计方法外，许多 PLC 生产厂家提供专门的指令和编程元件用于顺序控制程序的编制。三菱 FX 系列 PLC 有两条专门用于顺序控制的指令，即 STL（Step Ladder Instruction）指令和 RET（Return）指令，在编程时，一般与状态继电器配合使用，同时 FX 系列还具有状态初始化应用指令 IST 及用于步进顺序控制的特殊继电器，使顺序控制程序的编制非常方便。

STL 触点驱动的电路块具有三个功能：对负载的驱动处理、指定转换条件和指定转换目标。

在梯形图中，STL 触点一般是与左侧母线相连（并行序列的合并除外）的常开触点。当某一步为活动步时，对应的 STL 触点接通，该步的负载被驱动。当该步后面的转换条件满足时，转换实现，即后续步对应的状态继电器被 STL 指令置位，后续步变为活动步，同时与前级步对应的状态继电器被复位，STL 触点断开，这就是步进转移作用。

在梯形图中，每一个状态转换条件由 LD 指令或 LDI 指令引入。当转换条件有效时，该状态由置位指令 SET 激活，并由步进指令进入该状态，然后列出该状态下所有基本顺序控制指令和转换条件。

1. 单序列顺序功能图编程方法

在图 4-120 中，S_{i-1} 的 STL 触点与转换条件 X_i 的常开触点组成的串联电路代表转换实现的两个条件。当 S_{i-1} 为活动步且 X_i 的常开触点闭合时，转换实现的两个条件同时成立，置位指令 SET S_i 被执行，后续步 S_i 变为活动步，同时 S_{i-1} 自动复位为静止步。

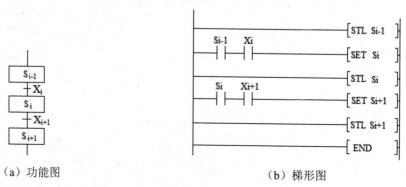

  （a）功能图   （b）梯形图

图 4-20   STL 指令单一序列编程方式

2. 选择序列顺序功能图编程方法

选择序列每一个分支的动作由转换条件决定，但每次只能选择一条支路的转移条件，即各分支状态 S 不能同时转移。

（1）分支的编程。如果某一步的后面有一个由 N 条分支组成的选择序列，该步可能转换到不同的分支，则该步的步进触点（STL 触点）驱动的电路块中应有 N 条分别指定转移条件和激活目标的并联电路。

在图 4-21（a）所示的顺序功能图中，S_i 之后有转移条件 X_{i+1}、X_{i+2}、X_{i+3}，则后续有可能转移到步 S_{i+1}、S_{i+2}、S_{i+3}，因此在 S_i 的步进触点后的电路块中，有三条由 X_{i+1}、X_{i+2}、X_{i+3} 作为置位（激活）条件的串联电路并联。

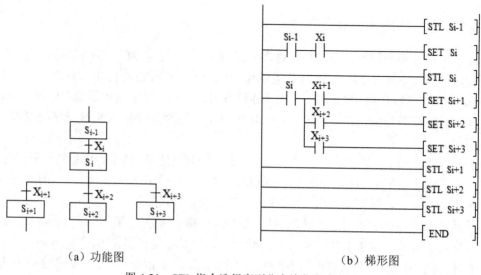

  （a）功能图   （b）梯形图

图 4-21   STL 指令选择序列分支编程方式

（2）合并的编程。在图 4-22（b）所示的选择序列步进梯形图中，某步前有 N 条分支合并，则在前 N 步中每一步的步进触点（STL 触点）驱动的电路块中将后续步置位（激活），同时前级步自动复位。

在图 4-22（a）所示的顺序功能图中，S_i 之前有转移条件 X_{i-1}、X_{i-2}、X_{i-3}，则前级 S_{i-1}、S_{i-2}、S_{i-3} 中有某一步可能转移到步 S_i，因此在 S_{i-1}、S_{i-2}、S_{i-3} 中的步进触点后的电路块中，分别有三条由 X_i、X_{i-2}、X_{i-3} 作为置位（激活）条件的电路将 S_i 置位。

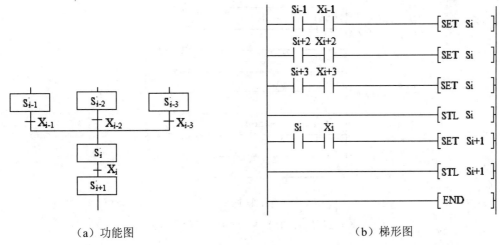

（a）功能图　　　　　　　　　　　（b）梯形图

图 4-22　STL 指令选择序列合并编程方式

3. 并行序列顺序功能图编程方法

（1）分支的编程。在图 4-23（a）所示的功能图中，步 S_i 后有一个并行序列分支，即 S_{i+1}、S_{i+2}、S_{i+3}。当 S_i 是活动步且转移条件 X_i 满足时，S_{i+1}、S_{i+2}、S_{i+3} 同时变为活动步，这三个序列同时工作。在图 4-23（b）所示的梯形图中，用 S_i 的 STL 触点和 X_i 的常开触点组成串联电路来控制 SET 指令对 S_{i+1}、S_{i+2}、S_{i+3} 同时置位（激活），同时系统程序将前级步 S_i 变为静止步。

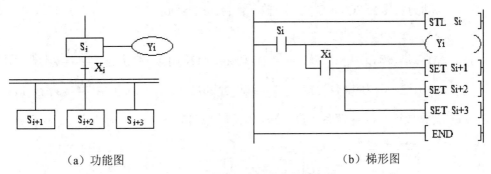

（a）功能图　　　　　　　　　　　（b）梯形图

图 4-23　STL 指令并行序列分支编程方式

（2）合并的编程。图 4-24 所示为并行序列合并的功能图。在转换之前有三个前级步 S_{i+1}、S_{i+2}、S_{i+3}，根据转换实现的原则，当三个前级步均为活动步且转移条件 X_{i+4} 满足时，并行序列的合并将实现。在图 4-24 所示的梯形图中，用 S_{i+1}、S_{i+2}、S_{i+3} 的 STL 触点和 X_{i+4} 的常开触点组成串联电路来使 S_{i+4} 置位（激活），同时系统程序将前级步 S_{i+1}、S_{i+2}、S_{i+3} 复位。

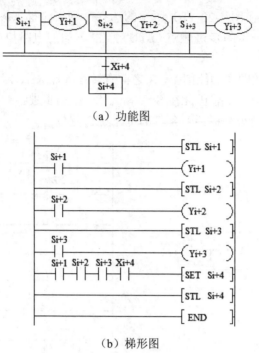

（a）功能图

（b）梯形图

图 4-24　STL 指令并行序列合并编程方式

4.3.5　编程法综合应用——组合机床的 PLC 控制

1. 控制任务

有一台多工位、双动力头组合机床，其工作示意图如图 4-25 所示，回转工作台 M5 周边均匀地安装了 12 个碰块，通过与 SQ6 的触碰可实现 30°分度，其工作流程如下：

（1）原位，回转工作台上的夹具放松→启动→夹具夹紧 $\xrightarrow{1s}$ $\left\{\begin{array}{l}\text{滑台M1快进}\xrightarrow{SQ0}\\\text{滑台M2快进}\xrightarrow{SQ3}\end{array}\right.$

（动力头压合 SQ1、SQ2；回转工作台压合 SQ6）

（2）$\left.\begin{array}{l}\text{M1工进，动力头M2旋转}\xrightarrow{SQ1}\text{动力头M2停止，M1快退}\xrightarrow{SQ2}\text{滑台M1停止}\\\text{M3工进，动力头M4旋转}\xrightarrow{SQ4}\text{动力头M4停止，M3快退}\xrightarrow{SQ5}\text{滑台M3停止}\end{array}\right\}\rightarrow$

（3）夹具放松 $\xrightarrow{1s}$ 调整工位，回转工作台转 90°→停止

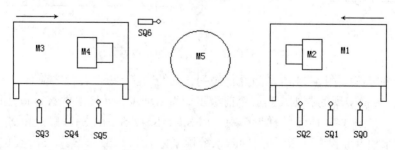

图 4-25　组合机床工作示意图

2. I/O 配置

根据组合机床的功能及结构特点可得其 PLC 控制系统 I/O 地址分配表，见表 4-22。

表 4-22　PLC 的 I/O 配置

序号	类型	设备名称	信号地址	编号
1	输入	启动按钮	X0	SB0
2		行程开关	X1	SQ0
3		行程开关	X2	SQ1
4		行程开关	X3	SQ2
5		行程开关	X4	SQ3
6		行程开关	X5	SQ4
7		行程开关	X6	SQ5
8		行程开关	X7	SQ6
9	输出	M1 快进	Y0	KM0
10		M1 工进	Y1	KM1
11		M1 快退	Y2	KM2
12		M2 旋转	Y3	KM3
13		M3 快进	Y4	KM4
14		M3 工进	Y5	KM5
15		M3 快退	Y6	KM6
16		M4 旋转	Y7	KM7
17		M5 旋转	Y10	KM8
18		夹具电磁阀	Y11	YV

3. 输入/输出接线

PLC 的 I/O 接线图如图 4-26 所示。

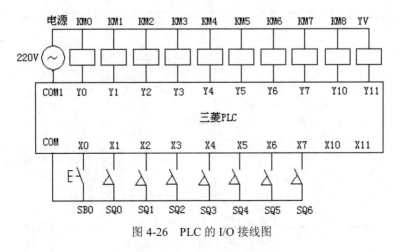

图 4-26　PLC 的 I/O 接线图

4. PLC 控制电路梯形图

由组合机床的工作流程图可以看出，其动作严格按工步（序）来执行，可以按有关步序实例的编程方法进行编程。然而，对于复杂的流程的控制要求，如有并行分支且并行分支之间又有交叉的情况，再用基本指令来编程就会困难重重，并且编写出来的程序的可读性和可维护性均不好，这时候用顺序功能图进行编程则会轻松快捷。针对该实例我们用顺序功能图进行编程，以使读者能很好地掌握顺序功能图编程法。

首先根据组合机床的工作流程画出顺序功能图，如图 4-27 所示。根据顺序功能图可直接进行 SFC 功能编程（但因本书没有介绍 SFC 功能编程方法，故 SFC 程序图省略）。利用 GX Developer 编写的梯形图如图 4-28 所示。

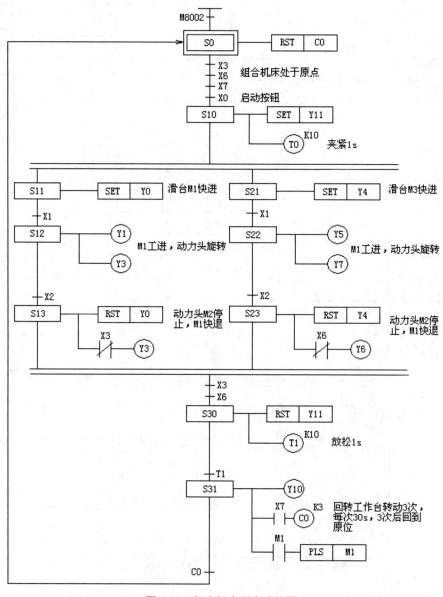

图 4-27　组合机床顺序功能图

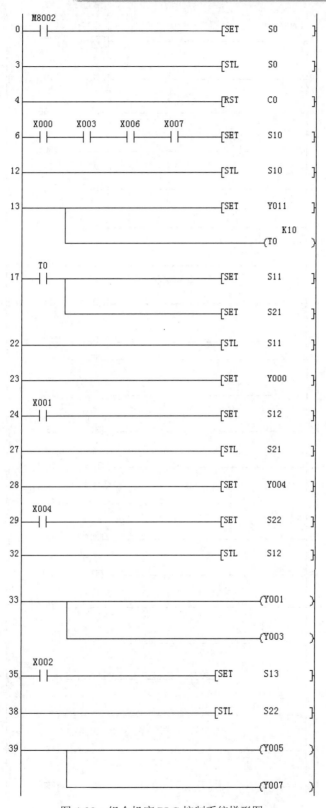

图 4-28　组合机床 PLC 控制系统梯形图

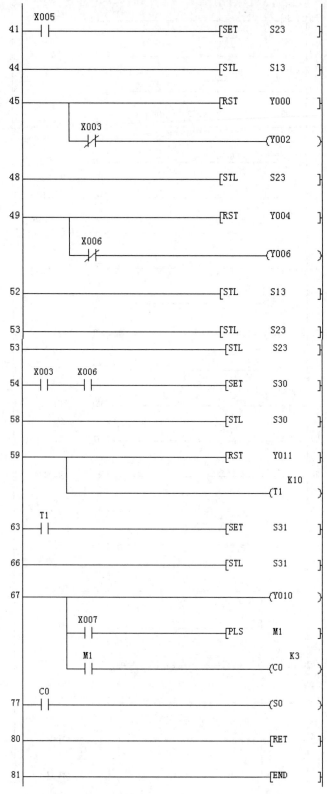

图 4-28　组合机床 PLC 控制系统梯形图（续）

4.4　技能实训

4.4.1　比较指令、移位循环指令应用设计与调试

1．实训目的

（1）掌握比较指令、移位循环指令的使用方法。

（2）熟悉编译调试软件的使用。

2．实训器材

计算机一台、PLC 实训箱一个、编程电缆一根、导线若干。

3．实训内容

本实训进行比较、循环移位、位右移、位左移、移位写入和移位读出等指令的编程操作训练。

4．实训步骤

（1）用下载电缆将计算机串口与 PLC 端口进行连接，然后将实训箱接通电源。打开电源开关，如主机和电源的指示灯亮，表示工作正常，可进入下一步。

（2）进入编译调试环境，用指令符或梯形图输入下列练习程序。

（3）根据程序进行相应的连线（接线方法可参见项目一中"PLC 的输入/输出接口电路"的相关内容）。

（4）下载程序并运行，观察运行结果。

练习 1：循环移位指令实训（图 4-29）。

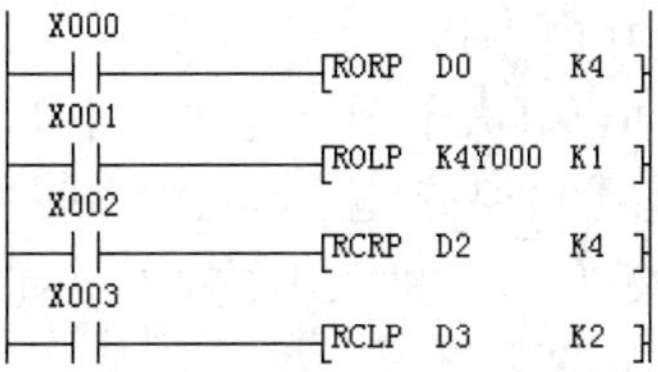

```
X000
├─┤ ├──────────[RORP  D0    K4 ]        LD    X000
X001                                    RORP  D0      K4
├─┤ ├──────────[ROLP  K4Y000 K1 ]       LD    X001
X002                                    ROLP  K4Y000   K1
├─┤ ├──────────[RCRP  D2    K4 ]        LD    X002
X003                                    RCRP  D2      K4
├─┤ ├──────────[RCLP  D3    K2 ]        LD    X003
                                        RCLP  D3      K2
```

图 4-29　练习 1 图

练习 2：位右移、位左移指令实训（图 4-30）。

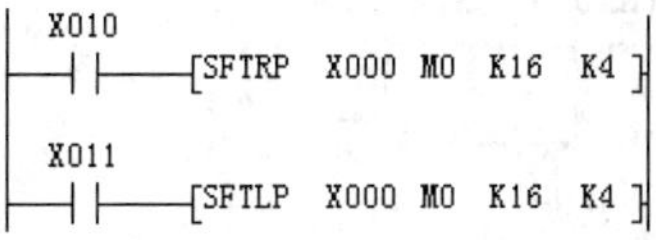

```
X010
├─┤ ├────[SFTRP X000 M0 K16 K4 ]        LD     X010
                                        SFTRP  X000  M0  K16  K4
X011                                    LD     X011
├─┤ ├────[SFTLP X000 M0 K16 K4 ]        SFTLP  X000  M0  K16  K4
```

图 4-30　练习 2 图

练习 3：移位写入和移位读出指令实训（图 4-31）。

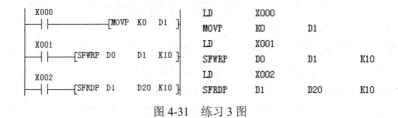

```
X000
├─┤ ├──────────[MOVP K0  D1 ]        LD    X000
                                     MOVP  K0    D1
X001
├─┤ ├──────────[SFWRP D0  D1  K10 ]  LD    X001
                                     SFWRP D0    D1    K10
X002
├─┤ ├──────────[SFRDP D1  D20 K10 ]  LD    X002
                                     SFRDP D1    D20   K10
```

图 4-31　练习 3 图

4.4.2　交通信号灯控制设计与调试

1．实训目的

（1）掌握 PLC 功能指令的应用。

（2）掌握用 PLC 控制交通灯的方法。

2．实训器材

计算机一台、PLC 实训箱一个、交通信号灯控制模块、编程电缆一根、导线若干。

3．实训内容及步骤

（1）设计要求

设计一个十字路口交通信号灯的控制程序。要求如下：南北向红灯亮 10s，东西向绿灯亮 4s 闪 3s，东西向黄灯亮 3s，然后东西向红灯亮 10s，南北向绿灯亮 4s 闪 3s，南北向黄灯亮 3s，并不断循环反复。

（2）确定输入、输出端口并编写程序。

（3）编译程序，无误后将程序下载至 PLC 主机的存储器中并运行程序。

（4）调试程序，直至符合设计要求。

思考与练习

1．料箱剩料过少时低限位开关 X0 为 ON，用 Y0 控制报警灯闪烁；10s 后自动停止报警，按复位按钮 X1 也停止报警。根据上述功能设计梯形图程序。

2．设计下降沿触发单稳态电路，在 X0 由 1 状态变为 0 状态（波形的下降沿），Y1 输出一个宽度为 3s 的脉冲，X0 为 0 状态的时间可以大于 3s，也可以小于 3s。

3．在按下按钮 X0 后，Y0 变为 1 状态并自保持（图 4-32），同时 C1 对 X1 开始计数，计数满 3 时，T0 开始定时 5s，时间到后 Y0 变为 0，同时 C1 被复位，在 PLC 刚开始执行用户程序时，C1 也被复位。根据上述要求设计梯形图程序。

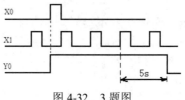

图 4-32　3 题图

4．10 个输入点分别对应于十进制数按键 0～9，按下某个按键时，将该按键对应的二进制数用 Y0～Y3 显示出来，Y0 为最低位。根据上述要求设计程序。

5．按下照明灯的按钮，灯亮 10s，在此期间若又有人按按钮，定时时间从头开始。根据上述要求设计梯形图程序。

6．编程实现下列控制功能。假设有 8 个指示灯，从右到左以 0.5s 的速度依次点亮，任意时刻只有一个指示灯亮，到达最左端后再从右到左依次点亮。

7．舞台灯光的模拟控制。控制要求：L1、L2、L9→L1、L5、L8→L1、L4、L7→L1、L3、L6→L1→L2、L3、L4、L5→L6、L7、L8、L9→L1、L2、L6→L1、L3、L7→L1、L4、L8→

L1、L5、L9→L1→L2、L3、L4、L5→L6、L7、L8、L9→L1、L2、L9→L1、L5、L8……循环
下去。按下面的 I/O 分配编写程序。

输入：

　　启动按钮：X0

　　停止按钮：X1

输出：

　　L1：Y0　　　L6：Y5

　　L2：Y1　　　L7：Y6

　　L3：Y2　　　L8：Y7

　　L4：Y3　　　L9：Y10

　　L5：Y4

8．液体混合装置如图 4-33 所示。

（1）A、B、C 为电磁阀，初始状态时容器是空的，各阀门均关闭，各传感器均为 0 状态。

（2）按下启动按钮后：①A 阀打开，液体 A 流入容器；②当液体上升到中液位，关闭 A
阀，打开 B 阀；③液位上升到高液位，关闭 B 阀，搅匀电动机开始搅拌；④搅匀电动机工作
1min 后停止，C 阀打开，开始放出混合液体；⑤当液位降到低液位时，计时 5s 后，容器放空，
C 阀关闭，开始下一周期。

（3）按下停止按钮，当前工作周期的操作结束后，才停止操作，返回并停留在初始状态。

根据上述条件及要求，试画出系统顺序功能图并分别用启－保－停法、置位复位法及 STL
指令法设计梯形图。

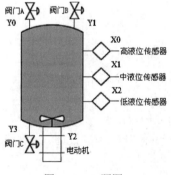

图 4-33　8 题图

9．某组合机床的动力头在初始状态时停在左边，限位开关 X3 为 1 状态，按下启动按钮
X0，动力头的进给运动开始，工作一个循环后，返回并停在初始位置。控制电磁阀的 Y0～Y2
在各工作步的状态如图 4-34 所示。试画出系统顺序功能图，并分别用启－保－停法、置位复
位法及 STL 指令法设计梯形图。

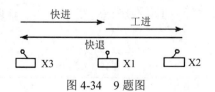

图 4-34　9 题图

项目五　建筑设施的 PLC 控制

【知识目标】

1. 数据处理指令。
2. 算术和逻辑运算指令。
3. 计数控制。
4. 报警控制。
5. 建筑设施 PLC 控制设计、安装与调试。

【技能目标】

1. 熟悉数据处理指令的格式及应用。
2. 熟悉算术和逻辑运算指令的格式及应用。
3. 掌握计数控制的应用。
4. 掌握报警控制的应用。
5. 熟悉并掌握建筑设施 PLC 控制设计、安装与调试方法。

【其他目标】

1. 培养学生勤于思考、做事认真的良好作风。培养学生良好的职业道德。
2. 培养学生的团结协作能力。
3. 教师应遵守工作时间，在教学活动中渗透企业的 6S 制度。
4. 培养学生整理、积累技术资料的能力。学生在进行电路设计、装接、故障排除之后能对所进行的工作任务进行资料收集、整理、存档。

5.1　相关知识

5.1.1　FX 系列 PLC 功能指令（四）——数据处理指令

数据处理指令是可以进行复杂的数据处理和实现特殊用途的指令，见表 5-1。

表 5-1　数据处理指令

编号	助记符	指令名称	编号	助记符	指令名称
FNC40	ZRST	区间复位	FNC45	MEAN	平均值
FNC41	DECO	译码	FNC46	ANS	信号报警器置位
FNC42	ENCO	编码	FNC47	ANR	信号报警器复位
FNC43	SUM	置 1 位数总和	FNC48	SQR	平方根
FNC44	BON	置 1 位判断	FNC49	FLT	浮点数转换

（1）区间复位指令 ZRST 见表 5-2。

表 5-2　ZRST 指令

说明	操作数
FNC40 ZRST 16 位指令 脉冲/连续执行	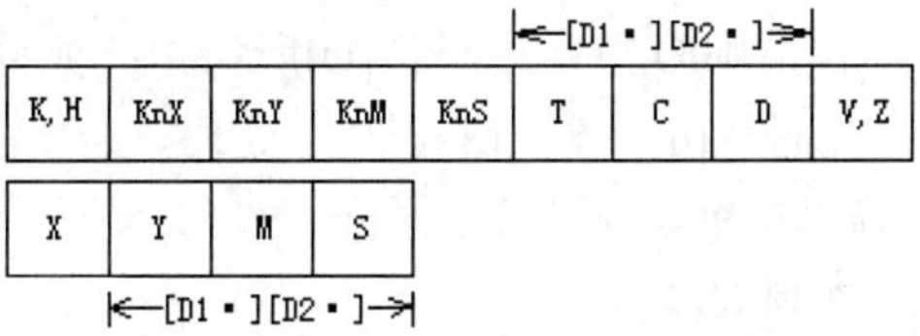 ←—[D1•][D2•]—→ K, H　KnX　KnY　KnM　KnS　T　C　D　V,Z X　Y　M　S ←—[D1•][D2•]—→

区间复位指令可将目标操作数[D1]和[D2]指定的元件号范围内的同类元件成批复位。复位的含义一般是清零。

在复位指令中，[D1]和[D2]必须是同一类的元件，而且[D1]的编号小于或等于 [D2]的编号。当[D1]的编号大于[D2]的编号时，只有[D1]指定的元件复位。

复位指令是处理 16 位的指令，[D1]、[D2]也可指定为 32 位的高速计数器。但是， [D1]和[D2]不能一个指定为 16 位，另一个指定为 32 位。

复位指令的应用举例见表 5-3。

表 5-3　复位指令的应用举例

梯形图	语句表
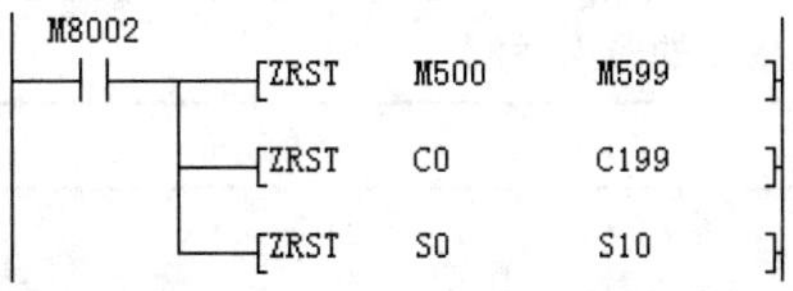 M8002 —[ZRST　M500　M599] —[ZRST　C0　C199] —[ZRST　S0　S10]	LD　　M8002 ZRST　M500　M599 ZRST　C0　C199 ZRST　S0　S10

案例分析：梯形图中，当 PLC 运行时，M8002 初始脉冲将执行 ZRST 指令，该指令复位 M500～M599、C0～C199、S0～S10。

（2）译码指令 DECO 和编码指令 ENCO 见表 5-4。

表 5-4　DECO 和 ENCO 指令

说明	操作数			

1）译码指令。译码指令根据[n]位输入的状态对 2^n 个输出进行译码，功能如同将二进制数转换为十进制数。

- 如果目标操作数[D]为位元件，并且以[S]为首地址的[n]位连续的位元件所表示的十进制数为[n]，则 DECO 指令把以[D]为首地址目标元件的第[n]位（不含目标元件位本身）置位，其他位清零，此时，[n]≤8。[n]=0 时不处理，若[n]为 0~8 以外的数则会出现运算错误。DECO 指令会占用大量的位元件（[n]=8 时占用 256 点），在使用时注意不要重复使用这些元件。

- 如果目标操作数[D]为字元件，并且[S]所指定字元件的低[n]位所表示的十进制数为[n]，则 DECO 指令把[D]所指定字元件的第[n]位（不含最低位）置位，其他位清零，此时，[n]≤4。[n]=0 时不处理，若[n]为 0~4 以外的数则会出现运算错误。

2）编码指令。编码指令根据[n]位输入的状态对 2^n 个输出进行编码，功能如同将十进制数转换为二进制数。

- 如果源操作数[S]为位元件，在以[S]为首地址、长度为 2^n 位连续的位元件中，最高位为 1 的位置编号被编码，然后将位元件存放到目标操作数[D]所指定的元件中，[D]中的数值的范围由[n]确定。若源操作数的第一个（第 0 位）位元件为 1，则[D]中全部存放 0，当源操作数中无 1 时，出现运算错误。此时，[n]≤8。[n]=0 时不处理，若[n]为 1~8 以外的数则会出现运算错误。

- 如果源操作数[S]为字元件，在其可读长度为 2^n 位中，最高置 1 的位被存放到目标操作数[D]所指定的元件中，[D]中的数值的范围由[n]确定。当源操作数的第 0 位为 1 时，[D]中全部存放 0；当源操作数中无 1 时，出现运算错误。此时，[n]≤4。[n]=0 时不处理，若[n]为 0~4 以外的数则会出现运算错误。

3）译码指令和编码指令的应用举例见表 5-5。

表 5-5　译码指令和编码指令的应用举例

梯形图	语句表
X010 ├─┤├─[DECO　X000　M0　　K4] X011 ├─┤├─[DECO　D0　　D1　　K3] X012 ├─┤├─[ENCO　M10　D10　K3] X013 ├─┤├─[ENCO　D20　D21　K3]	LD　　X010 DECO　X000　　M0　　　K4 LD　　X011 DECO　D0　　　D1　　　K3 LD　　X012 ENCO　M10　　D10　　K3 LD　　X013 ENCO　D20　　D21　　K3

案例分析:

- 梯形图中第一条支路指令执行时,目标操作数为位元件 M0,当 X010 接通时,将 X000 开始的 K4 个元件(X003~X000)译码,然后指定以 M0 开始的 16 位(M15~M0)中对应的辅助继电器为 1。若 X003~X000 的状态为 1010,则其十进制数应为 10,DECO 指令执行后,会将 M10 位置位,其余位清零。

- 梯形图中第二条支路指令执行时,目标操作数为字元件 D1。当 X011 接通时,将 D0 的低位算起的 3 位进行译码,然后将 D1 的对应位置位,当[n]<3 时,D1 的高 8 位全部为零。若 D0 的状态为 0011 0101 0011 0011,即其低 3 位为 011,对应的十进制数值应为 3,DECO 指令执行后,会将 D1 的第 4 位置位,其余位清零,即 D1 的状态变为 0000 0000 0000 1000。

- 梯形图中第三条支路指令执行时,源操作数为位元件 M10。当 X012 接通时,对 M10 的低 2^3 位位元件(M17~M10)进行编码,然后在 D10 的对应位显示。若 M17~M10 的状态为 0000 1000,其最高位位置为 1 的位置编号是 3(最低位的位置编号是 0),对应的二进制编码是 011,故应将 D10 的状态置为 0000 0000 0000 0011。

- 梯形图中第四条支路指令执行时,源操作数为字元件 D20。当 X013 接通时,对 D10 的低 2^3 位进行编码,然后在 D21 的对应位显示。若 D20 的状态为 0101 0101 0000 1011,其低 2^3 位状态是 0000 1011,最高位位置为 1 的位置编号是 3,对应的二进制编码是 011,故应将 D21 的状态置为 0000 0000 0000 0011。

(3)置 1 位数总和指令 SUM 和置 1 位判断指令 BON 见表 5-6。

表 5-6　SUM 和 BON 指令

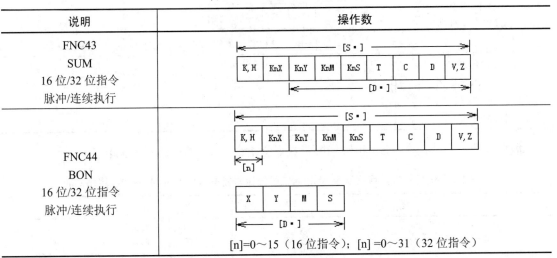

说明	操作数
FNC43 SUM 16 位/32 位指令 脉冲/连续执行	[S·] K, H / KnX / KnY / KnM / KnS / T / C / D / V, Z　[D·]
FNC44 BON 16 位/32 位指令 脉冲/连续执行	[S·] K, H / KnX / KnY / KnM / KnS / T / C / D / V, Z　[n]　X / Y / M / S　[D·]　[n]=0~15(16 位指令);[n]=0~31(32 位指令)

1)置 1 位数总和指令。置 1 位数总和指令统计源操作数[S]中置 1 的位的个数,并将其存放在目标操作数[D]中。

如果源操作数[S]中没有为 1 的位,则零标志位 M8020 动作。

对于 32 位操作,将[S]指定元件的 32 位数据中 1 的个数存入[D]所指定的元件中,[D]的后一元件的各位均为 0。

2)置 1 位判断指令。置 1 位判断指令对源操作数[S]中的指定位[n]是否为 1 进行检测,并将检测结果存放在目标操作数[D]中。

3）置 1 位数总和指令与置 1 位判断指令的应用举例见表 5-7。

表 5-7　置 1 位数总和指令与置 1 位判断指令的应用举例

梯形图	语句表
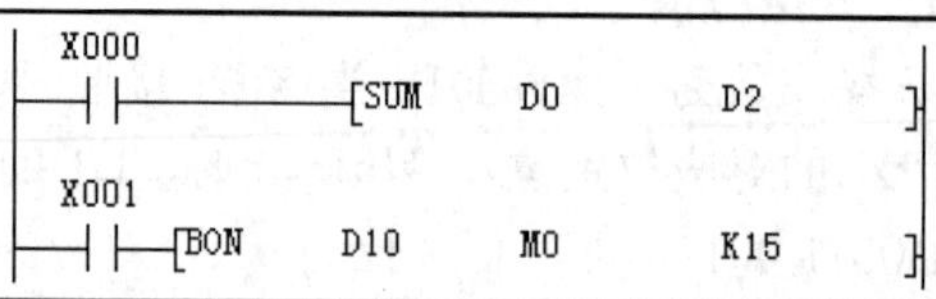 X000 ├┤├────[SUM　D0　D2　] X001 ├┤├─[BON　D10　M0　K15　]	LD　　X000 SUM　　D0　　D2 LD　　X001 BON　　D10　　M0　　K15

案例分析：

- 梯形图中，当 X000 接通时，将 D0 中 1 的个数存入 D2 中，若 D0 中没有为 1 的位数时，则零标志位 M8020 动作。
- 当 X001 接通时，BON 指令对由 K15 指定的源操作数 D10 的第 15 位是否为 1 进行检测，并将结果存入 M0 中。即当检测结果为 1 时，则目标操作数 M0=1；否则，M0=0。

（4）信号报警器置位指令 ANS 和信号报警器复位指令 ANR 见表 5-8。

表 5-8　ANS 和 ANR 指令

说明	操作数
FNC46 ANS 16 位指令 脉冲/连续执行	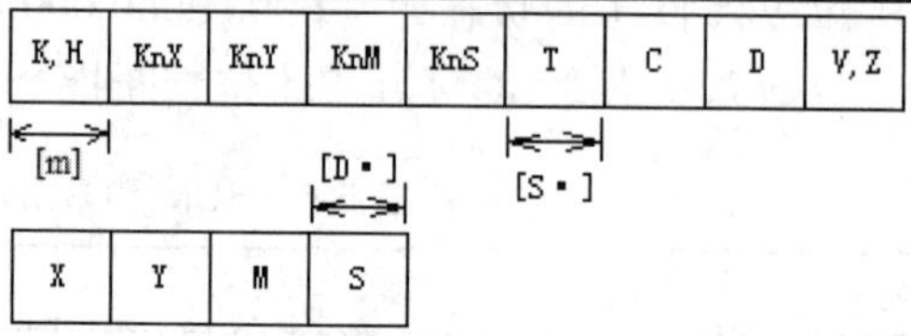 K,H　KnX　KnY　KnM　KnS　T　C　D　V,Z ├──┤[m]　　　　[D·]　　　[S·] X　Y　M　S [m]=1～32767（单位 100ms）；[D]=S900～S999
FNC47 ANR 16 位指令 脉冲/连续执行	无

信号报警器置位指令 ANS 和信号报警器复位指令 ANR 的应用举例见表 5-9。

表 5-9　信号报警器置位指令 ANS 和信号报警器复位指令 ANR 指令的应用举例

梯形图	语句表
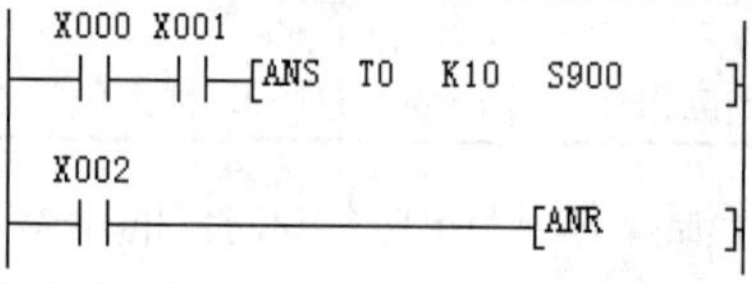 X000 X001 ├┤├─┤├─[ANS　T0　K10　S900　] X002 ├┤├────────[ANR　]	LD　　X000 AND　　X001 ANS　　T0　　K10　　S900 LD　　X002 ANR

案例分析：

- 梯形图中，当 X000 和 X001 同时接通 1s 以上，S900 被置位，以后即使 X000 或 X001 断开，S900 仍保持动作状态。根据报警器的工作原理，S900～S999 中的任意一个状态为 ON，则 M8048 就动作，可以用 M8048 驱动相应的报警输出。

- 当 X002 接通时，S900～S999 之间被置 1 的报警器复位。如果置 1 的 S900～S999 范围内的元件超过一个，则元件号最低的报警器复位。若 X002 再次接通，则下一个报警器复位。

（5）平均值指令 MEAN 和平方根指令 SQR 见表 5-10。

表 5-10　MEAN 和 SQR 指令

说明	操作数									
FNC45 MEAN 16 位/32 位指令 脉冲/连续执行	[S·]									
	K, H	KnX	KnY	KnM	KnS	T	C	D	V, Z
	[n]	[D·]								
						[n]=1～64				
FNC48 SQR 16 位/32 位指令 脉冲/连续执行	[S·]							[S·]		
	K, H	KnX	KnY	KnM	KnS	T	C	D	V, Z
								[D·]		

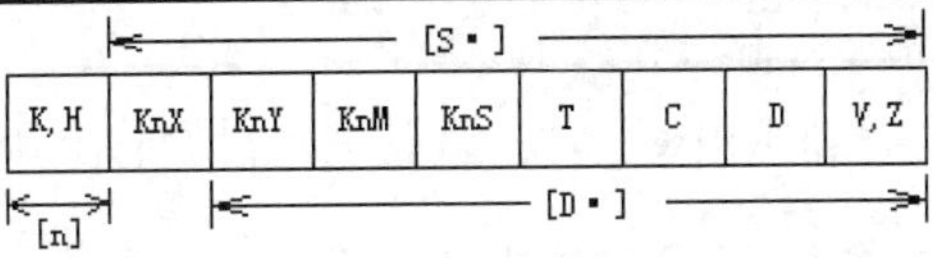

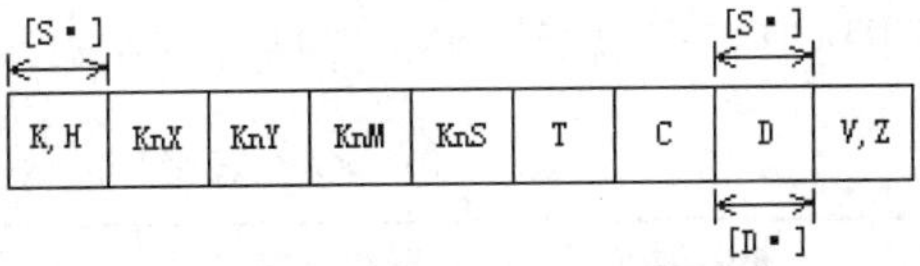

1）平均值指令。平均值指令将[n]个源操作数[S]的平均值送到指定的目标操作数[D]中，余数舍去。如果[n]值超出 1～64 的范围，将会出错。

2）平方根指令。平方根指令将源操作数[S]的平方根送到指定的目标操作数[D]中，结果只取整数。

若[S]中为负数，则出错标志位 M8067 工作，指令不能执行。舍去小数时，借位标志位 M8021 会动作。运算结果为 0，则零标志 N8020 会动作。

3）平均值指令和平方根指令的应用举例见表 5-11。

表 5-11　平均值指令和平方根指令的应用举例

梯形图	语句表
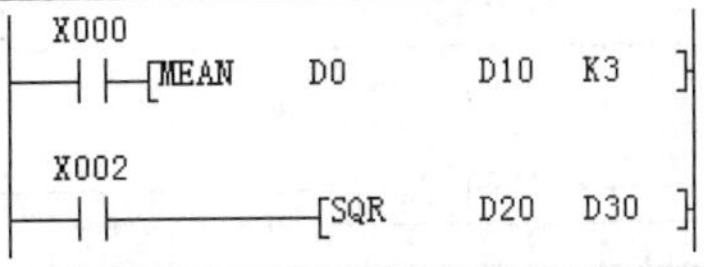 X000 ├─┤├─[MEAN　D0　D10　K3] X002 ├─┤├──────[SQR　D20　D30]	LD　　　X000 MEAN　　D0　　　D10　　　K3 LD　　　X002 SQR　　D20　　　D30

案例分析：梯形图中，当 X000 接通时，计算 D0、D1 和 D2 中的数值的平均值，然后将其送到 D10 中。当 X002 接通时，将存放在 D20 中的正数进行平方根运算，结果存放到 D30 中（结果只取整数）。

（6）浮点数转换指令 FLT 见表 5-12 所示。

表 5-12　FLT 指令

说明	操作数									
FNC49 FLT 16 位指令 脉冲/连续执行								[S·]		
	K, H	KnX	KnY	KnM	KnS	T	C	D	V, Z
								[D·]		

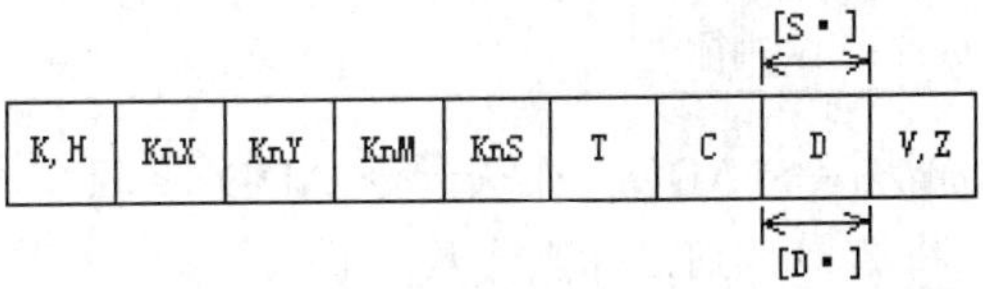

浮点数转换指令将源操作数[S]中的二进制正数转换成二进制浮点数并将其送到指定的目标操作数[D]中。

浮点数转换指令的应用举例见表 5-13。

表 5-13　浮点数转换指令的应用举例

梯形图	语句表
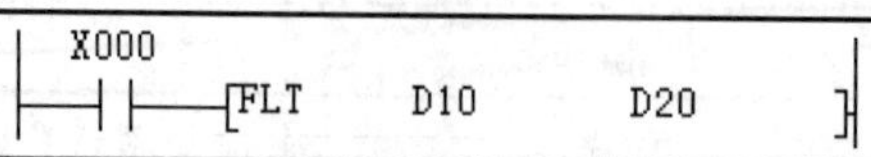 X000 ┤├ ─[FLT D10 D20]	LD　　X000 FLT　　D10　　D20

案例分析：梯形图中，当 X000 接通时，将 D10 中的数据转换成浮点数并将其存入 D20 中。

5.1.2　FX 系列 PLC 功能指令（五）——算术和逻辑运算指令

算术和逻辑运算指令包括算术运算指令和逻辑运算指令，见表 5-14。

表 5-14　算术和逻辑运算指令

编号	助记符	指令名称	编号	助记符	指令名称
FNC20	ADD	加法	FNC25	DEC	减 1
FNC21	SUB	减法	FNC26	AND	逻辑与
FNC22	MUL	乘法	FNC27	OR	逻辑或
FNC23	DIV	除法	FNC28	XOR	逻辑异或
FNC24	INC	加 1	FNC29	NEG	求补

1. 算术运算类指令

（1）加法指令 ADD、减法指令 SUB、乘法指令 MUL、除法指令 DIV 见表 5-15。

表 5-15　ADD、SUB、MUL、DIV 指令

说明	操作数
FNC20　ADD 16 位/32 位指令 脉冲/连续执行 FNC21　SUB 16 位/32 位指令 脉冲/连续执行	├──[S1·][S2·]──┤ K, H ∣ KnX ∣ KnY ∣ KnM ∣ KnS ∣ T ∣ C ∣ D ∣ V, Z ├──[D·]──┤
FNC22　MUL 16 位/32 位指令 脉冲/连续执行 FNC23　DIV 16 位/32 位指令 脉冲/连续执行	├──[S1·][S2·]──┤ K, H ∣ KnX ∣ KnY ∣ KnM ∣ KnS ∣ T ∣ C ∣ D ∣ V, Z ├──[D·]──┤ * *限 16 位可用

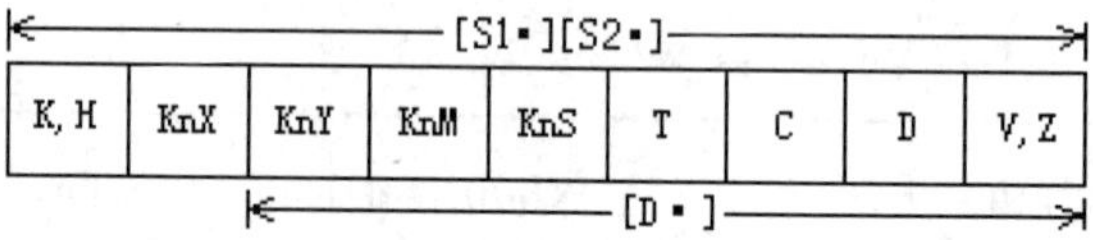

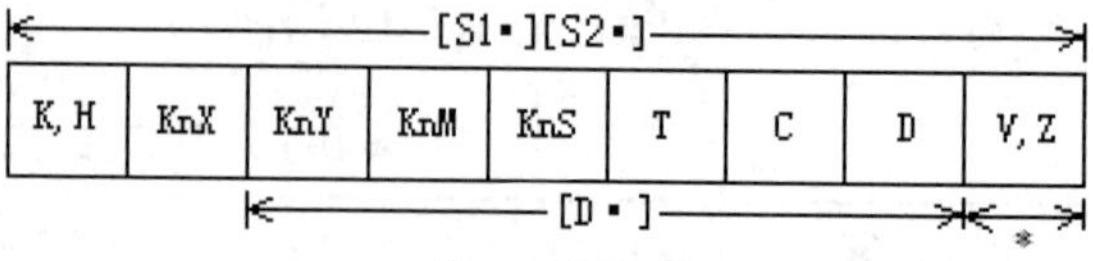

1）加法指令 ADD。加法指令 ADD 将源操作数[S1]的数据内容和源操作数[S2]的数据内容相加，将结果送到目标操作数[D]中。

两个源操作数进行二进制加法后将结果传送到目标处，各数据的最高位是正（0）、负（1）的符号位，这些数据以代数形式进行加法运算，如 5+(-8)=-3。

加法指令有 4 个标志位：M8020 为零标志；M8021 为借位标志位；M8022 为进位标志位；M8023 为浮点标志位。如果运算结果为 0，则 M8020 置 1；如果运算结果小于-32767（16 位运算）或-2147483467（32 位运算），则 M8021 置 1；如果运算结果超过 32767（16 位运算）或 2147483467（32 位运算），则 M8022 置 1。

在 32 位运算中，若已指定字软元件低 16 位侧的元件的编号，则将这些软元件编号后的软元件作为高位。为了防止编号重复，建议将软元件指定为偶数编号。

2）减法指令 SUB。减法指令 SUB 将源操作数[S1]的数据内容减去源操作数[S2]的数据内容，将结果送到目标操作数[D]中。

两个源操作数进行二进制减法后将结果传送到目标处，各数据的最高位是正（0）、负（1）的符号位，这些数据以代数形式进行减法运算，如 5-(-8)=13。

减法指令标志位的动作情况、32 位运算时的软元件的指定方法等与加法指令相同。

3）乘法指令 MUL。乘法指令 MUL 将源操作数[S1]的数据内容乘以源操作数[S2]的数据内容，将结果送到目标操作数[D]中。

若[S1]、[S2]为 16 位，则运算结果变成 32 位，存放在[D+1]～[D]中。若[S1]、[S2]为 32 位，则运算结果变成 64 位，存放在[D+3]～[D]中。但必须注意，目标元件为位元件组合时，只能得到低位 32 位的结果，不能得到高位 32 位的结果，解决的办法是先把运算目标指定字元件，再将字元件的内容通过传送指令送到位元件组合中。

4）除法指令 DIV。除法指令 DIV 将源操作数[S1]的数据内容除以源操作数[S2]的数据内容，将结果送到目标操作数[D]中。

若[S1]、[S2]为 16 位，则[S1]指定元件的内容是被除数，[S2]指定元件的内容是除数，运算结果的商存放在[D]中，余数存入[D+1]元件中。

若[S1]、[S2]为 32 位，则被除数是[S1]和[S1+1]元件对的内容，除数是[S2] 和[S2+1]元件对的内容，运算结果的商存放在[D1]和[D1+1]元件对中，余数存入[D1+2]和[D1+3]元件对中。

DIV 指令的[S2]不能为 0，否则运算会出错。目标[D]指定为位元件组合时，对于 32 位运算，将无法得到余数。

5）加法指令、减法指令、乘法指令、除法指令的应用举例见表 5-16。

表 5-16　加法指令、减法指令、乘法指令、除法指令的应用举例

梯形图	语句表
 X020 ├┤├────────[MOVP K2X000 D0] 　　　　　　　[MOVP K38 D1] 　　　　　　　[MOVP K27 D2] 　　　　　　　[MOVP K2 D3] 　　　　　[MULP D0 D1 D4] 　　　　　[DIVP D4 D2 D5] 　　　　　[ADDP D5 D3 K2Y000] 	LD　　　X020 MOVP　　K2X000　D0 MOVP　　K38　　D1 MOVP　　K27　　D2 MOVP　　K2　　D3 MULP　　D0　　D1　　D4 DIVP　　D4　　D2　　D5 ADDP　　D5　　D3　　K2Y000

某控制程序中要进行算式"38X/27+2"的运算，其中 X 代表输入端口 K2X000 送入的二进制数，运算结果需传送到输出口 K2Y000，X020 为启动/停止开关。

案例分析：梯形图中，当 X020 由断开转为接通时，先将 K2X000 的内容传送到 D0 中，再将 K38、K27 和 K2 分别传送到 D1、D2 和 D3 中，最后进行乘法、除法和加法计算。所用的传送指令和算式运算指令均为脉冲执行型指令。

（2）加 1 指令 INC 和减 1 指令 DEC 见表 5-17。

表 5-17　INC 指令和 DEC 指令

说明	操作数								
FNC24　INC FNC25　DEC 16 位/32 位指令 脉冲/连续执行	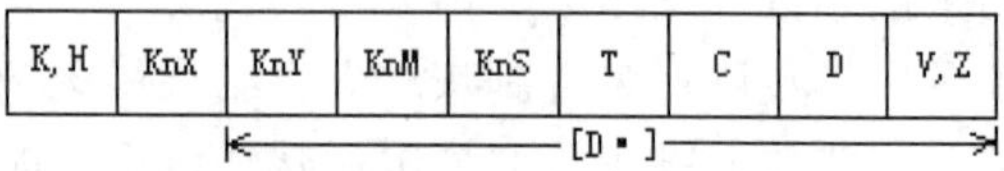 K, H	KnX	KnY	KnM	KnS	T	C	D	V, Z
				←——————— [D・] ———————→					

在进行 INC 运算时，如果数据为 16 位，则+32767 加 1 变成-32768，但标志位不置位；同样，进行 32 位运算时，+2147483647 加 1 变成-2147483648，标志位也不置位。

在进行 DEC 运算时，如果数据为 16 位，则-32768 减 1 变成+32767，但标志位不置位；同样，进行 32 位运算时，-2147483648 减 1 变成+2147483647，标志位也不置位。

加 1 指令和减 1 指令的应用举例见表 5-18。

表 5-18　加 1 指令和减 1 指令的应用举例

梯形图	语句表
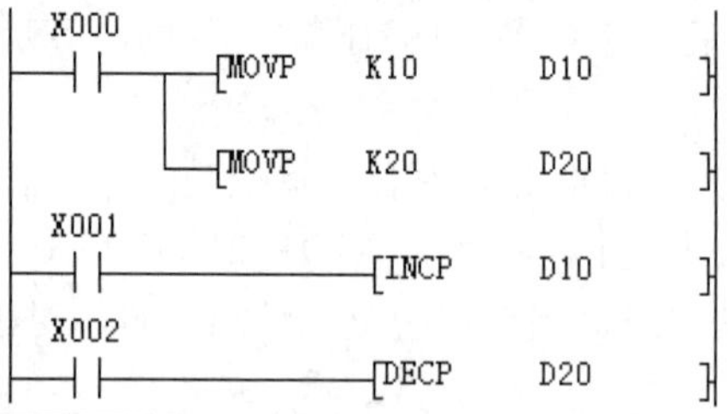 X000 ┤├ ─[MOVP K10 D10] └─[MOVP K20 D20] X001 ┤├ ─[INCP D10] X002 ┤├ ─[DECP D20]	LD　　X000 MOVP　K10　D10 MOVP　K20　D20 LD　　X001 INCP　D10 LD　　X002 DECP　D20

案例分析：梯形图中，当 X000 由断开转为接通时，将 K10 和 K20 分别传送到 D10 和 D20 中；每当 X001 由断开转为接通时，D10 中的数值增加 1；每当 X002 由断开转为接通时，D20 中的数值减少 1。

2．逻辑运算类指令

（1）逻辑与指令 AND、逻辑或指令 OR 和逻辑异或指令 XOR 见表 5-19 所示。

1）逻辑与指令将源操作数[S1]和源操作数[S2]中的数进行二进制按位"与"运算，然后将结果送到目标操作数[D]中。运算法则是 $1 \wedge 1=1$，$1 \wedge 0=0$，$0 \wedge 1=0$，$0 \wedge 0=0$。

2）逻辑或指令将源操作数[S1]和源操作数[S2]中的数进行二进制按位"或"运算，然后将结果送到目标操作数[D]中。运算法则是 $1 \vee 1=1$，$1 \vee 0=1$，$0 \vee 1=1$，$0 \vee 0=0$。

3）逻辑异或指令将源操作数[S1]和源操作数[S2]中的数进行二进制按位"异或"运算，然后将结果送到目标操作数[D]中。运算法则是 $1 \forall 1=0$，$1 \forall 0=1$，$0 \forall 1=1$，$0 \forall 0=0$。

表 5-19　AND、OR 和 XOR 指令

说明	操作数
FNC26　AND 16 位/32 位指令 脉冲/连续执行	[S1·][S2·]：K, H　KnX　KnY　KnM　KnS　T　C　D　V, Z [D·]：KnY　KnM　KnS　T　C　D　V, Z 16 位指令在前加 W 32 位指令在前加 D
FNC27　OR 16 位/32 位指令 脉冲/连续执行	
FNC28　XOR 16 位/32 位指令 脉冲/连续执行	

（2）逻辑与指令、逻辑或指令和逻辑异或指令的应用举例见表 5-20。

表 5-20　逻辑与指令、逻辑或指令和逻辑异或指令的应用举例

梯形图	语句表
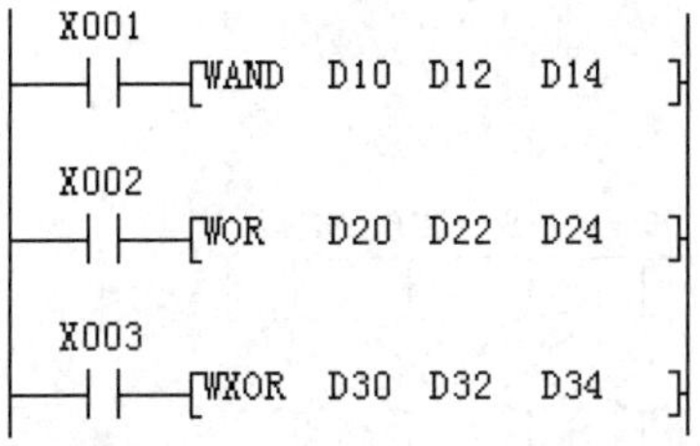	LD X001 WAND D10 D12 D14 LD X002 WOR D20 D22 D24 LD X003 WXOR D30 D32 D34

案例分析：梯形图中，当 X001 接通时，将 D10 和 D12 中的数进行二进制按位“与”运算，然后将结果送到 D14 中；当 X002 接通时，将 D20 和 D22 中的数进行二进制按位“或”运算，然后将结果送到 D24 中；当 X003 接通时，将 D30 和 D32 中的数进行二进制按位“异或”运算，然后将结果送到 D34 中。

5.2　项目实施

5.2.1　应用乘、除法运算指令编程的流水灯 PLC 控制设计

1. 控制电路要求

一组灯有 8 盏，要求当按下启动按钮 SB1 时，正序每隔 1s 单灯移位，直到第 8 盏灯亮后，再反序每隔 1s 单灯移位至第一盏灯亮，如此循环。按下停止按钮 SB2，所有灯熄灭。要求应用乘、除法运算指令编程。

2. I/O 配置

PLC 的 I/O 配置见表 5-21。

表 5-21　流水灯 PLC 的 I/O 配置

序号	类型	设备名称	信号地址	编号
1	输入	启动按钮	X000	SB1
2		停止按钮	X001	SB2
3	输出	流水灯 1	Y000	HL0
4		流水灯 2	Y001	HL1
5		流水灯 3	Y002	HL2
6		流水灯 4	Y003	HL3
7		流水灯 5	Y004	HL4
8		流水灯 6	Y005	HL5
9		流水灯 7	Y006	HL6
10		流水灯 8	Y007	HL7

3. 输入/输出接线

流水灯 PLC 的 I/O 接线图如图 5-1 所示。

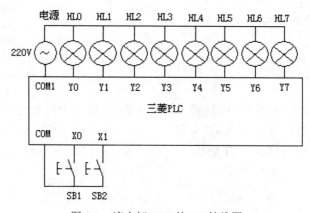

图 5-1　流水灯 PLC 的 I/O 接线图

4. 设计原理分析

二进制数 0001 每乘以 2（二进制数 0010）一次，其值为 1 的二进制位向左移 1 位，即乘以 2 的第 1 次的结果为 0010，第 2 次的结果为 0100，第 3 次的结果为 1000，如此用来控制彩灯，可以产生单灯左移位的效果。同样，采用除法指令，对二进制数 1000 每除以 2 一次，其值为 1 的二进制位向右移 1 位，从而可以产生单灯右移的效果。

5. PLC 梯形图设计

流水灯 PLC 梯形图如图 5-2 所示。

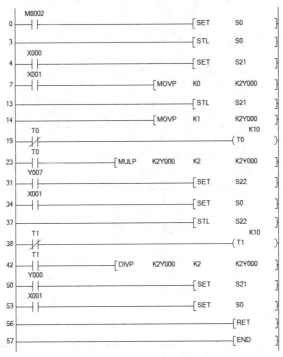

图 5-2　流水灯 PLC 梯形图

5.2.2　自动车库的 PLC 控制设计

1. 控制电路要求

车库共有 100 个车位，进出使用各自的通道，通道口有电动栏杆机，有车进和有车出时栏杆可以自动抬起，且能自动放下。车辆进出分别由入口车检测传感器和出口车检测传感器进行判断。当车库内有空车位时，尚有车位指示灯亮表示可以继续停放车辆；当车库内没有空车位时，则车位已满指示灯亮，表示车位已被占满，不再允许车辆驶入。

2. I/O 分配

自动车库 PLC 的 I/O 配置见表 5-22。

表 5-22　自动车库 PLC 的 I/O 配置

序号	类型	设备名称	信号地址	编号
1	输入	启动按钮	X000	SB1
2		停止按钮	X001	SB2
3		初始化复位按钮	X002	SB3
4		入口车检测传感器	X003	SQ1
5		出口车检测传感器	X004	SQ2
6	输出	入口栏杆机接触器	Y001	KM1
7		出口栏杆机接触器	Y002	KM2
8		尚有车位指示灯	Y003	HL1
9		车位已满指示灯	Y004	HL2

3. 输入/输出接线

自动车库 PLC 的 I/O 接线图如图 5-3 所示。

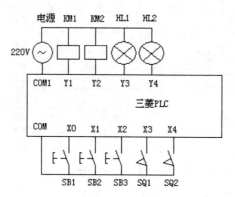

图 5-3　自动车库 PLC 的 I/O 接线图

4. 自动车库 PLC 控制电路梯形图设计

梯形图如图 5-4 所示。

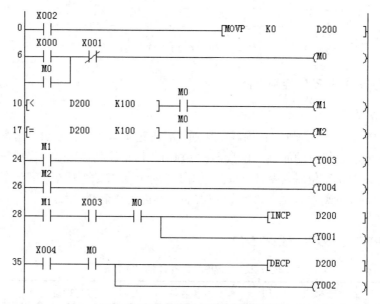

图 5-4　自动车库的控制系统梯形图

5.2.3　喷水池花式喷水系统的 PLC 控制设计

1. 控制电路要求

喷水池中央喷嘴为高水柱，周围为低水柱开花式喷嘴。按启动按钮时，应实现如下花式喷水：高水柱 3s→停 1s→低水柱 2s→停 1s→双水柱 1s→停 1s，重复上述过程。按停止按钮时，PLC 系统停止工作。

2. I/O 配置

花式喷水系统 PLC 的 I/O 配置见表 5-23。

表 5-23 花式喷水系统 PLC 的 I/O 配置

序号	类型	设备名称	信号地址	编号
1	输入	启动按钮	X000	SB1
2		停止按钮	X001	SB2
3	输出	中心喷嘴电磁阀	Y000	YV1
4		周围喷嘴电磁阀	Y001	YV2

3. 输入/输出接线

花式喷水系统 PLC 的 I/O 接线图如图 5-5 所示。

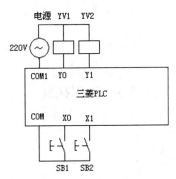

图 5-5 花式喷水系统 PLC 的 I/O 接线图

4. PLC 控制电路梯形图设计

花式喷水系统梯形图如图 5-6 所示。

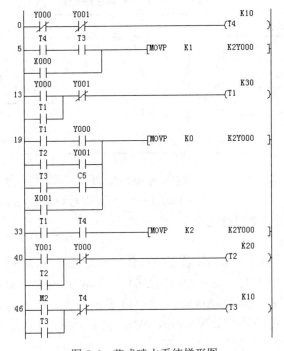

图 5-6 花式喷水系统梯形图

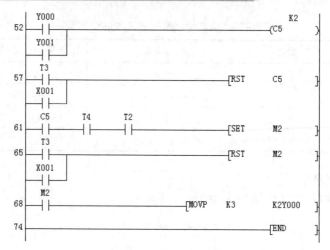

图 5-6　花式喷水系统梯形图（续）

5.3　知识拓展

5.3.1　计数控制

1. 扫描计数控制

在某些场合下需要计数扫描次数，一般可采用扫描计数控制程序来实现。扫描计数控制应用举例见表 5-24。

表 5-24　扫描计数控制应用举例

梯形图	时序图
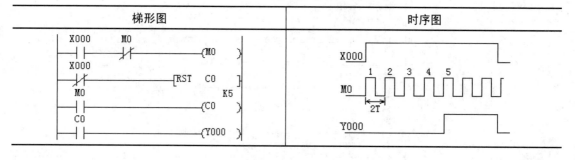	

案例分析：本实例梯形图程序中，输入 X000 接通后，辅助继电器 M0 每隔一个扫描周期接通一次，扫描周期用 T 表示；计数器 C0 对扫描次数进行计数，达到设定值时计数器 C0 输出，其常开触点 C0 接通，输出继电器 Y000 启动。

2. 6 位数计数控制

三菱 FX 系列 PLC 的 16 位递增计数器的计数值设定范围为 K1～K32767，32 位增减计数器的计数值设定范围为-2147483648～+2147483647。若用 32 位增减计数器，可以直接实现 6 位计数，但要用到特殊辅助继电器 M8200～M8234 设定；若用 16 位递增计数器，其计数位数不超过 5 位数，需要将 16 位递增计数器串联才能实现 6 位数计数。16 位递增计数器串联构成 6 位数加法计数器控制应用举例见表 5-25 所示。

表 5-25　16 位递增计数器串联构成 6 位数加法计数器控制应用举例

梯形图	语句表
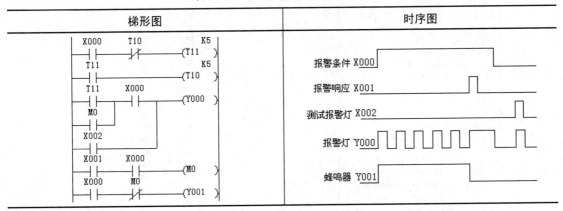	LD　X001 PLS　M0 LD　C1 OR　X000 AND　M0 RST　C1 LD　M0 AND　C2 OUT　C1　K999 LD　X000 RST　C2 LD　M0 OUT　C2　K123 LD　X000 RST　C3 LD　C1 OUT　C3　K456 LD　C3 OUT　Y000

案例分析：本实例梯形图程序中，构成的 6 位数是 123456，计数器输入脉冲 X001，复位输入脉冲 X000，当计数脉冲 X001 满 123 次后，C2 计数器的常开触点 C2 接通，C1 计数器在脉冲 X001 到来时计数，当 C1 计数器计数到 1000 次后，C3 计数 1 次，直到 C3 计数满 456 次，即共计数 456+123×(999+1)=123456 次后输出 Y000。

5.3.2　报警控制

报警控制主要指故障报警控制，是电气自动控制系统中不可缺少的重要环节，也是 PLC 控制系统中的常用部分。标准的报警功能应该是声光报警。

1. 单故障报警控制

用蜂鸣器和报警灯对一个故障实现声光报警控制称为单故障报警控制，应用举例见表 5-26。

表 5-26　单故障报警控制应用举例

梯形图	时序图

案例分析：
● 本实例梯形图程序中，输入端子 X000 为故障报警输入条件，即 X000 的状态为 ON

时要求报警；输出 Y000 为报警灯，Y001 为报警蜂鸣器；输入条件 X001 为报警响应。

- X001 接通后，Y000 报警灯从闪烁变为常亮，同时 Y001 报警蜂鸣器关闭；输入条件 X002 为报警灯的测试信号；X002 接通，则 Y000 接通。
- 定时器 T11 和 T10 构成振荡控制程序。当故障报警条件 X000 接通后，Y000 和 Y001 每 0.5s 通断声光报警一次，反复循环，直到报警结束。

2. 多故障报警控制

在声光多故障报警控制程序中，当电路出现多个故障时，一个故障对应于一个指示灯，多个故障用一个蜂鸣器鸣响，这种故障报警控制称为多故障报警控制。表 5-27 所列为两种故障报警控制应用举例。

案例分析：

- 本实例梯形图程序中，故障 1 用输入信号 X000 表示；故障 2 用 X001 表示；X002 为消除蜂鸣器按钮；X003 为故障指示灯、蜂鸣器按钮。
- 故障 1 指示灯信号用 Y000 输出；故障 2 指示灯信号用 Y001 输出；Y003 为报警蜂鸣器输出信号。
- 当发生任何一种故障时，按故障消除蜂鸣器按钮后，不能影响其他故障发生时报警蜂鸣器的正常鸣响。该程序由脉冲触发器控制、故障指示灯控制、蜂鸣器逻辑控制和报警控制电路四部分组成，采用模块化设计，读者在实际使用中可参考。参照此方法可以实现更多种故障报警。

表 5-27　多故障报警控制应用举例

梯形图	语句表
	LDI T10 OUT T11 K10 LD T11 OUT T10 K20 LD T11 OR M0 AND X000 OR X003 OUT Y000 LD T11 OR M1 AND X001 OR X003 OUT Y001 LD X002 OR M0 AND X000 OUT M0 LD X002 OR M1 AND X001 OUT M1 LD X000 ANI M0 LD X001 ANI M1 ORB OR X003 OUT Y003

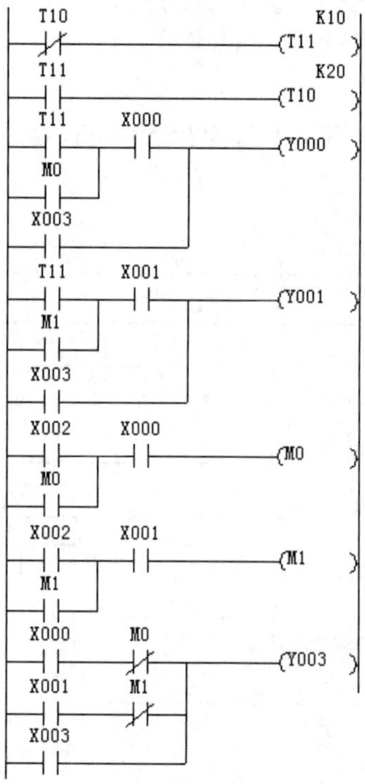

5.4　技能实训

5.4.1　数码显示控制

1. 实训目的

（1）掌握译码指令的使用及编程方法。

（2）掌握用 PLC 控制数码管显示。

2. 实训器材

计算机一台、PLC 实训箱一个、LED 数码管控制模块、编程电缆一根、导线若干。

3. 实训内容及步骤

（1）设计要求。设计一个数码管循环显示程序，显示数字 0～9。数码管为共阴极型，A、B、C、D、E、F、G、Dp 为数码管段码，COM 为数码管公共端（位码），当段码输入高电平、位码输入低电平时，相应的段点亮。

（2）确定输入、输出端口并编写程序。

（3）编译程序，无误后将程序下载至 PLC 主机的存储器中并运行程序。

（4）调试程序，直至符合设计要求。

5.4.2　音乐喷泉控制

1. 实训目的

（1）掌握移位寄存器指令的应用。

（2）掌握用 PLC 控制音乐喷泉的方法。

2. 实训器材

计算机一台、PLC 实训箱一个、音乐喷泉控制模块、编程电缆一根、导线若干。

3. 实训内容及步骤

（1）设计要求如图 5-7 所示。

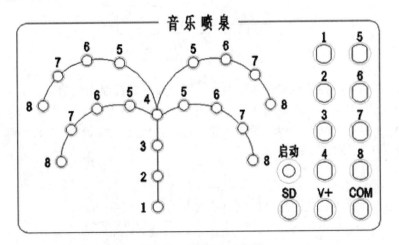

图 5-7　音乐喷泉示意图

1）置位启动开关 SD 为 ON 时，LED 指示灯依次循环显示 1→2→3···→8→1、2→3、4→5、6→7、8→1、2、3→4、5、6→7、8→1→2···，模拟当前喷泉 "水流" 状态。

2）置位启动开关 SD 为 OFF 时，LED 指示灯停止显示，系统停止工作。

（2）确定输入、输出端口并编写程序。

（3）编译程序，无误后将程序下载至 PLC 主机的存储器中并运行程序。

（4）调试程序，直至符合设计要求。

思考与练习

1. 在 X0 的上升沿，用循环指令求存放在从 D10 开始的 10 个字的平均值，并将其存放在 D50 中。根据上述要求设计语句表程序。

2. 在 X0 的上升沿，将 D10～D49 中的数据逐个异或，求出它们的异或校验码。根据上述要求设计语句表程序。

3. 求 D5、D7、D9 之和，并将其放入 D20 中；求以上 3 个数的平均值，并将其放入 D30 中。

4. 当输入条件 X000 满足时，将 C8 的当前值转换成 BCD 码送到输出元件 K4Y000 中。根据上述要求画出梯形图。

5. 控制接在 Y0～Y7 上的 8 个彩灯循环移位，用定时器定时，每秒移 1 位，首次扫描时用接在 X0～X7 的小开关设置彩灯的初值，用 X10 控制彩灯移位的方向。根据上述要求设计语句表程序。

6. 画出如图 5-8 所示的信号灯控制系统的顺序功能图并编写梯形图。

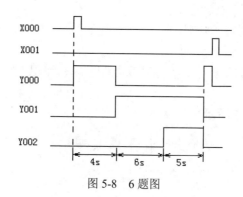

图 5-8　6 题图

7. 如图 5-9 所示，两条运输带顺序相连。要求设计的控制系统功能如下所述。按下启动按钮 X0，Y0 变为 ON，2 号运输带开始运行，10s 后 Y1 变为 ON，1 号运输带自动启动；按下停止按钮 X1，停机的顺序与启动的顺序刚好与上述相反，间隔时间为 8s。画出控制系统的顺序功能图并编写梯形图。

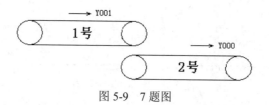

图 5-9　7 题图

项目六　化工生产过程的 PLC 控制

【知识目标】

1．程序流程指令。
2．外围设备 I/O 指令。
3．外围设备 SER 指令。
4．报警控制。
5．建筑设施 PLC 控制设计、安装与调试。

【技能目标】

1．熟悉程序流程指令的格式及应用。
2．熟悉外围设备 I/O 指令的格式及应用。
3．熟悉外围设备 SER 指令的格式及应用。
4．掌握各类指令在化工过程设计中的应用。
5．熟悉并掌握化工过程 PLC 控制设计、安装与调试方法。

【其他目标】

1．培养学生谦虚、好学的能力；培养学生勤于思考、做事认真的良好作风；培养学生良好的职业道德。
2．培养学生的团结协作能力。
3．教师应遵守工作时间，在教学活动中渗透企业的 6S 制度。
4．培养学生语言表达能力，学生能正确描述工作任务、工作要求，任务完成之后能进行工作总结并进行总结发言。

6.1　相关知识

6.1.1　FX 系列 PLC 功能指令（六）——程序流程指令

除常见的按顺序逐条执行情况外，在许多工程场合下 PLC 的控制程序还需要按照控制要求改变程序的流向。用于这些控制要求的功能指令称为程序流程指令。程序流程指令见表 6-1。

表 6-1　程序流程指令

编号	助记符	指令名称	编号	助记符	指令名称
FNC00	CJ	条件跳转	FNC05	DI	禁止中断
FNC01	CALL	子程序调用	FNC06	FEND	主程序结束
FNC02	SRET	子程序返回	FNC07	WDT	警戒时钟
FNC03	IRET	中断返回	FNC08	FOR	循环开始
FNC04	EI	允许中断	FNC09	NEXT	循环结束

1. 条件跳转指令 CJ

当跳转条件成立时，条件跳转指令用于跳过 CJ 或 CJP 指令和指针标号之间的程序，从指针标号处连续执行；若条件不成立，则继续顺序执行，以减少程序执行扫描时间，并使双线圈或多线圈成为可能。条件跳转指令见表 6-2。

表 6-2　条件跳转指令

指令	操作数
FNC00　CJ 16 位指令 脉冲/连续执行	指针 P0～P127 指针编号可进行变址修改

标号是跳转程序的入口标志地址，同一标号在程序中只能出现一次，不能重复使用。但是，同一标号可以多次被引用。也就是说，可以从不同的地方跳转到同一标号处。跳转时，其他指令的执行情况如下：

（1）如果 Y、M、S 被 OUT、SET、RST 指令驱动，则跳转期间即使 Y、M、S 的驱动条件改变了，它们仍保持跳转发生前的状态，因为跳转期间根本不执行这些程序。

（2）如果普通定时器或计数器被驱动后发生跳转，则暂停计时或计数，并保留当前值；跳转指令不执行时，定时或计数继续工作。

（3）对于 T192～T199（专用于子程序）、积算型定时器 T246～T255 和高速计数器 C235～C255，若被驱动后再发生跳转，则即使该段程序被跳过，计时或计数仍然继续，其延时触点也动作。

条件跳转指令的应用举例见表 6-3。

表 6-3　条件跳转指令的应用举例

梯形图	语句表
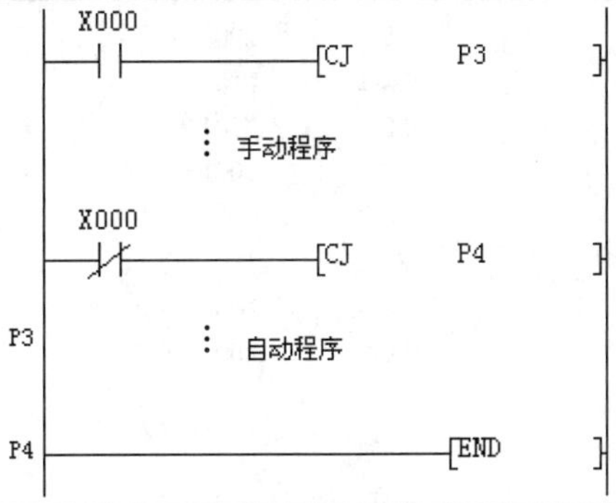 X000 —[CJ P3] ⋮ 手动程序 X000 —[CJ P4] P3 ⋮ 自动程序 P4 —[END]	LD　X000 CJ　P3 ……　手动程序 LDI　X000 CJ　P4 P3 ……　自动程序 P4 END

案例分析：

● 梯形图中，X000 为切换方式开关。

● X000 接通时，其常开触点闭合，执行 CJ P3 指令，程序跳转到 P3 处，执行自动程序，然后程序结束；X000 断开时，其常开触点断开，不执行 CJ P3 指令，程序不跳转到 P3 处，顺序往下执行，则执行手动程序；然后由于常闭触点闭合，执行 CJ P4 指令，程序跳转到 P4 处，不执行自动程序，最后程序结束。

2. 子程序调用指令 CALL 和子程序返回指令 SRET

子程序是为了一些特定的控制要求而编制的相对独立的程序。为了区别于主程序，规定在程序编排时，将主程序排在前边，子程序排在后边，并以主程序结束指令 FEND 将这两部分隔开。

子程序调用指令 CALL 或 CALLP 用于在一定条件下调用并执行子程序，子程序返回用 SRET 指令。子程序调用指令见表 6-4。

表 6-4　子程序调用指令

指令	操作数
FNC01　CALL 16 位指令 脉冲/连续执行	指针 P0～P127 指针编号可做变址修改 嵌套 5 层
FNC02　SRET	无操作数

CALL 指令必须和 FEND、SRET 一起使用。子程序标号要写在主程序结束指令 FEND 之后。标号和子程序返回指令 SRET 间的程序构成了子程序的内容。当主程序带有多个子程序时，子程序要依次放在主程序结束指令 FEND 之后，并用不同的标号进行区分。

子程序标号范围为 P0～P127，这些标号与条件跳转指令中所用的标号相同，而且在条件跳转中已经使用的标号子程序不能再用。同一标号只能使用一次，而不同的 CALL 指令可以多次调用同一标号的子程序。

子程序调用和返回指令的应用举例见表 6-5。

表 6-5　子程序调用和返回指令的应用举例

梯形图	语句表
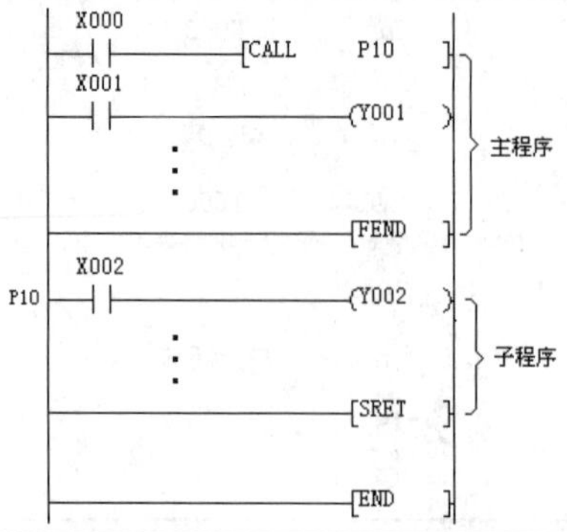	LD　　　X000 CALL　　P10 LD　　　X001 OUT　　Y001 …… FEND LD　　　X002 OUT　　Y002 …… SRET END

案例分析：梯形图中，X000 接通时，CALL 指令使程序跳至 P10 处，同时将调用指令后的一条指令的地址作为断点进行保存，并从 P10 开始逐条顺序执行子程序，即执行指令 LD X002，OUT Y002……，直到执行 SRET 指令，程序返回主程序断点处继续执行主程序，即执行指令 LD X001，OUT Y001……，直到执行 FEND 指令，主程序结束。

3. 中断返回指令 IRET、允许中断指令 EI 和禁止中断指令 DI

PLC 通常处于禁止中断状态，由中断允许指令 EI 和禁止中断指令 DI 组成允许中断范围，EI 和 DI 之间的程序段为允许中断区间。当程序执行到允许中断的区间，出现中断信号时，则停止执行主程序，去执行相应的中断子程序。处理到中断返回指令 IRET 时再返回断点，继续执行主程序。IRET、EI 和 DI 指令见表 6-6。

表 6-6　IRET、EI 和 DI 指令

指令	操作数
FNC03　IRET	无
FNC04　EI	无
FNC05　DI	无

使用中断指令时应注意：

（1）FX 系列 PLC 有 9 个中断源，9 个中断源可以同时发出中断请求信号，多个中断依次发生时，以先发生的中断为优先；完全同时发生时，中断指针号较低的有优先权。

（2）当 M8050～M8058 状态为 ON 时，禁止执行相应 I0□□～I8□□ 的中断；M8059 状态为 ON 时，禁止所有计数器中断。

（3）无须中断禁止时，可只用 EI 指令，不必用 DI 指令。

（4）执行一个中断子程序时，如果在中断子程序中有 EI 和 DI 指令，可实现二级中断嵌套；否则，禁止其他中断。

（5）中断信号的脉宽必须大于 200μs。

（6）如果中断信号产生在禁止中断区间（DI～EI），则这个中断信号被存储，并在 EI 指令后执行。

中断指令的应用举例见表 6-7。

表 6-7　中断指令的应用举例

梯形图	语句表
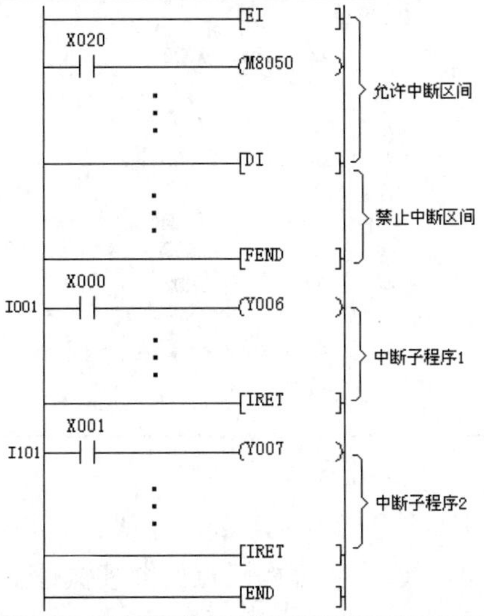	EI LD　　X020 OUT　　M8050 …… DI …… FEND LD　　X000 OUT　　Y006 …… IRET LD　　X001 OUT　　Y007 …… IRET END

案例分析：

- 梯形图中，I001 的含义为当输入 X000 的状态从 ON→OFF 变化时（下降沿），执行由该指针作为标号后面的中断子程序，并在执行 IRET 指令后返回；I101 的含义为当输入 X001 的状态从 OFF→ON 变化时（上升沿），执行由该指针作为标号后面的中断子程序，并在执行 IRET 指令后返回。
- 当程序处理到允许中断区间时，若中断源 X000 有一个下降沿，则转入 I001 为标号的中断子程序 1，执行完毕后返回主程序，但 X000 可否引起中断还受 M8050 控制，当 X020 接通时，M8050 控制 X000 无法中断；若中断源 X001 有一个上升沿，则转入 I101 为标号的中断子程序 2，执行完毕后返回主程序。

4. 主程序结束指令 FEND

FEND 指令见表 6-8。

表 6-8　FEND 指令

指令	操作数
FNC06　FEND	无

使用 FEND 指令时应注意：

（1）CALL 或 CALLP 指令的标号 P 用于在 FEND 指令后编程，必须要有 SRET 指令。中断指针 I 也在 FEND 指令后编程，必须要有 IRET 指令。

（2）在使用多个 FEND 指令的情况下，应在最后的 FEND 指令与 END 指令之间编写子程序或中断子程序。

（3）当程序中没有子程序或中断子程序时，也可以没有 FEND 指令。但是程序的最后必须用 END 指令结尾。所以，子程序及中断子程序必须写在 FEND 指令与 END 指令之间。

主程序结束指令的应用举例见表 6-9。

表 6-9   主程序结束指令的应用举例

梯形图	语句表
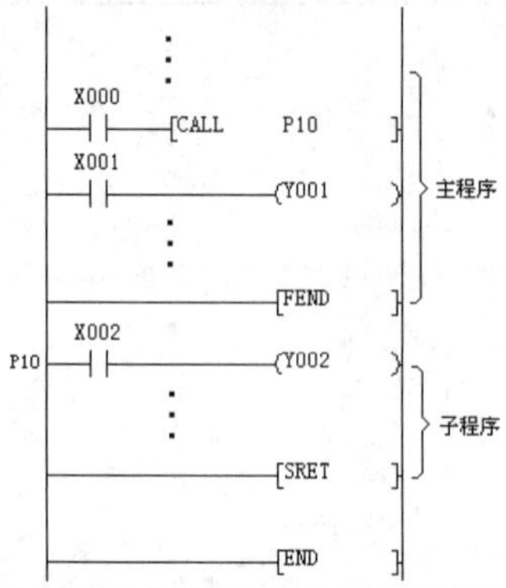 　　　X000 　　　├┤├──[CALL　　P10]　　┐ 　　　X001　　　　　　　　　　　├ 主程序 　　　├┤├──(Y001)　　　　┘ 　　　　　　　　　　　　[FEND] 　　　X002 　　P10 ├┤├──(Y002)　　　┐ 　　　　　　　　　　　　　　　├ 子程序 　　　　　　　　　　　　[SRET]　┘ 　　　　　　　　　　　　[END]	...... LD　　　X000 CALL　　P10 LD　　　X001 OUT　　Y001 ...... FEND LD　　　X002 OUT　　Y002 ...... SRET END

案例分析：

- 梯形图中，当 X000 接通时，CALL 指令使程序跳至标号 P10 处，并从 P10 处开始逐条顺序执行子程序，执行到 SRET 指令时，程序返回主程序断点处继续执行主程序，直到 FEND 指令主程序结束，返回第 0 步程序。
- 当 X000 断开时，逐条顺序执行主程序，直到 FEND 指令主程序结束，返回第 0 步程序。

5. 警戒时钟指令 WDT

WDT 指令见表 6-10。

表 6-10   WDT 指令

指令	操作数
FNC07　　WDT 脉冲/连续执行	无

WDT 指令用来在程序中刷新监视定时器（D8000）。在程序的执行过程中，如果扫描的时间（从第 0 步到 END 或 FEND 语句）超过 200ms，PLC 将停止运行。在这种情况下，使用 WDT 指令可以刷新监视定时器，使程序执行到 END 或 FEND。除此之外，WDT 指令还可以用于分割长扫描时间的程序。

警戒时钟指令的应用举例见表 6-11。

表 6-11   警戒时钟指令的应用举例

梯形图（a）	梯形图（b）

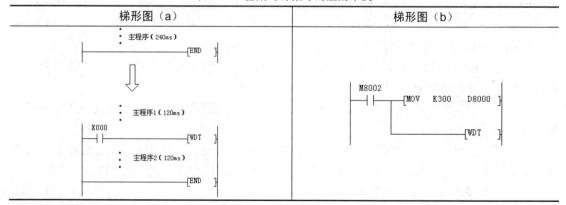

案例分析：

- 在梯形图（a）中，将一个 240ms 的程序分成了两个扫描时间为 120ms 的程序，在合适的程序步中插入 WDT 指令，用以刷新监视定时器，以使顺序程序得以继续执行到 END。这样处理后，就可以将一个运行时间大于 200ms 的程序用 WDT 指令分成几部分，使每一部分的执行时间都小于 200ms。

- 如果希望执行程序的每次扫描时间均超过 200ms，可以将限定值写入特殊数据寄存器 D8000 中，如梯形图（b）所示。在 PLC 从 STOP 转为 RUN 时，M8002 瞬时接通一个扫描周期，用数据传送指令将常数 300 写入 D8000，同时将监视定时器时间由 200ms 改为 300ms。

6. 循环开始指令 FOR 和循环结束指令 NEXT

FOR 和 NEXT 为循环开始和循环结束指令，见表 6-12。在程序运行时，位于 FOR 和 NEXT 之间的程序循环执行[n]次后，再执行 NEXT 指令后的程序。循环次数[n]由 FOR 后的数值指定，循环次数范围为 1～32767。循环次数小于 1 时，被当成 1 处理，即只循环一次。

表 6-12　FOR 指令和 NEX 指令

指令	操作数								
FNC08　FOR 16 位指令 脉冲/连续执行	[S·]								
	K, H	KnX	KnY	KnM	KnS	T	C	D	V, Z
FNC09　NEXT	无								

使用 FOR 和 NEXT 指令时应注意：

（1）FOR 和 NEXT 指令必须成对使用，要求 FOR 在前，NEXT 在后。

（2）循环最多可嵌套 5 层。

（3）在循环中可利用 CJ 指令在循环没有结束时跳出循环体。

（4）NEXT 指令应放在 FEND 和 END 指令的前面。

（5）循环次数较多时，扫描周期会延长，可能出现监视定时器错误。

循环指令的应用举例见表 6-13。

表 6-13　循环指令的应用举例

梯形图	语句表
 FOR K4 FOR D0Z0 X010 CJ P24 FOR K1X000 (A)(B)(C) NEXT ① P24 NEXT ② NEXT ③ END	FOR　　　K4 …… FOR　　　D0Z0 LD　　　X010 CJ　　　P24 FOR　　　K1X000 NEXT …… NEXT …… NEXT END

案例分析：

- 梯形图中包含了三重循环的嵌套。
- （C）程序的循环次数由 K4 指定为 4 次，执行 4 次后执行 NEXT③以后的指令。在（C）程序执行一次的过程中，若数据寄存器 D0Z0 的内容为 7，则（B）程序执行 7 次，因此，（B）程序合计一共被执行了 28 次。若不想执行（B）程序的 FOR 和 NEXT 之间的某些程序，可利用 CJ 指令，当 X010 接通时，跳转到 P24 处。
- 当 X010 断开时，如果 K1X000 的内容为 6，则在（B）程序执行 1 次后，（A）程序被执行了 6 次，因此（A）总共被执行了 4×7×6=168 次。

6.1.2　FX 系列 PLC 功能指令（七）——外围设备 I/O 指令

外围设备 I/O 指令是 FX 系列与外围设备传送信息的指令，共 10 条，分别是 10 键输入指令 TKY（FNC70）、16 键输入指令 HKY（FNC71）、数字开关输入指令 DSW（FNC72）、七段译码指令 SEGD（FNC73）、带锁存的七段显示指令 SEGL（FNC74）、方向开关指令 ARWS（FNC75）、ASCII 码转换指令 ASC（FNC76）、ASCII 码打印指令 PR（FNC77）、特殊功能模块读指令 FROM（FNC78）和特殊功能模块写指令 TO（FNC79）。

1. 数据输入指令

数据输入指令有 10 键输入指令 TKY（FNC70）、16 键输入指令 HKY（FNC71）和数字开关输入指令 DSW（FNC72）三种。

（1）10 键输入指令的应用举例见表 6-14。

表 6-14　10 键输入指令的应用举例

案例分析：当按下 X002 后，M12 置 1 并保持至另一键被按下，其他键也一样；M10～M19 动作对应于 X000～X011；按下任意键，键信号置 1 直到该键放开；当两个或更多的键被按下时，则首先按下的键有效；X030 变为 OFF 时，D0 中的数据保持不变，但 M10～M20 全部为 OFF。

10 键输入指令 TKY 的使用见表 6-14。源操作数[S]用 X000 的首元件，10 键 X000～X011 分别对应数字 0～9。X030 接通执行 TKY 指令，如果以 X002（2）、X010（8）、X003（3）、X000（0）的顺序按键，则[D]中存入的数据为 2830，实现了将按键变成十进制的数字量。当送入的数大于 9999 时，则高位溢出并丢失。使用 32 位指令 DTKY 时，[D1]和[D2]组合使用，高位大于 99999999 时，则高位溢出。

TKY 指令的源操作数可取 X、Y、M 和 S，目标操作数[D]可以取 KnY、KnM、KnS、T、C、D、V 和 Z，目标操作数[D2]可以取 Y、M 和 S。该指令在程序中只能使用一次。

（2）16 键输入指令的应用举例见表 6-15。16 键指令的作用是通过键盘上的数字键和功能键输入的内容实现输入的复合运算。梯形图中，[S]指定 4 个输入元件，[D1]指定 4 个扫描输出点，[D2]为键输入的存储元件，[D3]指定读出元件。16 键中，0～9 为数字键，A～F 为功能键。HKY 指令输入的数字范围为 0～9999，以二进制的方式存放在 D0 中，如果输入的数字大于 9999，则溢出。DHKY 指令可在[D0]和[D1]中存放最大为 99999999 的数据。功能键 A～F 与 M0～M5 对应，按下 A 键，M0 置 1 并保持；按下 D 键 M0 置 0，M3 置 1 并保持；以此类推。如果两个或更多的键都被按下，则首先按下的键有效。

表 6-15   16 键输入指令的应用举例

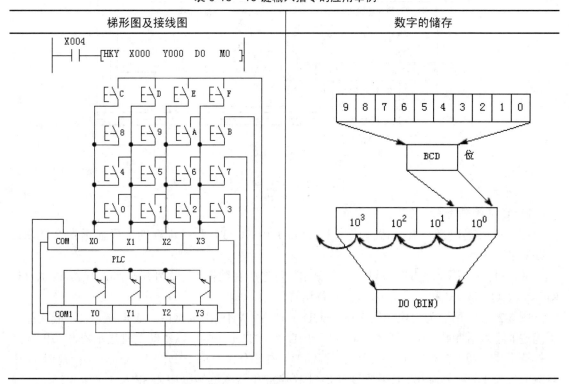

16 键输入指令的源操作数为 X，目标操作数[D1]为 Y。[D2]可以取 T、C、D、V 和 Z，[D3]可以取 Y、M 和 S。扫描全部 16 键需要 8 个扫描周期。HKY 指令在程序中只能使用一次。

（3）数字开关输入指令 DSW 的功能是写入一组或两组 4 位数字开关的设置值，如图 6-1 所示，其中，源操作数为 X，用于指定输入点；目标操作数[D1]为 Y，用来指定选通点；[D2] 指定数据存储单元，它可以取 T、C、D、V 和 Z；[n]指定数字开关组数。该指令只有 16 位运算，可使用两次。图 6-1 中，[n]=1 指有一组 BCD 码数字开关；输入开关为 X010～X013，按 Y010～Y013 的顺序选通写入，数据以二进制数的形式存放在 D0 中。若[n]=2，则有两组开关，第二组开关接到 X014～X017 上，仍由 Y010～Y013 的顺序选通写入，数据以二进制数的形式存放在 D1 中；第二组数据只有在[n]=2 时才有效。当 X001 的状态保持为 ON 时，Y010～Y013 依次为 ON。一个周期完成后标志位 M8029 置 1。

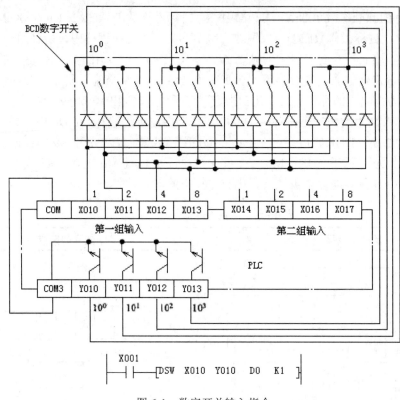

图 6-1　数字开关输入指令

2．数字译码输出指令

数字译码输出指令有七段译码指令 SEGD（FNC73）和带锁存的七段显示指令 SEGL（FNC74）两条。

（1）七段译码指令 SEGD（P）的源操作数可选所有数据类型，目标操作数为 KnY、KnM、KnS、T、C、D、V 和 Z，只可进行 16 位运算。

图 6-2（a）所示为七段译码指令 SEGD 的使用，将[S]指定元件的低 4 位（只用低 4 位）所确定的十六进制数（0～F）经译码后存于[D]指定的元件中，以驱动七段显示器，[D]的高 8 位保持不变。图 6-2（a）中，七段显示器的 B0～B6 分别对应于[D]的最低位，某段亮时[D]中对应的位为 1，反之为 0。如果要显示 0，则在 D0 中放入的数据应为 3FH。

如图 6-3 所示，可编程控制器的晶体管输出电路有漏输出（集电极输出）和源输出（发射极输出）两种。前者为负逻辑，梯形图中的输出继电器为 ON 时输出低电平；后者为正逻辑，梯形图中的输出继电器为 ON 时输出高电平。

七段显示器的数据输入和选通信号也有正负逻辑之分。若数据输入以高电平为 1，则为正逻辑；反之为负逻辑。若选通信号在高电平时锁存数据，则为正逻辑；反之为负逻辑。

参数[n]的值由显示器的组数及可编程控制器与七段显示器的逻辑是否相同来确定。设可编程控制器的输出为负逻辑，显示器的数据输入为负逻辑，即二者相同，选通信号为正逻辑（二者不同），则一组显示时，[n]=1，两组显示时，[n]=5。

（2）带锁存的七段显示指令 SEGL 操作数可选所有数据类型，目标操作数为 Y，只可进行 16 位运算，[n]=0～7，该指令在程序中可使用两次。SEGL 指令用 12 个扫描周期显示一组或两组 4 位数据，完成 4 位显示后标志 M8029 置为 1。可编程控制器的扫描周期应大于 10ms，否则应使用恒定扫描方式。该指令的执行条件一旦接通，指令就反复执行，若执行条件变为 OFF，则停止执行。

图 6-2（b）所示为带锁存的七段显示指令 SEGL 的使用，若使用一组输出（[n]=0～3），D0 中的数据（二进制）被转换为 BCD 码（0～9999）依次送到 Y000～Y003；若使用两组输出（[n]=4～7），则 D0 中的数据送到 Y000～Y003，D1 中的数据送到 Y010～Y013，选通信号由 Y004～Y007 提供。

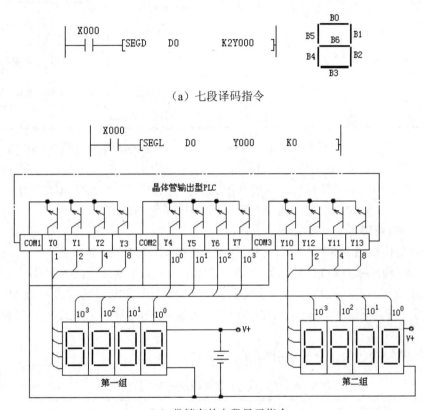

（a）七段译码指令

（b）带锁存的七段显示指令

图 6-2　数字译码输出指令的应用

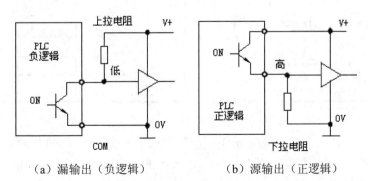

（a）漏输出（负逻辑）　　　（b）源输出（正逻辑）

图 6-3　漏输出与源输出

3. ASCII 码打印指令

打印指令 PR 的源操作数为 T、C 和 D，目标操作数为 Y，只可以进行 16 位运算。该指令用于 ASCII 码的打印输出，与 ASC 指令配合使用，可以用外部显示出错信息等。

ASCII 码打印输出指令应用举例见表 6-16。

表 6-16　ASCII 码打印输出指令的应用举例

梯形图及语句表	波形图
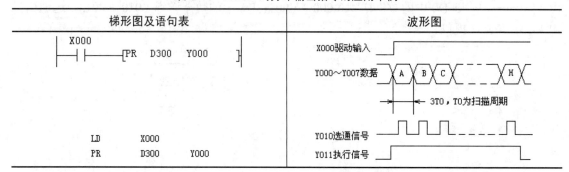	

案例分析：当按下 X000 后，D300～D303 中的 8 个 ASCII 码被送到 Y000～Y007 进行打印输出，同时用 Y010 和 Y011 输出选通信号和执行标志信号。PR 指令可使用定时器中断方式来驱动，并且必须使用晶体管输出型可编程控制器。若扫描时间短，则可用定时中断方式执行。标志 M8027 的状态为 ON 时，PR 指令可以一次送出 16 个 ASCII 码。

4. 特殊功能模块的读、写指令

读特殊功能模块指令 FROM 的目标操作数为 KnY、KnM、KnS、T、C、D、V 和 Z。

写特殊功能模块指令 TO 是将 PLC 中指定的以 S 元件为首地址的[n]个数据写到编号为[m1]的特殊功能模块，并存入该特殊功能模块中的[m2]为首地址的缓冲寄存器（BFM）内，其源操作数可取所有的数据类型。[m1]、[m2]、[n]的取值范围：[m1]=0～7；[m2]=0～32767；[n]=1～32767。

读、写特殊功能模块指令的应用举例见表 6-17。

表 6-17　读、写特殊功能模块指令的应用举例

梯形图及语句表	传送示意图
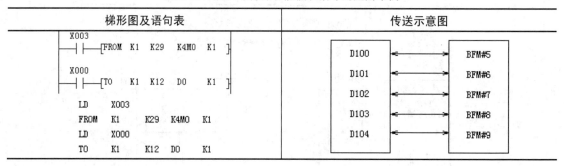	

案例分析：

- 当 X003 接通后，将编号为[m1]的特殊功能模块内编号为[m2]开始的 n 个缓冲寄存器的数据写入可编程控制器，并存入[D]开始的 n 个数据寄存器中。
- 当 X000 接通后，将可编程控制器基本单元中从[S]指定元件开始的 n 个字的数据写到编号为[m1]、[m2]的 n 个缓冲器（BFM）中。

- [m1]是特殊功能模块（如模拟量输入单元、模拟量输出单元和高速计数器单元等）的编号。[m1]=0～7 是接在 FX 系列可编程控制器基本单元的右边扩展总线上的功能模块，从最靠基本单元的那个模块开始，其编号依次为 0～7。[m2]是特殊功能缓冲器（BFM）的首元件号，[m2]=0～32767，传送示意图见表 6-17。以 32 位指令双字节为单位传送数据，指定的 BFM 为低 16 位。
- M8028 为 1 时，在 FROM 和 TO 指令的执行过程中禁止中断；在此期间发生的中断在 FROM 和 TO 指令的执行完后执行。M8028 为 0 时，在 FROM 和 TO 指令的执行过程中不禁止中断。

6.1.3　FX 系列 PLC 功能指令（八）——外围设备 SER 指令

外围设备（SER）指令包括八进制数据传送指令 PRUN（FNC81）、HEX→ASCII 转换指令 ASCI（FNC82）、ASCII→HEX 转换指令 HEX（FNC83）、校验码指令 CCD（FNC84）、串行通信指令 RS（FNC80）、模拟量输入指令 VRRD（FNC85）、模拟量开关设定指令 VRSC（FNC86）和 PID 运算指令（FNC88）等 8 条指令。

1. 八进制数据传送指令

八进制数据传送指令（D）PRUN（P）用于八进制数的传送，如图 6-4 所示。当 X010 为 ON 时，将 X000～X017 内容送至 M0～M7 和 M10～M17（因 X 为八进制数，故 M9 和 M8 的内容不变）。当 X011 为 ON 时，M0～M7 送至 Y000～Y007，M10～M17 送至 Y010～Y017。源操作数取 KnX、KnM，目标操作数取 KnY、KnM，[n]=1～8。

图 6-4　八进制数据传送指令的应用

2. 十六进制数与 ASCII 码转换指令

（1）HEX→ASCII 转换指令 ASCI（P）的功能是将源操作数[S]中的内容（十六进制数）转换成 ASCII 码放入目标操作数[D]中。如图 6-5 所示，[n]表示要转换的字符数（[n]=1～256）。M8161 控制采用 16 位模式或 8 位模式。16 位模式时，每 4 个 HEX 占用一个数据寄存器，转换后每两个 ASCII 码占用一个数据寄存器；8 位模式时，转换结果传送到[D]低 8 位，其高 8 位为 0。PLC 运行时，M8000 的状态为 ON，M8161 状态为 OFF，此时为 16 位模式。当 X010 的状态为 ON 时，执行 ASCII 码转换指令。如果放在 D100 中的 4 个字符为 0ABCH，则执行后将其转换为 ASCII 码送入 D200 和 D201 中，D200 高位放 A 的 ASCII 码 41H，低位放 0 的 ASCII 码 30H，D201 则放 BC 的 ASCII 码，C 放在高位。该指令的源操作数为 K、H、KnX、KnY、KnM、KnS、T、C 和 D，目标操作数为 KnY、KnM、KnS、T、C、D、V 和 Z。

图 6-5　HEX→ASCII 转换指令的应用

（2）ASCII→HEX 转换指令 HEX（P）的功能与 ASCI（P）指令的功能相反，它是将 ASCII 码表示的信息转换成十六进制数的信息。图 6-6 所示为将源操作数 D200～D203 中存放的 ASCII 码转换成十六进制数放入目标操作数 D100 和 D101 中。该指令只可进行 16 位运算，源操作数为 K、H、KnX、KnY、KnM、KnS、T、C 和 D，目标操作数为 KnY、KnM、KnS、T、C、D、V 和 Z。

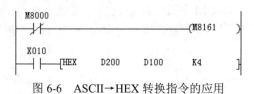

图 6-6　ASCII→HEX 转换指令的应用

3．校验码指令

校验码指令 CCD（P）的功能是对一组数据寄存器中的十六进制数进行总校验和奇偶校验。如图 6-7 所示，将源操作数[S]指定的 D100～D102 共 6 个字节的 8 位二进制数求和并进行"异或"，将结果分别放在目标操作数 D0 和 D1 中。通信过程中可将数据和"异或"结果随同发送，对方接收到信息后，先将传送的数据求和并进行"异或"，再与收到的和及"异或"结果进行比较，以此判断传送信号的正确与否。源操作数可取 KnX、KnY、KnM、KnS、T、C 和 D，目标操作数可取 KnM、KnS、T、C 和 D。[n]可用 K、H 或 D，[n]=1～256。该指令为 16 位运算指令。

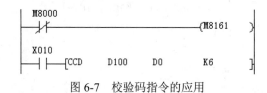

图 6-7　校验码指令的应用

PRUN、ASCI、HEX、CCD 常在串行通信中配合 RS 指令使用。

4．串行通信指令

串行通信指令 RS 是通信功能扩展板发送和接收串行数据的指令。串行通信指令 RS 的应用举例如图 6-8 所示。

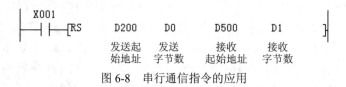

图 6-8　串行通信指令的应用

指令中的[S]和[m]用来指定发送数据的地址和字节数（不包括起始字符与结束字符）；[D] 和[n]用来指定接收数据的地址和可以接收的最大数据字节数；[m]和[n]为常数（1～4096）。

一般初始化脉冲 M8002 驱动的 MOV 指令将数据的传送格式（如数据位数、奇偶校验位、停止位、传输速率、是否有调制解调）写入特殊数据寄存器 D8120 中。系统不需要接收数据时，应将最大接收数据字节数设置为 0。

通过向特殊寄存器 D8120 写数据来设置数据的传输格式。如果发送的数据长度是一个变量，需设置新的数据长度。

RS 指令被驱动时，PLC 被置为等待接收状态。RS 指令规定了 PLC 发送数据的存储区的首地址和字节数，以及接收数据的存储区的首地址和可以接收的最大数据字节数。RS 指令应总是处于被驱动的状态。

在发送完成后，M8122 自动复位。

当接收完成后，接收完成标志 M8123 被置位。用户程序利用 M8123 将接收到的数据存入指定的存储区。若还需要接收数据，需要用户程序将 M8123 复位。

5. 模拟量输入指令

模拟量输入指令 VRRD（P）用于对 FX 系列 PLC—8AV—BD 模拟量功能扩展板中的电位器数字进行读操作，该指令为 16 位运算指令。模拟量输入指令 VRRD（P）应用举例如图 6-9 所示。

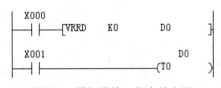

图 6-9　模拟量输入指令的应用

当 X000 接通时，读出 FX 系列 PLC—8AV—BD 中 0 号模拟量的值（由 K0 决定），将其送入 D0 作为 T0 的设定值。源操作数可取 K、H，它用来指定模拟量口的编号，取值范围为 0～7；目标操作数可取 KnY、KnM、KnS、T、C、D、V 和 Z。

6. 模拟量开关设定指令

模拟量开关设定指令 VRSC（P）的作用是将 FX 系列 PLC—8AV—BD 中电位器读出的数进行四舍五入量化后，以 0～10 之间的整数值存放在目标操作数中。该指令为 16 位运算指令。它的源操作数可取 K、H，用来指定模拟量口的编号，取值范围为 0～7；目标操作数可取 KnY、KnM、KnS、T、C、D、V 和 Z。

7. PID 回路运算指令

PID 是模拟量控制系统常用的控制算法，其中 P 为比例调节，I 为积分调节，D 为微分调节。PID 是用一个确定偏差作为校正，再用校正值作用于系统，并使之达到目标值的方法。PID 是一种动态偏差校正系统。

三菱 FX 系列 PLC 的 PID 指令格式如图 6-10 所示，由助记符、目标值、测定值、控制参数、输出值组成。

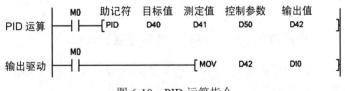

图 6-10　PID 运算指令

参数占用 25 个连续的数据寄存器，对于输出值最好选用非电池保持的数据寄存器，否则应在 PLC 开始运行时使用程序清空原有的数据。

在使用 PID 指令前，需事先对测定值、目标值及控制参数进行设定。其中测定值是传感器反馈量在 PLC 中产生的数字量值，因而目标值也为结合工程实际值、传感器测量范围、模数转换字长等参数的量值，它应当是控制系统稳定运行的期望值。控制参数则为与 PID 运算相关的参数。表 6-18 给出了 PID 参数的名称和设定内容。

表 6-18　PID 参数

参数	参数名称	设定值参考
0	取样时间（Tt）	设定值范围为 1～32767ms
1	动作方向（ACT）	0 正向动作；1 反向动作
2	输入滤波常数（a）	0～99%，设定为 0 时无滤波
3	比例常数（Kp）	1%～32767%
4	积分时间（T_i）	0～32767（×100ms），设定为 0 时无积分处理
5	微分增益（KD）	0～100%，设定为 0 时无微分增益
6	微分时间（T_d）	0～32767（×100ms），设定为 0 时无微分处理
7～19	—	PID 运算内部占用
20	输入变化量（增加方向）报警设定值	0～32767，动作反向（ACT）的 b1=1 有效
21	输入变化量（减小方向）报警设定值	0～32767，动作反向（ACT）的 b1=1 有效
22	输出变化量（增加方向）报警设定值	0～32767，动作反向（ACT）的 b2=1、b5=0 有效
23	输出变化量（减小方向）报警设定值	0～32767，动作反向（ACT）的 b2=1、b5=0 有效
24	报警输出	b0=1：输入变化量（增加方向）溢出报警 动作反向（ACT）的 b2=1、b1=1 有效 b1=1：输入变化量（减小方向）溢出报警 b2=1：输出变化量（增加方向）溢出报警 b3=1：输出变化量（减小方向）溢出报警

表 6-18 中参数 1 为 PID 调节方向设定，一般来说大多数情况下 PID 调节为反方向，即测量值减少时应使 PID 调节输出增加，正方向调节用得较少。参数 3～6 是涉及 PID 调节中比例、积分、微分调节强弱的参数，也是 PID 调节的关键参数。这些参数的设定值直接影响系统的快速性及稳定性，应与生产实际相结合，工程实践中经验参数仅仅作为参考。这些参数还可在现场进行自整定，不同厂家的 PID 性能差异较大。

6.2　项目实施

6.2.1　阀门组多周期原料配比控制系统的 PLC 控制设计

在化工、冶金、造纸和环保等行业中，常常遇到需要按工艺控制要求对阀门组进行周期性开闭控制以调节各种原料配比的情况。

1. 控制电路要求

该例有 4 个阀门，分别用于控制 4 种液体化工原料的通过。阀门均为电磁阀，其线圈的得电或失电即可控制对应阀门的打开或关闭。阀门分 4 步循环控制，循环周期有 10min、16min 和 20min 三种，可依现场实时操作选择设定。在这 4 个循环步骤中，4 个阀门的状态要求见表 6-19。在每一指定的循环周期内，每一步的动作时间要求见表 6-20。

表 6-19　阀门状态与循环步骤

序号	第 1 步	第 2 步	第 3 步	第 4 步
阀门 1	关闭	关闭	打开	打开
阀门 2	关闭	打开	关闭	打开
阀门 3	关闭	打开	关闭	关闭
阀门 4	打开	关闭	关闭	关闭

表 6-20　循环周期与循环步骤的时间关系　　　　　　　　单位：min

周期	第 1 步	第 2 步	第 3 步	第 4 步	循环结束
10	0	4	5	9	10
16	0	7	8	15	16
20	0	9	10	19	20

2．I/O 配置

PLC 的 I/O 配置见表 6-21。

表 6-21　PLC 的 I/O 配置

序号	类型	设备名称	信号地址	编号
1	输入	周期 I 选择开关	X1	SA1
2		周期 II 选择开关	X2	SA2
3		周期 III 选择开关	X3	SA3
4	输出	电磁阀 1	Y1	YV1
5		电磁阀 2	Y2	YV2
6		电磁阀 3	Y3	YV3
7		电磁阀 4	Y4	YV4

3．输入/输出接线

PLC 的 I/O 接线图如图 6-11 所示。

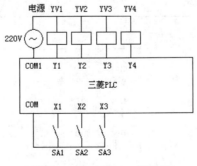

图 6-11　PLC 的 I/O 接线图

4. PLC 控制电路梯形图设计

阀门组多周期原料配比控制系统的 PLC 控制设计的梯形图如图 6-12～6-16 所示。

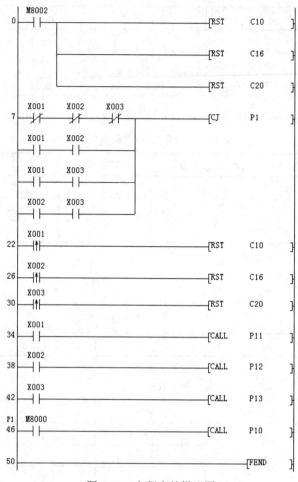

图 6-12　主程序的梯形图

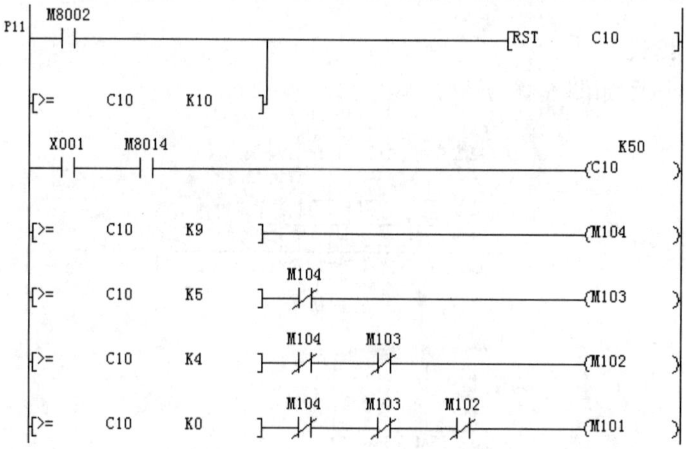

图 6-13　子程序 P11 的梯形图

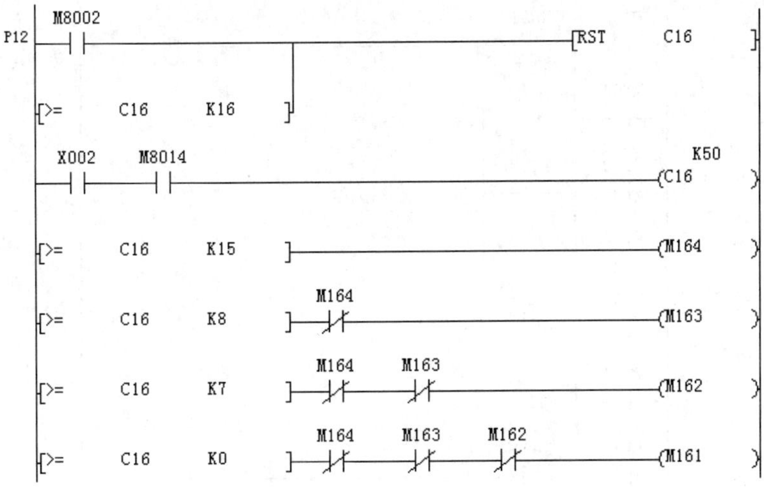

图 6-14　子程序 P12 的梯形图

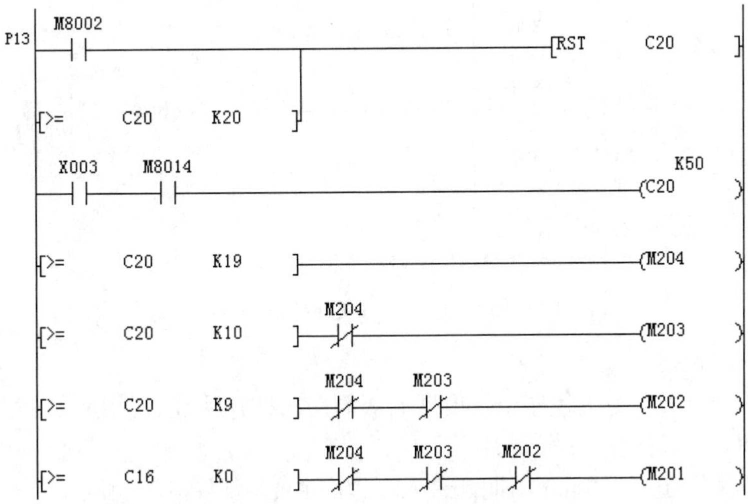

图 6-15　子程序 P13 的梯形图

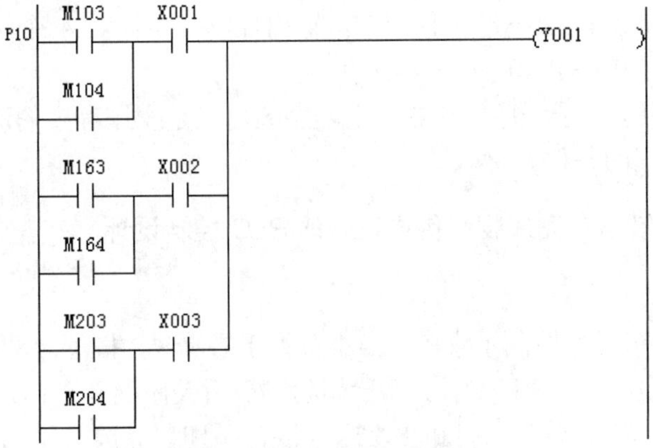

图 6-16　子程序 P10 的梯形图

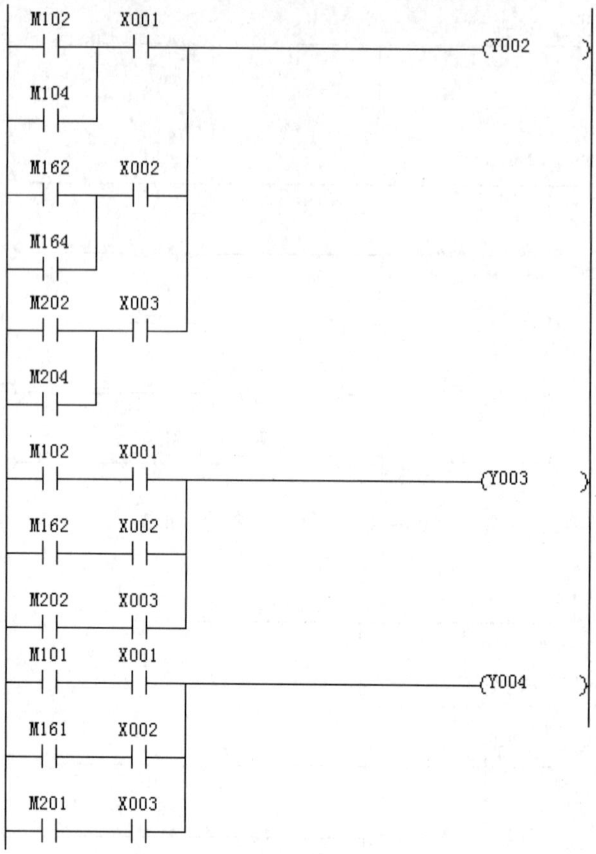

图 6-16　子程序 P10 的梯形图（续）

5. 梯形图设计说明

（1）在图 6-12 所示的主程序中，根据循环周期选择开关 SA1、SA2、SA3 选择控制各循环周期的子程序。

开关 SA1（X1）选择 10min 周期，进入子程序 P11，如图 6-13 所示。

开关 SA2（X2）选择 16min 周期，进入子程序 P12，如图 6-14 所示。

开关 SA3（X3）选择 20min 周期，进入子程序 P13，如图 6-15 所示。

尽管有 3 种循环周期，但不论哪种周期，输出控制都是针对 4 个阀门的。这样，就要有一个综合程序段，即子程序 P10，如图 6-16 所示。

（2）在多子程序的主-子程序结构中，主程序的功能是安排程序的流程，主要任务为程序初始化及说明程序流程的条件。

6.2.2　用顺序控制指令完成物料传送设备的 PLC 控制设计

1. 控制电路要求

图 6-17 为运料小车运行控制示意图。当小车处于右端时，按下启动按钮，小车向左运行；行进至左端压下左限位开关，翻斗车门打开装货，7s 后关闭翻斗车门，小车向右行；行进至右端压下右限位开关，打开小车底门卸货，5s 后底门关闭，完成一次动作。

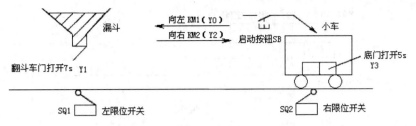

图 6-17　运料小车运行控制示意图

要求控制运料小车的运行有以下几种工作方式：

（1）手动操作：用各自的控制按钮来一一对应地接通或断开各负载。

（2）单周期操作：按下启动按钮，小车往复运行一次后，停在右端等待下次启动。

（3）连续操作：按下启动按钮，小车自动连续往复运行。

2. I/O 配置

PLC 的 I/O 配置见表 6-22。

表 6-22　PLC 的 I/O 配置

序号	类型	设备名称		信号地址	编号
1	输入	自动启动按钮		X0	SB0
2		左行限位开关		X1	SQ1
3		右行限位开关		X2	SQ2
4		方式选择开关	手动 SA1	X3	SA
5			单周期 SA2	X4	
6			连续 SA3	X5	
7		小车向左手动操作按钮		X6	SB1
8		小车向右手动操作按钮		X7	SB2
9		翻斗车门手动打开操作按钮		X10	SB3
10		底门打开		X11	SB4
11	输出	小车左行控制接触器		Y0	KM1
12		翻斗车门打开控制接触器		Y1	KM2
13		小车右行控制接触器		Y2	KM3
14		底门打开控制接触器		Y3	KM4

3. 输入/输出接线

PLC 的 I/O 接线图如图 6-18 所示。

4. PLC 控制电路设计

（1）总程序结构。图 6-19 是总程序结构图，其中包括手动程序和自动程序两个程序块，由跳转指令选择执行。当方式选择开关 SA 接通手动操作方式时，触点 SA1（X3）闭合，触点 SA2（X4）、SA3（X5）断开，跳过自动程序不执行。当方式选择开关 SA 接通单周期或连续工作方式时，触点 SA1（X3）断开，触点 SA2（X4）或 SA3（X5）闭合，使程序跳过手动程序而执行自动程序。

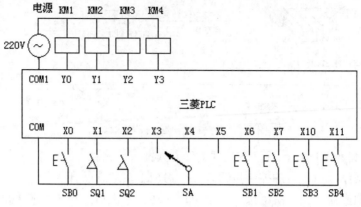

图 6-18　运料小车 PLC 的 I/O 接线图

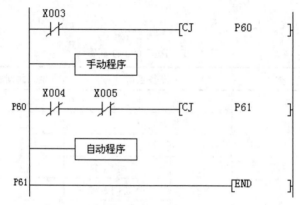

图 6-19　总程序结构

（2）手动控制程序。手动操作方式的梯形图如图 6-20 所示。

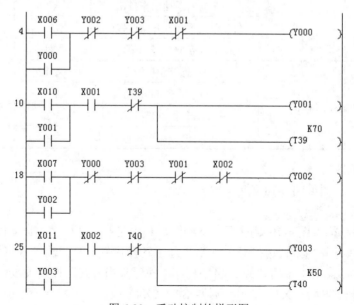

图 6-20　手动控制的梯形图

（3）自动控制的功能流程图。自动运行方式的功能流程图如图 6-21 所示。

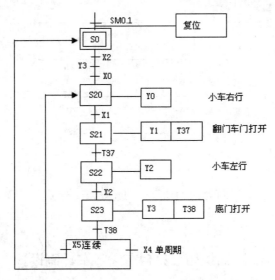

图 6-21　自动运行方式的功能流程图

（4）自动控制程序梯形图。将图 6-21 所示的功能流程图转换为如图 6-22 所示的梯形图。

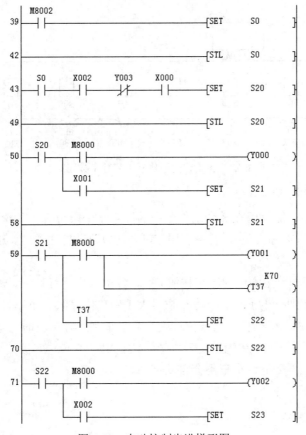

图 6-22　自动控制步进梯形图

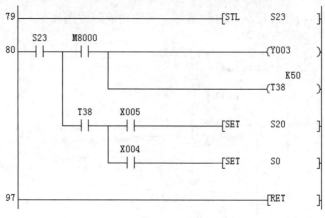

图 6-22　自动控制步进梯形图（续）

6.3　知识拓展：台车之呼车控制设计

有一辆电动运输小车供 8 个加工点使用，各工位的限位开关和呼车按钮布置如图 6-23 所示，图中 SQ 和 SB 的编号也是各工位的编号。SQ 为滚轮式的，可自动复位。

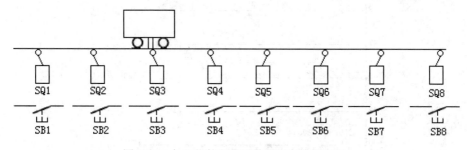

图 6-23　各工位的限位开关和呼车按钮布置

1．控制要求

（1）送料车开始应能停留在 8 个工作台中的任意一个限位开关的位置上。PLC 上电后，车停在某个加工点（以下称工位）。若没有用车呼叫（以下称呼车）时，则各工位的指示灯亮，表示各工位可以呼车。

（2）若某工位呼车（按本位的呼车按钮）时，各位的指示灯均灭，表示此后再呼车无效。

（3）停车位呼车则小车不动。当呼车位号大于停车位号时，小车自动向高位行驶；当呼车位号小于停车位号时，小车自动向低位行驶。当小车到达呼车位时自动停车。

（4）小车到达呼车位时应停留 30s，供该工位使用，不应立即被其他工位呼走。

（5）临时停电后再复电，小车不会自动启动。

2．I/O 配置

PLC 的 I/O 配置见表 6-23。

表 6-23　PLC 的 I/O 配置

类型	设备名称	信号地址	设备名称	信号地址
输入	系统启动按钮	X20	系统停止按钮	X21
	呼车按钮（呼车号）SB1	X0	限位开关（停车号）SQ1	X10
	呼车按钮（呼车号）SB2	X1	限位开关（停车号）SQ2	X11
	呼车按钮（呼车号）SB3	X2	限位开关（停车号）SQ3	X12
	呼车按钮（呼车号）SB4	X3	限位开关（停车号）SQ4	X13
	呼车按钮（呼车号）SB5	X4	限位开关（停车号）SQ5	X14
	呼车按钮（呼车号）SB6	X5	限位开关（停车号）SQ6	X15
	呼车按钮（呼车号）SB7	X6	限位开关（停车号）SQ7	X16
	呼车按钮（呼车号）SB8	X7	限位开关（停车号）SQ8	X17
输出	电动机正转接触器 KM2	Y0	制动接触器 KM3	Y2
	电动机反转接触器 KM1	Y1	可呼车指示灯 HL	Y3

　　为了区别，工位依 1～8 编号，并各设一个限位开关；为了呼车，每个工位设一呼车按钮，系统设启动及停车按钮各一个；小车要用一台电动机拖动，电动机反转小车驶向高位，电动机正转小车驶向低位，电动机正转和反转各需要一个接触器；每工位设呼车指示灯各一个，且并联接在某一输出口上。

3. 顺序流程图

　　根据控制要求绘制 PLC 的顺序流程图，如图 6-24 所示。

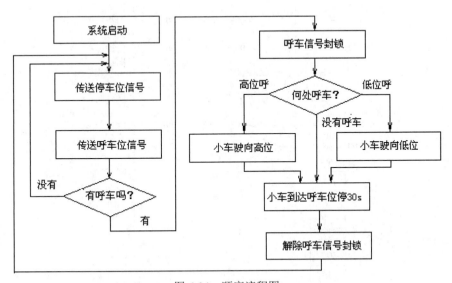

图 6-24　顺序流程图

4. 梯形图设计

　　根据控制要求，采用传送指令和比较指令编制程序。其基本原理为，分别传送停车工位号及呼车工位号并进行比较后决定小车的运动方向。用功能指令编程的台车呼车 PLC 控制系统的梯形图如图 6-25 所示。

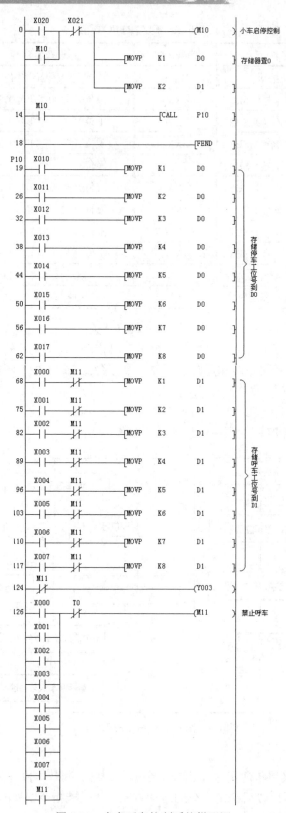

图 6-25　台车呼车控制系统梯形图

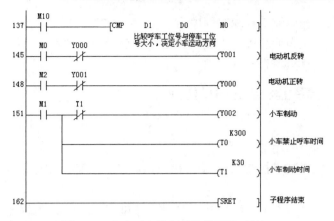

图 6-25　台车呼车控制系统梯形图（续）

6.4　技能实训

6.4.1　物料混合控制设计与调试

1. 实训目的

（1）掌握功能指令的用法。

（2）掌握物料混合控制程序的设计。

2. 实训器材

计算机一台、PLC 实训箱一个、物料混合控制模块一个、编程电缆一根、导线若干。

3. 实训内容及步骤

（1）设计要求。设计一个物料混合控制系统，模块示意图如图 6-26 所示。要求先启动进料泵 1，进料完毕后，关闭进料泵 1，再启动进料泵 2，进料完毕后，关闭进料泵 2，搅拌机开始工作。搅拌机先正转 5min，再反转 5min，然后停止工作，打开出料阀出料。待料出完后，重复上述过程。当按下停止按钮后，如果正在一个循环中，那么等待当前循环结束，即出料完毕后，程序停止运行。

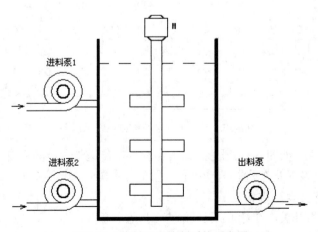

图 6-26　物料混合控制系统示意图

（2）确定输入、输出端口并编写程序。

（3）编译程序，无误后将程序下载至 PLC 主机的存储器中并运行程序。

（4）调试程序，直至符合设计要求。

6.4.2 自动配料装车控制系统设计与调试

1. 实训目的

（1）掌握功能指令的用法。

（2）掌握自动配料装车控制系统的程序设计、接线、调试、操作。

2. 实训器材

计算机一台、PLC 实训箱一个、自动配料装车控制模块一个、编程电缆一根、导线若干。

3. 实训内容及步骤

（1）设计要求。设计一个自动配料装车控制系统，模块示意图如图 6-27 所示。

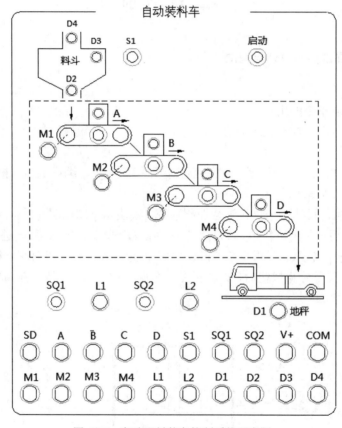

图 6-27 自动配料装车控制系统示意图

1）总体控制要求。如图 6-27 所示，系统由料斗、传送带、检测系统组成。配料装置能自动识别货车到位情况及对货车进行自动配料。当车装满料时，配料系统自动停止配料。料斗内物料不足时停止配料并自动进料。

2）打开"启动"开关，红灯 L2 灭，绿灯 L1 亮，表明允许汽车开进装料。若料斗出料口 D2 关闭，物料检测传感器 S1 置为 OFF（料斗中的物料不满），则进料阀开启进料（D4 亮）。

若 S1 置为 ON（料斗中的物料已满），则停止进料（D4 灭），电动机 M1、M2、M3 和 M4 均为 OFF。

3）当汽车开进装车位置时，限位开关 SQ1 置为 ON，红灯信号灯 L2 亮，绿灯 L1 灭，同时启动电机 M4；经过 1s 后，启动 M3；经过 2s 后启动 M2；经过 1s 后启动 M1；再经过 1s 后才打开出料阀（D2 亮），物料经料斗出料。

4）当车装满时，限位开关 SQ2 为 ON，料斗关闭，1s 后 M1 停止；M2 在 M1 停止 1s 后停止；M3 在 M2 停止 1s 后停止；M4 在 M3 停止 1s 后最后停止，同时红灯 L2 灭，绿灯 L1 亮，表明汽车可以开走。

5）关闭"启动"开关，自动配料装车的整个系统停止运行。

（2）确定输入、输出端口并编写程序。

（3）编译程序，无误后将程序下载至 PLC 主机的存储器中并运行程序。

（4）调试程序，直至符合设计要求。

思考与练习

1. 用传送指令控制输出的变化，要求控制 Y0～Y7 对应的 8 个指示灯，在 X0 接通时，使输出隔位接通，在 X1 接通时，输出取反后隔位接通。上机调试程序，记录结果。如果改变传送的数值，观察输出的状态如何变化，从而学会设置输出的初始状态。

2. 编制检测上升沿变化的程序。每当 X0 接通一次，使存储单元 D0 的值加 1，如果计数达到 5，输出 Y0 接通显示，用 X1 使 Y0 复位。

3. 设计故障信息显示电路。若故障信号 X0 为 1，则 Y0 控制的指示灯以 1Hz 的频率闪烁。操作人员按复位按钮 X1 后，如果故障已经消失，指示灯熄灭；如果故障没有消失，指示灯转为常亮，直至故障消失。

4. 用 PLC 构成四节传送带控制系统，如图 6-28 所示。控制要求如下：启动后，先启动最末的皮带机，1s 后再依次启动其他的皮带机；停止时，先停止最初的皮带机，1s 后再依次停止其他的皮带机；当某条皮带机发生故障时，该皮带机及其前面的应立即停止，之后的皮带机每隔 1s 顺序停止；当某条皮带机有重物时，该皮带机前面的应立即停止，该皮带机运行 1s 后停止，再 1s 后接下去的一台皮带机停止，依此类推。要求列出 I/O 分配表，编写四节传送带故障设置控制梯形图程序和载重设置控制梯形图程序并上机调试程序。

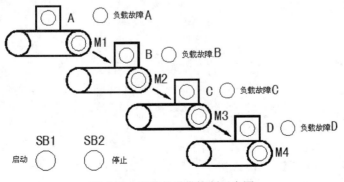

图 6-28　四节传送带控制示意图

5. 设计图 6-29 所示的顺序功能图的梯形图程序。

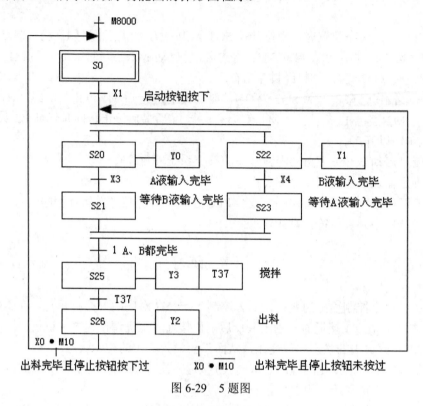

图 6-29　5 题图

项目七 步进电动机的 PLC 控制

【知识目标】

1. 高速处理指令。
2. 方便指令。
3. 步进电动机控制。
4. 光电编码器、高速计数器。

【技能目标】

1. 熟悉高速处理指令、方便指令的格式及应用。
2. 熟悉外围设备 I/O 指令的格式及应用。
3. 熟悉光电编码器、高速计数器的应用。
4. 掌握步进电动机工作原理及 PLC 控制设计、安装与调试方法。

【其他目标】

1. 培养学生谦虚、好学的能力；培养学生良好的职业道德。
2. 培养学生分析问题、解决问题的能力；培养学生勇于创新、敬业乐业的工作作风；培养学生的质量意识和安全意识；培养学生的团结协作能力，使其能根据工作任务进行合理的分工，并可互相帮助、协作完成工作任务。
3. 教师应遵守工作时间，在教学活动中渗透企业的 6S 制度。
4. 培养学生填写、整理、积累技术资料的能力；在进行电路装接、故障排除之后能对所进行的工作任务进行资料收集、整理、存档。
5. 培养学生语言表达能力，使其能正确描述工作任务和工作要求，任务完成之后能进行工作总结并进行总结发言。

7.1 相关知识

7.1.1 FX 系列 PLC 功能指令（九）——高速处理指令

1. 输入/输出刷新指令（REF）

输入/输出刷新指令 REF 是连续执行型指令，其目标操作数[D]用来指定输入或输出端子（只能是最低位为 0 的 X 或 Y 元件），刷新点数应为 8 的倍数。

FX 系列 PLC 采用批处理的刷新方式，即输入信号在程序处理之前成批写入到输入映像寄存器中，在执行 END 指令之后，可输出数据由输出映像寄存器通过输出锁存器送到输出端子。REF 指令用于某段程序处理时写入最新信息，或者将操作结果立即输出，输出刷新中的接点将在输出继电器应答时间后动作。

在多个输入中，只刷新 X010～X017 的 8 个点。如果在该指令执行前（约 10ms）置 X010～X017 的状态为 ON，执行该指令时输入映像寄存器的 X010～X017 的状态为 ON。

在多个输出中，Y000～Y007、Y010～Y017、Y020～Y027 的 24 个点被刷新。Y020～Y027 中的任何一点状态为 ON 时执行该指令，输出锁存寄存器的该输出状态也为 ON。

输入/输出刷新指令的应用举例见表 7-1。

表 7-1 输入/输出刷新指令的应用举例

梯形图	语句表
X000 ├─┤├──[REF X010 K8 X001 ├─┤├──[REF Y000 K24	LD X000 REF X010 K8 LD X001 REF Y000 K24

案例分析：

- 输入刷新。当 X000 接通时，X010 的输入信号按照立刻输入的办法进行处理，在执行输入信号指令前约 10ms（输入滤波器响应滞后时间），自动把 X010 的输入信号输入到输入映像区，然后再执行相关的指令运算。

- 输出刷新。当 X001 接通时，Y000 的输出信号按照立刻输出的办法进行处理，把输出信号状态直接输送到输出锁存器，输出接点将在输出继电器响应滞后时间（约 10ms）后接通。如果是晶体管输出型，输出接点将滞后约 0.2ms 接通。

2. 刷新和调整滤波器时间常数调整指令（REFF）

刷新和调整滤波器时间常数调整指令 REFF 用于 FX 系列 PLC 中 X000～X017 输入口的输入滤波器 D8020 的滤波时间调整。REFF 指令可调节滤波器时间的范围为 0～60ms（实际上由于输入端 RL 滤波，最小滤波时间为 50μs）。使用 REFF 指令时应注意：

（1）REFF 为 16 位运算指令。

（2）X000～X017 的输入滤波器的时间常数的初始值设定为 10ms，可用 REFF 指令改变滤波器时间常数的初始值的设定，也可以通过 MOV 指令改写滤波器 D8020 的滤波时间。

（3）当 X000～X017 用于高速计数输入、速度检测信号及中断输入时，输入滤波器的时间常数自动设置为 50ms。

刷新和调整滤波器时间常数调整指令的应用举例见表 7-2。

表 7-2　刷新和调整滤波器时间常数调整指令的应用举例

梯形图	语句表
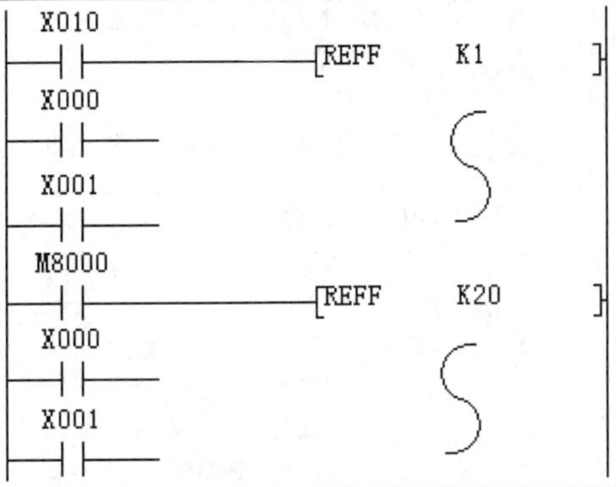 X010—[REFF K1]　X000　X001　M8000—[REFF K20]　X000　X001	LD　　X010 REFF　　K1 … LD　　M8000 REFF　　K20 …

案例分析：当 X010 的状态为 ON 时，输入滤波器的滤波时间为 1ms，刷新输入 X000～X017 的映像寄存器；M8000 之后到 END 或 FEND，指令滤波器时间为 20ms。

3. 高速计数器指令

高速计数器（C235～C255）以中断方式对外部输入的高速脉冲进行计数。FX 系列 PLC 高速计数器共有三条专用指令：高速计数器置位指令（HSCS）、高速计数器复位指令（HSCR）和高速计数器区间比较指令（HSZ），此三条指令均为 32 位指令。

（1）高速计数器置位指令 HSCS 的编号为 FNC53。它应用于高速计数器的置位，当计数器的当前值达到预置值时，计数器的输出触点立即动作。它采用了中断方式使置位和输出立即执行，与扫描周期无关。

（2）高速计数器复位指令 HSCR 的编号为 FNC54。见表 7-3，当 C254 的当前值由 199 变为 200 或由 201 变为 200 时，用中断的方式使 Y020 立即复位；如果当前值被强制为 200，则 Y020 的状态不会为 OFF。

使用 HSCS 或 HSCR 时应注意：

1）源操作数[S1]可为所有数据类型，[S2]为 C235～C255，目标操作数[D]可取 Y、M 和 S。

2）HSCS 和 HSCR32 均为位运算指令。

（3）高速计数器区间比较指令 HSZ 的编号为 FNC55，它为 32 位运算指令，有 3 种工作模式：标准模式、多段比较模式和频率控制模式。

使用高速计数器区间比较指令 HSZ 时应注意：

1）源操作数[S1]、[S2]可为所有数据类型，[S]为 C235～C255，目标操作数[D]可取 Y、M、S（Y、M、S 为三个连续的元件）。

2）HSZ 为 32 位运算指令。

高速计数器置位、复位和区间比较指令的应用举例见表 7-3。

表 7-3　高速计数器置位、复位和区间比较指令的应用举例

序号	梯形图	语句表
（1）	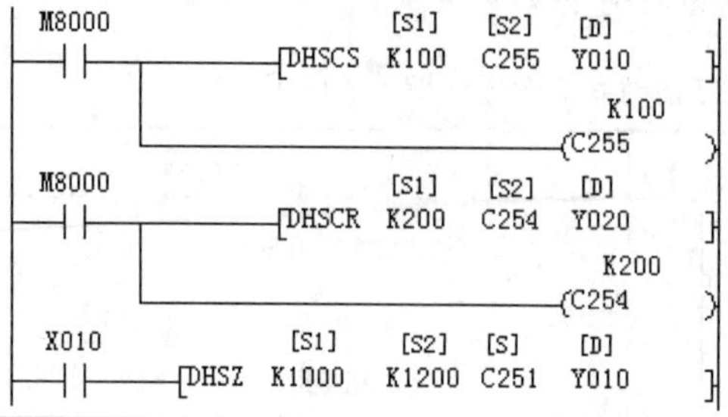 M8000　[S1] [S2] [D] ├┤├─[DHSCS K100 C255 Y010] 　　　　　　　K100 　　　　　　(C255) M8000　[S1] [S2] [D] ├┤├─[DHSCR K200 C254 Y020] 　　　　　　　K200 　　　　　　(C254) X010　[S1] [S2] [S] [D] ├┤├─[DHSZ K1000 K1200 C251 Y010]	LD　　M8000 DHSCS　K100　C255　Y010 OUT　　C255　K100 LD　　M8000 DHSCR　K200　C254　Y020 OUT　　C254　K200 LD　　X010 DHSZ　K1000　K1200　C251 Y010
（2）	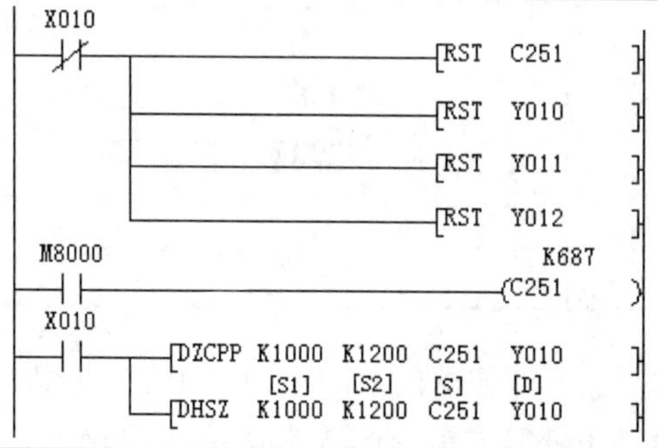 X010 ├┤/├─[RST C251] 　　　　[RST Y010] 　　　　[RST Y011] 　　　　[RST Y012] M8000　　K687 ├┤├─(C251) X010 ├┤├─[DZCPP K1000 K1200 C251 Y010] 　　[S1] [S2] [S] [D] ├─[DHSZ K1000 K1200 C251 Y010]	LDI　　X010 RST　　C251 RST　　Y010 RST　　Y011 RST　　Y012 LD　　M8000 OUT　　C251　K687 LD　　X010 DZCPP　K1000　K1200　C251 Y010 DHSZ　K1000　K1200　C251 Y010

案例分析：

- 见表 7-3 序号（1），[S1]为设定值（100），当高速计数器 C255 的当前值（由计数器脉冲输入）等于设定值（100）时，Y010 将立即置 1。如果当前值由 MOV 指令强制改变为 100，则 Y010 的状态不会为 ON。DHSCS 指令的目标操作数[D]可以指定为 I0$0（$=1～6）。在[S2]指定的高速计数器的当前值等于[S1]指定的设定值时，执行[D]指定的标号为 I0$0 的中断程序。

- 见表 7-3 序号（2），目标操作数为 Y010、Y011 和 Y012。图中，X010 的状态为 OFF 时，C251 和 Y010～Y012 被复位。当 X010 的状态为 ON 且 C251 的当前值<K1000 时，Y010 的状态为 ON；当 K1000≤C251 的当前值≤K1200 时，Y011 的状态为 ON；当 C251 的当前值>K1200 时，Y012 的状态为 ON。计数、比较和外部输出均以中断方式进行，HSZ 指令仅在脉冲输入时才能执行。所以，其最初的驱动可以用区间比较指令 ZCP 来控制。Y010、Y011 和 Y012 可以用来控制高速、低速和制动动作。

4. 高速检测指令（SPD）

高速检测指令 SPD 的编号为 FNC56。它的功能是检测给定时间内从编码器输入的脉冲个数并计算出速度。SPD 的源操作数[S1]为 X000～X005；[S2]用来指定计数时间（以 ms 为单位）；[D]用来指定计数结果的存放处，占用 3 个元件，可以取 T、C、D、V 和 Z。

速度检测指令的应用举例见表 7-4。在表 7-4 中，用 D1 对 X000 输入的脉冲上升沿计数，100ms 后将计数结果送到 D0，D1 中的当前值复位，重新开始脉冲计数。计数结束后，D2 用来测量剩余时间。转速 n 可用下式计算：

$$n=60(D0)\times10^3/Nt(r/min)$$

式中，n 为转速；$D0$ 为 D0 中的数；N 为每转的脉冲数；t 为[S2]指定的计数时间（ms）。

使用速度检测指令时应注意：

（1）[S1]、[S2]可为所有数据类型。

（2）该指令可进行 16 位或 32 位操作。

（3）本指令在程序中只能使用一次。

（4）SPD 指令中用到的输入不能用于其他高速处理操作。

表 7-4　速度检测指令的应用举例

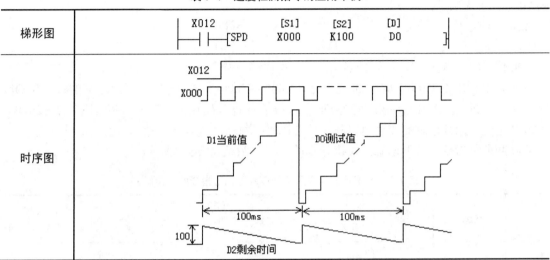

对表 7-4 所列的案例分析如下：X012 接通，[S2]的时间数值被传送给倒计时器 D2，计数器 D1 计数 X000 的输出脉冲，直到 D2 的数值为 0，D1 的数值传送到 D0 中，同时 D1 自动复位；如果 X012 保持接通，[S2]的时间数值被传送到倒计时器 D2 中，计数器 D1 又开始计数 X000 的输出脉冲，一直到 D2 的数值为 0，D1 的数值传送到 D0 中，同时 D1 自动复位……这样周而复始地动作，直到 X012 断开。

5. 脉宽调制指令（PWM）

脉宽调制指令 PWM 的编号为 FNC58。它的功能是产生指定脉冲宽度和周期的脉冲串。其源操作数和目标操作数的类型与 PLSY 指令相同，只能用于晶体管输出型 PLC 的 Y000 和 Y001，该指令在程序中只能使用一次，其应用举例见表 7-5。

在 PWM 指令中，[S1]用来指定脉冲的宽度（t=1～32767ms）；[S2]用来指定脉冲的周期（T=1～32767ms）；[D]用来指定输出脉冲的元件号（Y000 或 Y001），输出的 ON/OFF 状态由中断方式控制，见表 7-5（a）。D10 的值的变化范围为 0～50；Y001 输出的脉冲占空的变化范围为 0～1；X011 变为 OFF 时，Y001 也为 OFF。

使用脉宽调制指令时应注意：

（1）操作数的类型与 PLSY 相同，该指令只有 16 位操作。

（2）[S1]应小于[S2]。

6. 可调速脉冲输出指令（PLSR）

可调速脉冲输出指令 PLSR 的编号为 FNC59。该指令可以对输出脉冲进行加速调整，也可以进行减速调整。其源操作数和目标操作数的类型为 K、H、KnX、KnY、KnM、KnS、T、

C、D、V、Z 和 Y000、Y001，可进行 16 位操作，也可进行 32 位操作。该指令在程序中只能使用一次，其应用举例见表 7-5，在 PLSR 指令中：

（1）[S1]用来指定最高频率（10～20kHz），为 10 的整数倍。

（2）[S2]用来指定总的输出脉冲数，16 位指令的脉冲数范围为 110～32767，32 位指令的脉冲数范围为 110～2147483647，设定值不到 110 时，脉冲不能正常输出。

（3）[S3]用来设定加减速时间（0～5000ms），该值应大于 PLC 扫描周期最大值（D8012）的 10 倍，且应满足：

$$\frac{9000 \times 5}{[S1]} \leqslant [S3] \leqslant \frac{[S2] \times 88}{[S1]}$$

加减速的变速次数固定为 10 次。

（4）[D]用来指定脉冲输出的元件号（Y000 或 Y001），见表 7-5。当 X012 的状态为 OFF 时，输出中断；当 X012 的状态变为 ON 时，从初始值开始输出。输出频率范围为 2～20kHz，当最高速度、加减速时的变速速度超过此范围时，将自动调到允许值内。

脉冲调制指令和可调速脉冲输出指令的应用举例见表 7-5。

表 7-5 脉宽调制指令和可调速脉冲输出指令的应用举例

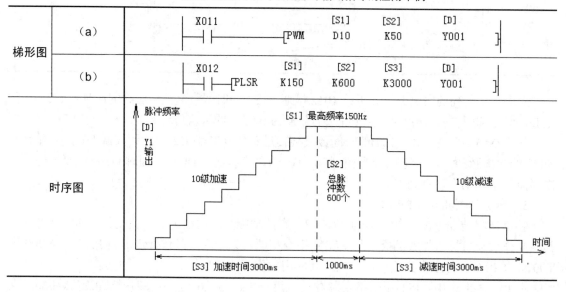

案例分析：

- 脉宽调制指令的使用见表 7-5 的梯形图（a）。当 X011 接通时，Y001 输出 D10 指定的脉冲宽度、K50 指定的脉冲周期的脉冲。在指令执行中，允许改变 D10、K50 的值，而且指令立刻会采取新的参数输出脉冲。

注意：PWM 指令在程序中只能使用一次。当出现[S1]＞[S2]时，就会出现错误。

- 可调速脉冲输出指令的使用见表 7-5 的梯形图（b）。当 X012 接通时，Y001 输出 15Hz 的脉冲，在加速的 3s 时间里，Y001 输出的脉冲频率分 10 级增加；加速到 150Hz 时，加速过程需要 225 个脉冲；加速到 150Hz 时，以 150Hz 恒定频率输出 150 个脉冲后，开始减速，减速也是分 10 级减少；当速度减到零时，也刚好输出 600 个脉冲。

7. 脉冲输出指令（PLSY）

PLSY 为 16 位连续执行型脉冲输出指令，DPLSY 为 32 位连续执行型脉冲输出指令。FX 系列 PLC 脉冲输出指令的编程格式：

PLSY　K1000　D0　Y0。

其中，K1000 指定输出脉冲频率为 1000Hz，可以是 T、C、D 数值或是位元件组合，如 K4X0；D0 指定输出脉冲数；Y0 指定脉冲输出端子，只能是 Y0 或 Y1。

8. 可变频率的脉冲指令（PLSV）

即使在脉冲输出状态中，可变频率的脉冲指令 PLSV 仍能够改变频率。FX 系列 PLC 脉冲输出指令的编程格式：

PLSV　K1000　D0　Y0。

其中，K1000 指定输出脉冲频率为 1000Hz，通过+（正）、-（负）号控制旋转方向；D0 指定输出脉冲数；Y0 指定脉冲输出端子。

9. 绝对定位指令（DRVA）

绝对定位指令 DRVA 是以绝对驱动方式执行单速定位的指令，用来指定从原点（零点）开始的移动距离的方式，也称为绝对驱动方式。指令格式：

DRVA　D0　D2　Y0　Y2。

其中，D0 为输出的脉冲数；D2 为输出脉冲频率；Y0 为脉冲输出地址；Y2 为方向控制输出（正向显示为 ON，反向显示为 OFF）。

10. 相对定位指令（DRVI）

相对定位指令 DRVI 是以相对驱动方式执行单速定位的指令，是用带正/负的符号指定从当前位置开始的移动距离的方式，也称为增量（相对）驱动方式。指令格式：

DRVI　D0　D2　Y0　Y2。

其中，D0 为输出的脉冲数；D2 为输出脉冲频率；Y0 为脉冲输出地址；Y2 为方向控制输出（正向显示为 ON，反向显示为 OFF）。

该指令只要条件满足就输出 D0 个脉冲，而绝对定位指令 DRVA 输出 D0 个脉冲后就不再输出。

11. 原点回归指令（ZRN）

原点回归指令 ZRN 是执行原点回归，使机械位置与可编程控制器内的当前值寄存器一致的指令。指令格式：

ZRN　K1000　K200　X10　Y0。

其中，K1000 为开始原点回归的速度；K200 为爬行速度；X10 为原点；Y0 为输出端子。

7.1.2　FX 系列 PLC 功能指令（十）——方便指令

FX 系列共有 10 条方便指令：初始化状态指令 IST（FNC60）、数据搜索指令 SER（FNC61）、绝对值式凸轮顺序控制指令 ABSD（FNC62）、增量式凸轮顺序控制指令 INCD（FNC63）、示教定时器指令 TTMR（FNC64）、特殊定时器指令 STMR（FNC65）、交替输出指令 ALT（FNC66）、斜坡信号指令 RAMP（FNC67）、旋转工作台控制指令 ROTC（FNC68）和数据排序指令 SORT（FNC69）。以下仅对其中部分指令加以介绍。

1. 初始化状态指令（IST）与数据搜索指令（SER）

初始化状态指令（IST）与步进梯形指令（STL）一起使用，用于自动设置多种工作方式的系统的顺序控制编程。

数据搜索指令（SER）用于在数据表中查找指定数据，源操作数[S1]可以取 KnX、KnY、KnM、KnS、T、C 和 D，[S2]可以选所有数据格式；目标操作数可以取 KnY、KnM、KnS、T、C 和 D；[n]用来指定表的长度，即搜索的项目数，16 位指令中[n]取 256，32 位指令中[n]取 128。

初始化状态指令与数据搜索指令的应用举例见表 7-6。

表 7-6　初始化状态指令与数据搜索指令的应用举例

梯形图	语句表
M8000 　┤├─────[IST　X020　S20　S40　] X001 　┤├─────[SER　D130　D24　D35　K9　]	LD　　M8000 IST　　X020　S20　S40 LD　　X001 SER　　D130　D24　D35　K9

案例分析：

● 当 M8000 接通时，系统自动分配一个操作控制面板和一系列特殊中间继电器作为状态转移和监控用途。

● 当 X001 的状态为 ON 时，将 D130～D138 中的每一个值与 D24 的内容比较，结果存放在 D35～D39 数据寄存器中。

● 对 D24 的值为 100 的情况，表 7-7 与表 7-8 给出了一个搜索实例。

表 7-7　被搜索数据

序号	0	1	2	3	4	5	6	7	8
元件号	D130	D131	D132	D133	D134	D135	D136	D137	D138
数据	100	111	100	98	123	66	100	95	210
搜索结果	符合		符合			最小	符合		最大

表 7-8　搜索结果

元件号	搜索内容	序号
D35	符合数字个数	3
D36	第一个符合值在表中的序号	0
D37	最后一个符合值在表中的序号	6
D38	表中最小的数的序号	5
D39	表中最大的数的序号	8

注意：IST 指令在编程时只能使用一次。

2. 凸轮顺序控制指令

凸轮顺序控制指令源操作数[S1]可以取 KnX、KnY、KnM、KnS、T、C 和 D，[S2]为 C，目标操作数[D]可以取 Y、M 和 S，它是 16 位操作指令。

凸轮顺序控制指令有绝对值式顺序控制指令 ABSD 和增量式顺序控制指令 INCD 两条。

（1）绝对值式顺序控制指令用于产生一组对应于计数值在 0～3600 范围内变化的输出波形，最多可控制 64 个输出变量（Y、M 和 S）的状态（ON/OFF），输出点的个数由[n]决定，$1 \leq [n] \leq 64$。

绝对值式顺序控制指令的应用举例见表 7-9。

表 7-9　绝对值式顺序控制指令的应用举例

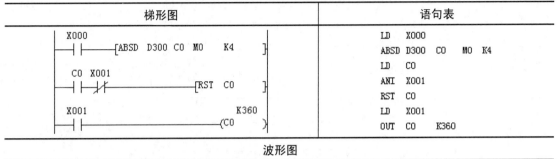

梯形图	语句表
X000 ——[ABSD D300 C0 M0 K4]　C0 X001 ——[RST C0]　X001 K360 ——(C0	LD　X000 ABSD D300 C0　M0 K4 LD　C0 ANI　X001 RST　C0 LD　X001 OUT　C0　K360

波形图

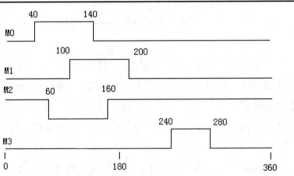

案例分析：

- 当 X000 接通时，M0～M3 将得到表 7-9 所示的波形，通过改变 D300～D307 的数据可改变波形；若 X000 断开，则各输出点状态不变。
- 梯形图中的[n]为 4，表明[D]由 M0～M3 共四个点输出。
- 预先通过 MOV 指令将对应的数据写入 D300～D307 中，开通点数据写入偶数元件，关断点数据写入奇数元件，见表 7-9，这一指令在程序中只能使用一次。

（2）增量式顺序控制指令根据计数器对位置脉冲的计数值，产生一组对应于计数值变化的输出波形，该指令在程序中只能使用一次。

增量式顺序控制指令的应用举例见表 7-10。

表 7-10　增量式顺序控制指令的应用举例

梯形图	语句表
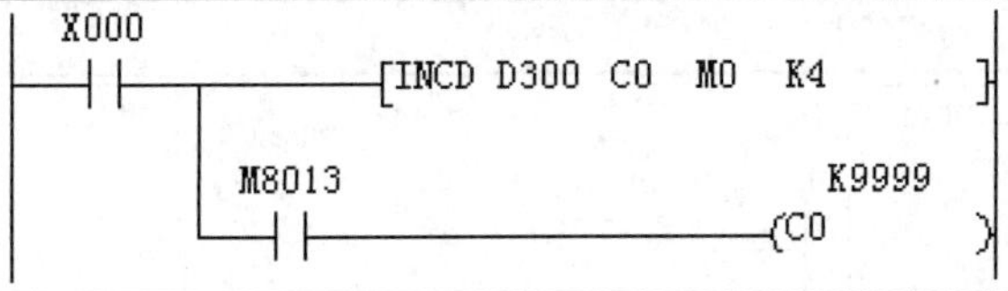 X000 ——[INCD D300 C0 M0 K4]　M8013 K9999 ——(C0	LD　X000 INCD　D300　C0 M0 K4 AND　M8013 OUT　C0　K9999

波形图

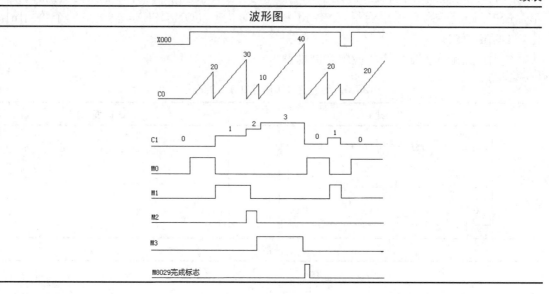

案例分析：

- X000 接通后，当计数器 C0 的当前值依次达到 D300～D303 的设定值时将自动复位（图中波形是 D300～D303 分别为 20、30、10 和 40 时的输出）。C1 用来计复位的次数，M0～M3 根据 C1 的值依次动作。由[n]指定的最后一段完成后，标志 M8029 置 1，以后周期性重复。若 X000 断开，则 C0、C1 均复位，同时 M0～M3 的状态变为 OFF。当 X000 再接通后重新开始工作。

- [n]=4 说明有 4 个输出，分为 M0～M3，它们的 ON/OFF 状态受凸轮提供的脉冲个数控制。使 M0～M3 为 ON 状态的脉冲个数分别存放在 D300～D303 的 4 个数据寄存器中（用 MOV 指令写入）。

3. 定时器指令

定时器指令有示教定时器指令 TTMR 和特殊定时器指令 STMR 两条。

（1）示教定时器指令 TTMR。通过示教定时器指令 TTMR 可用一个按钮来调整定时器的设定时间。示教定时器指令的目标操作数为[D]，[n]=0～2。

示教定时器指令的应用举例见表 7-11。

表 7-11　示教定时器指令的应用举例

梯形图	语句表
X010 ┤├─[TTMR D300 K0] X012 ┤├──────(T0) K32767	LD　　X010 TTMR　D300　　K0 LD　　X012 OUT　　T0　　　K32767

波形图

X010

D301

D300

t

案例分析：当 X010 接通时，执行 TTMR 指令；X010 按下的时间由 D301 记录，该时间乘以 10n 后存入 D300；X010 断开时，D301 复位，D300 保持不变；TTMR 为 16 位指令。

（2）特殊定时器指令 STMR 用于产生延时断开定时器、单脉冲定时器和闪动定时器。其源操作数[S]为 T0～T199（100ms 定时器），目标操作数[D]可取 Y、M、S，[m]=1～32767（用来指定定时器的设定值）。它是 16 位运算指令。

特殊定时器指令的应用举例见表 7-12。

表 7-12　特殊定时器指令的应用举例

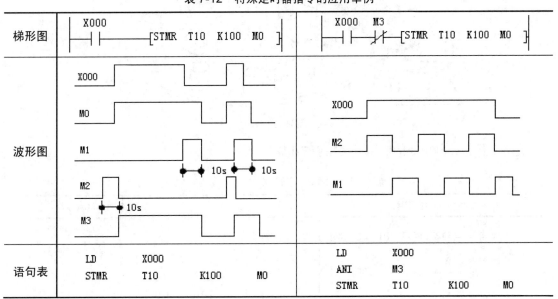

案例分析：

● 定时器 T10 按照 K100 指定的设定值（100ms×100=10s）进行定时，控制目标指定的开始地址连续的四个输出；M0 是延时断开定时器，M1 为 X0 的状态由 ON→OFF 的单脉冲定时器，M2、M3 为闪动而设。

● M3 的常闭触点连接到 STMR 指令的输入电路中，使 M1、M2 产生闪动输出。

4. 交替输出指令（ALTP）

交替输出指令 ALTP 用于实现由一个按钮控制负载的启动和停止。交替输出指令的应用举例见表 7-13。

表 7-13　交替输出指令的应用举例

梯形图	语句表
X000 ─┤├─[ALTP　Y000]	LD　　X000 ALTP　Y000
时序图	
X000 Y000	

案例分析：当 X000 接通时，Y000 的状态将改变一次；若用连续的 ALT 指令，则每个扫描周期 Y000 均改变一次状态；[D]可取 Y、M 和 S；ALT 为 16 位运算指令。

5. 旋转工作台控制指令（ROTC）

旋转工作台控制指令 ROTC 的源操作数[S]为 D，目标操作数[D]可取 Y、M 和 S。该指令只能进行 16 位运算。旋转工作台示意图如图 7-1 所示。

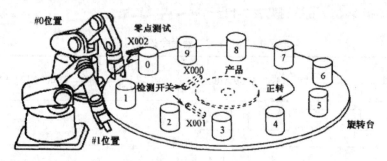

图 7-1　旋转工作台示意图

旋转工作台控制指令的应用举例见表 7-14。

表 7-14　旋转工作台控制指令的应用举例

梯形图	语句表
X010 ─┤├─[ROTC D200 K10 K2 M0] X000 ─┤├─（M0 X001 ─┤├─（M1 X002 ─┤├─（M2	LD　　X000 ROTC　D200　K10　K2　M0
时序图	
正转时上升沿计数信号	

案例分析：

（1）程序指定 D200 作为旋转工作台位置检测。[m1]=2～32767，用来指定旋转工作台划分的位置（本例为 10 个位置）；[m2]=0～32767，用来指定低速区间（本例为 2 个位置）。[m1]≥[m2]。

（2）[S]指定了 D200，就自动地将 D201 指定为取出窗口位置号的寄存器，要取出的工件位置号存放在 D202 中。

（3）目标操作数指定 M0～M2 和 M3～M7 分别用来存放输入信号和输出信号。梯形图中用一个两相开关 X000 和 X001 检测工作台的旋转方向，X002 是原点开关。当 0 号工件转到 0 号位置时，X002 接通。输入信号 X000～X002 驱动 M0～M2（可选任意的 X 和 M 作为首元件），M0～M2 分别为 A 相信号、B 相信号和原点检测信号。M3～M7 分别用来控制高速正转、低速正转、停止、低速反转和高速反转。上述设定完成后，当 X010 的状态变成 ON 时，则执行 ROTC 指令，自动控制 M3～M7，使工作台上被指定的工件以最短路径到达出口。当 X010 的状态为 OFF 时，M3～M7 均为 OFF。

（4）执行 ROTC 指令时，若原点检测信号 M2 为 ON，则计数寄存器 D200 清零，在开始运行之前应先执行清零操作。

（5）若一个工件区间旋转检测信号（M0、M1）为 10 脉冲/周，则分度数、呼唤位置和工件位置号都必须乘以 10。例如，旋转检测信号为 100 脉冲/周，工作台分成 10 个位置，则[m1]应为 100，工件输入/输出信号应为 0,10,20,…90。要使低速区为 1.5 个位置区间，则[m2]=15。

7.1.3　步进电动机控制

步进电动机（Stepmotor）又称脉冲电动机，其功能是把电脉冲信号转换成输出轴的转角或转速。

步进电动机按相数的不同可分为三相、四相、五相、六相等；按转子材料的不同，可分为磁阻式（反应式）和永磁式等。目前以磁阻式步进电动机应用最多。

1.　基本结构

图 7-2 是三相磁阻式步进电动机的结构原理图。定子和转子都用硅钢片叠成双凸极形式。定子上有六个极，其上装有绕组，相对两个极上的绕组串联起来，组成三个独立的绕组，称为三相绕组，独立绕组数称为步进电动机的相数。因此，四相步进电动机，定子上应有八个极，四个独立的绕组，五相、六相步进电动机以此类推。图 7-2 中转子有四个极或称四个齿，其上无绕组。图 7-3 是一种增加转子齿数的典型结构。为了不增加直径，还可以按相数 M 做成多段式。无论是哪一种结构形式，其工作原理都相同。

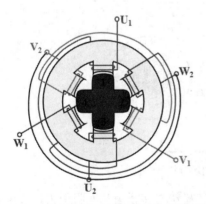
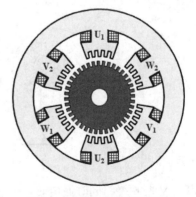

图 7-2　三相磁阻式步进电动机结构原理图　　　　图 7-3　步进电动机典型结构

2.　工作原理

步进电动机在工作时，需要用专用的驱动电源将脉冲信号电压按一定的顺序轮流加到定子的各相绕组上，驱动电源主要由脉冲分配器和脉冲放大器两部分组成。

步进电动机的定子绕组从一次通电到下一次通电称为一拍。每一拍转子转过的角度称为步距角。M 相步进电动机按通电方式的不同，有以下三种运动方式。

（1）m 相单 m 拍运行（三相单三拍运行）。"m 相"指 m 相电动机，"单"指每次只给一相绕组通电，"m 拍"指通电 m 次完成一个通电循环。以三相步进电动机为例，其运行方式即为三相单三拍运行。其通电顺序为 U 相→V 相→W 相→U 相或反之。

如图 7-4（a）所示，当 U 相绕组单独通电时，定子 U 相磁极产生磁场，靠近 U 相的转子齿 1 和 3 被吸引到与定子极 U1 和 U2 对齐的位置。

如图 7-4（b）所示，当 V 相绕组单独通电时，定子 V 相磁极产生磁场，靠近 V 相的转子齿 2 和 4 被吸引到与定子极 V1 和 V2 对齐的位置。

如图 7-4（c）所示，当 W 相绕组单独通电时，定子 W 相磁极产生磁场，靠近 W 相的转子齿 3 和 1 被吸引到与定子极 W1 和 W2 对齐的位置。

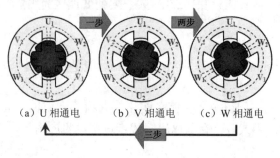

（a）U 相通电　　（b）V 相通电　　（c）W 相通电

图 7-4　三相单三拍运行

以后重复上述过程。可见，当三相绕组按 U 相→V 相→W 相→U 相的顺序通电时，转子将顺时针方向旋转。若改变三相绕组的通电顺序，即按 W 相→V 相→U 相→W 相的顺序通电时，转子就变成逆时针方向旋转。显然，该电动机在这种运行方式的步距角为 $\theta = 30°$

（2）m 相双 m 拍运行。"双"指每次同时给两相绕组通电。以三相步进电动机为例，如图 7-5 所示，当其通电顺序为 UV 相→VW 相→WU 相→UV 相或反之时，其运行方式即为三相双三拍运行。

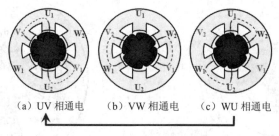

（a）UV 相通电　　（b）VW 相通电　　（c）WU 相通电

图 7-5　三相双三拍运行

当 U、V 两相绕组同时通电时，由于 U、V 两相的磁极对转子齿都有吸引力，故转子将转到如图 7-5（a）所示位置；当 V、W 两相绕组同时通电时，由于 V、W 两相的磁极对转子齿都有吸引力，故转子将转到如图 7-5（b）所示对应位置；当 W、U 两相绕组同时通电时，由于 W、U 两相的磁极对转子齿都有吸引力，故转子将转到如图 7-5（c）所示对应位置。以后重复上述过程。可见，当三相绕组按 UV 相→VW 相→WU 相→UV 相的顺序通电时，转子将顺时针方向旋转。若改变三相绕组的通电顺序，即按 WU 相→VW 相→UV 相→WU 相的顺序通电，转子就变成逆时针方向旋转。显然，该电动机在这种运行方式的步距角仍为 $\theta = 30°$

（3）m 相单、双 2m 拍运行。以三相步进电动机为例，如图 7-6 所示，当其通电顺序为 U 相→UV 相→V 相→VW 相→W 相→WU 相→U 相或反之时，其运行方式即为三相单、双六拍运行，简称三相六拍运行。

当 U 相绕组单独通电时，转子将转到如图 7-6 所示的（第一个圆处）对应位置。当 U、V 两相绕组同时通电时，转子将转到如图 7-6 所示的对应位置（第二个圆处），以后以此类推。所以采用这种运行方式，经过六拍才能完成一个通电循环，步距角为 $\theta = 15°$

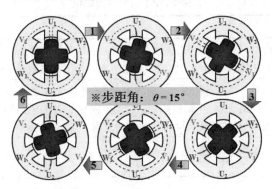

图 7-6　三相单、双六拍运行

由以上的讨论可知，无论采用何种运行方式，步距角 θ 与转子齿数和拍数之间都存在着如下的关系：

$$\theta = \frac{360°}{zN} \qquad \left(\begin{array}{l} z\text{：转子齿数} \\ N\text{：拍数} \end{array} \right)$$

由于转子每经过一个步距角相当于转了 $1/(zN)$ 圈，若脉冲频率为 f，则转子每秒钟就转了 f/(zN)圈，故转子每分钟的转速为

$$n = \frac{60f}{zN}$$

3. 步进驱动器

步进电动机的驱动器是将电脉冲转化为角位移的执行机构，当它接收到一个脉冲信号时，就驱动步进电动机按设定的方向转动一个固定的角度（步距角）。可以通过控制脉冲的个数来控制角位移量，进行准确定位；可以通过控制脉冲频率来控制电机转动的速度和加速度。

步进电动机的驱动器有三种驱动模式：整步、半步、细分。细分驱动模式具有低速振动极小和定位精度高两大优点。其基本原理是对电动机的两个线圈分别按正弦和余弦形的台阶进行精密电流控制，从而使得一个步距角的距离分成若干个细分步完成。例如，十六细分的驱动方式可使每圈 200 标准步进电动机达到每圈 200×16=3200 步的运行进度（即 0.1125°）。

下面以雷赛步进驱动器为例进行介绍。

雷赛两相步进电动机具有温升低、可靠性高的特点。由于其具有良好的内部阻尼特性，因而运行平稳，无明显震荡区。其高端三相步进电动机驱动系统具有交流伺服电机的某些运行特性，其运行效果可与进口产品相媲美。

M535 是细分型高性能步进驱动器，适合驱动中小型的任何 3.5A 以下的两相或四相混合式步进电动机。由于采用新型的双极性恒流斩波驱动技术，使用同样的电动机时，可以比其他驱动方式输出更大的速度和功率，其细分功能使步进电动机运转精度提高，振动减小，噪声降低。其实物如图 7-7 所示。

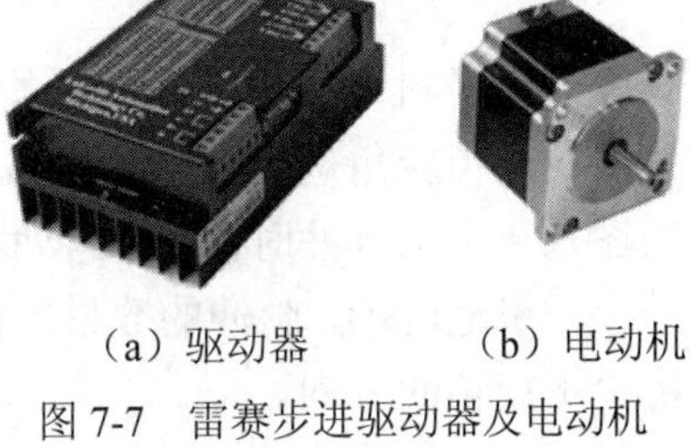

（a）驱动器　　（b）电动机

图 7-7　雷赛步进驱动器及电动机

（1）硬件配线。

1）P1 口弱电接线信号见表 7-15。

表 7-15　P1 口弱电接线信号

信号	功能
PUL+（+5V） PUL-（PUL）	脉冲信号：单脉冲控制方式时为脉冲控制信号，此时脉冲上升沿有效；双脉冲控制方式时为正转脉冲信号，脉冲上升沿有效。为了可靠响应，脉冲的电平时间应大于 3μs
DIR+（+5V） DIR -（DIR）	方向信号：单脉冲控制方式时为高低电平信号；双脉冲控制方式时为反转脉冲信号，脉冲上升沿有效。电动机的初始运动方向与电动机的接线有关，互换任一相绕组（A+、A-交换），可以改变电动机初始运动方向
ENA+（+5V） ENA -（ENA）	使能信号：此输入信号用于使能/禁止，高电平使能，低电平时驱动器不能工作

2）P2 口强电接线信号见表 7-16。

表 7-16　P2 口强电接线信号

信号	功能
GND	直流电源地
V+	直流电源正极，+24～+46V 之间任何值均可，但推荐理论值+40V 左右
A	电机 A 相，A+、A-互换，可更换一次电机运转方向
B	电机 B 相，B+、B-互换，可更换一次电机运转方向

（2）细分和电流设定。M535 驱动器采用八位拨码开关设定细分精度、动态电流和半流/全流，详见表 7-17。

表 7-17　M535 驱动器八位拨码开关细分设置表

动态电流			半流/全流	细分精度			
SW1	SW2	SW3	SW4	SW5	SW6	SW7	SW8

1～3 位拨码开关用于设定电动机运行时电流（动态电流）；而第 4 位拨码开关用于设定禁止时电流（半流/全流）；细分精度由 5～8 四位拨码开关设定。详见驱动器自身所印刷的表格。

7.2　项目实施

7.2.1　步进电动机的 PLC 控制设计

我们已经对步进电动机的结构及工作原理有所了解，知道了步进电动机是一种将电脉冲信号转换成相应角位移或直线位移的机电执行元件，且广泛应用于自动化控制领域，也知道了每当输入一个电脉冲时，步进电动机便转过一个固定的步距角，脉冲一个一个地输入，电动机便一步一步地转动，脉冲的数量决定了旋转的总角度，脉冲的频率决定了旋转的速度，方向信号决定了旋转的方向。

步进电动机能响应而不失步的最高步进频率称为启动频率。与此类似，停止频率指系统控制信号突然关断，步进电动机不冲过目标位置的最高步进频率。电动机的启动频率、停止频率和输出转矩都要和负载的转动惯量相适应。因此，在一个实际的控制系统中，要根据负载的情况来选择步进电动机。同时，考虑到系统响应的及时性、可靠性和使用寿命，PLC 大多选择晶体管输出型。

1．控制系统组成及元件选择

系统由三菱 FX 系列 PLC、电源模块、功放器与步进电动机组成。FX 系列 PLC 作为控制系统的核心，有 8 输入/输出，共 16 个数字量 I/O 端子，有较强的控制能力。

2．I/O 配置

PLC 主控单元由现场按钮输入信号及脉冲状态指示灯等输出信号组成。根据控制要求列出输入/输出信号，并标上代号。PLC 的 I/O 配置见表 7-18。

表 7-18　PLC 的 I/O 配置

序号	类型	设备名称	信号地址	编号
1	输入	正、反转开关	X0	SB0
2		启/停按钮	X1	SB1
3		减速按钮	X2	SB2
4		加速按钮	X3	SB3
5	输出	A 相功放电路	Y0	YV1
6		B 相功放电路	Y1	YV2
7		C 相功放电路	Y2	YV3
8		运行指示灯	Y4	YV4

3．输入/输出接线

PLC 的 I/O 接线图如图 7-8 所示。

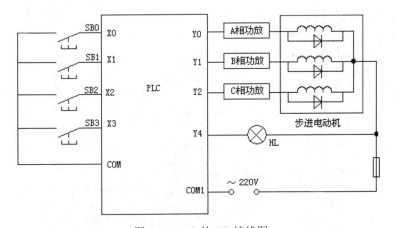

图 7-8　PLC 的 I/O 接线图

4．PLC 控制电路梯形图

三菱 FX 系列 PLC 直接经功放器驱动步进电动机的控制程序的梯形图如图 7-9 所示。

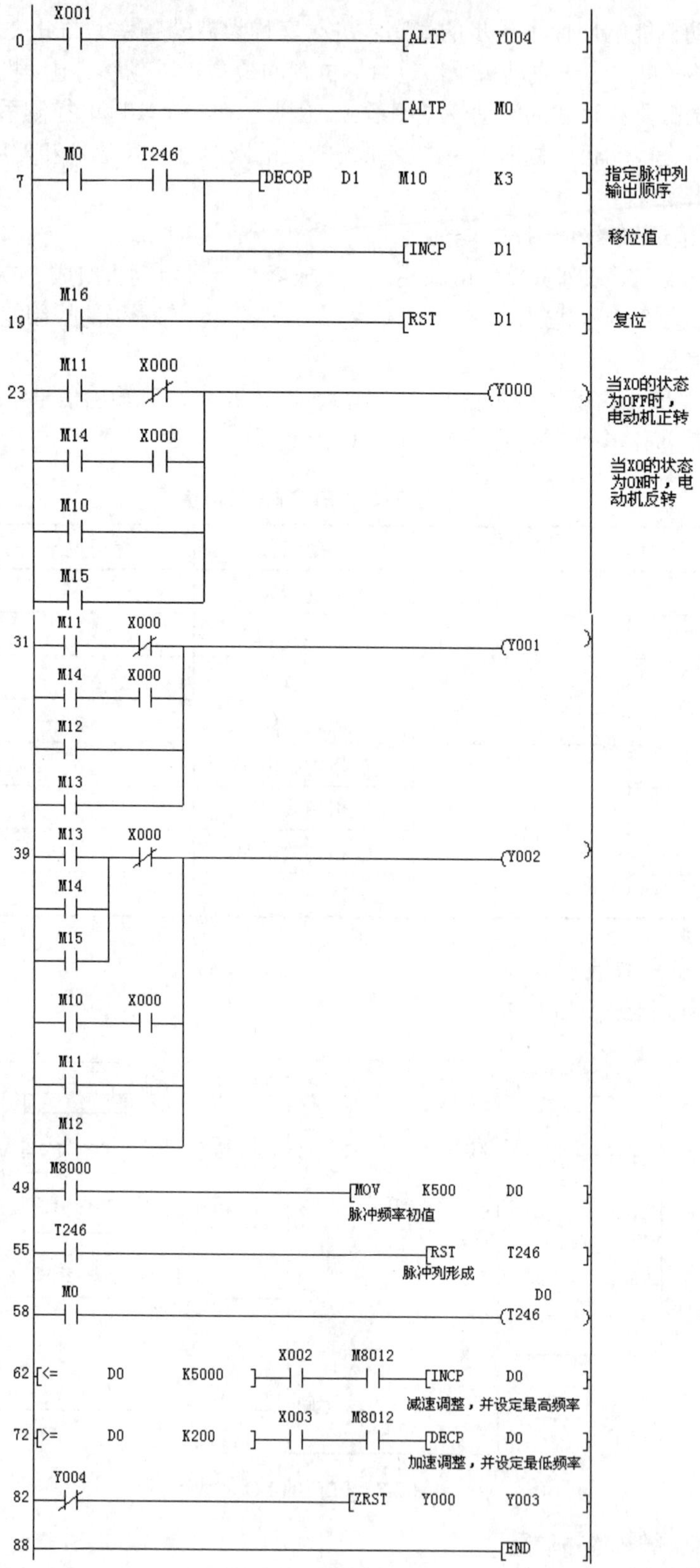

```
         X001
  0 ─────┤├──────────────────────────────[ALTP    Y004        ]

                       ┌──────────────────[ALTP    M0          ]

         M0     T246
  7 ─────┤├─────┤├──────┬───────[DECOP   D1     M10     K3   ]      指定脉冲列
                        │                                          输出顺序

                        └───────────────────[INCP    D1          ]    移位值

         M16
 19 ─────┤├─────────────────────────────────[RST     D1          ]    复位

         M11    X000
 23 ─────┤├─────┤╱├──┬────────────────────────────────────(Y000  )   当X0的状态
                     │                                              为OFF时，
         M14    X000 │                                              电动机正转
         ┤├─────┤├───┤
                     │                                              当X0的状态
         M10         │                                              为ON时，电
         ┤├──────────┤                                              动机反转
                     │
         M15         │
         ┤├──────────┘

         M11    X000
 31 ─────┤├─────┤╱├──┬────────────────────────────────────(Y001  )
                     │
         M14    X000 │
         ┤├─────┤├───┤
                     │
         M12         │
         ┤├──────────┤
                     │
         M13         │
         ┤├──────────┘

         M13    X000
 39 ─────┤├─────┤╱├──┬────────────────────────────────────(Y002  )
                     │
         M14         │
         ┤├──────────┤
                     │
         M15         │
         ┤├──────────┤
                     │
         M10    X000 │
         ┤├─────┤├───┤
                     │
         M11         │
         ┤├──────────┤
                     │
         M12         │
         ┤├──────────┘

         M8000
 49 ─────┤├─────────────────────────────[MOV     K500    D0  ]
                                          脉冲频率初值

         T246
 55 ─────┤├─────────────────────────────────[RST     T246        ]
                                              脉冲列形成

         M0
 58 ─────┤├─────────────────────────────────────────────────(T246  )
                                                              D0

 62 ──[<=    D0    K5000 ]──┤├─────┤├──────────────────[INCP    D0  ]
                           X002  M8012
                                              减速调整，并设定最高频率

 72 ──[>=    D0    K200  ]──┤├─────┤├──────────────────[DECP    D0  ]
                           X003  M8012
                                              加速调整，并设定最低频率

         Y004
 82 ─────┤╱├────────────────────────────[ZRST    Y000    Y003    ]

 88 ─────────────────────────────────────────────────────[END     ]
```

图 7-9 梯形图

5. 梯形图识读分析

电动机启动时，按下按钮 SB1，X001、Y004 和 M0 由 0 翻转为 1，运行指示灯 HL 亮，M0 常开触点闭合，接通 58 行定时器 T246，延时时间为 D0，D0 的初始值为 K500。此时，第 7 行的 DECOP 和 INCP 指令作用，指定输出继电器 Y0、Y1、Y2 脉冲列输出顺序，通过 23、31、39 行输出脉冲控制步进电动机正转（X000 默认为 OFF 状态，电动机正转）。若 SB0 合上，X000 的状态为 ON，电动机反转。按下按钮 SB2，62 行中 X002 闭合，D0 在 M8012 的 0.1s 脉冲下进行加 1 计数，即对步进电动机进行减速调整，并设定最高频率 K5000 时断开。同理，按下按钮 SB3，X003 闭合，对步进电动机进行加速调整，并设定最低频率为 K200 时断开。再按下按钮 SB1，X001、Y004 和 M0 由 1 翻转为 0，运行指示灯 HL 熄灭，Y004 常开触点断开、常闭触点闭合，将输出继电器 Y0~Y2 复位，电动机停止。

7.2.2　用模块化设计理念完成机械手的 PLC 控制设计

1. 控制电路要求

图 7-10 为传送工件的某机械手的工作示意图，其任务是将工件从 A 处搬运到 B 处。机械手的升降和左右移动分别用了双线圈的电磁阀，在某方向的驱动线圈失电时能保持在原位，必须驱动反方向的线圈才能反向运动。机械手的夹具使用单线圈的电磁阀 YV5，线圈得电时夹紧工件，线圈断电时松开工件。

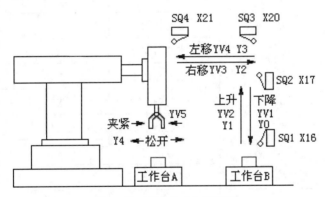

图 7-10　机械手工作示意图

（1）手动工作方式。利用按钮对机械手每一动作单独进行控制。例如，按"下降"按钮，机械手下降；按"上升"按钮，机械手上升。用手动操作可以使机械手置于原点（机械手在最左边和最上面，并且夹紧装置松开），还便于维修时机械手的调整。

（2）单步工作方式。从原点开始，按照自动工作循环的步序，每按一下启动按钮，机械手完成一步的动作后自动停止。

（3）单周期工作方式。按下启动按钮，从原点开始，机械手按工序完成一个周期的动作，返回原点后停止。

（4）连续工作方式。按下启动按钮，机械手从原点开始按工序自动反复连续循环工作，直到按下停止按钮，机械手自动停机。或者将工作方式选择开关转换到"单周期"工作方式，此时机械手在完成一个周期的工作后，返回原点自动停机。

2. I/O 配置

PLC 的 I/O 配置见表 7-19。

表 7-19　PLC 的 I/O 配置

序号	类型	设备名称	信号地址	编号
1	输入	手动挡	X0	SA1
2		回原位挡	X1	SA2
3		单步挡	X2	SA3
4		单周期挡	X3	SA4
5		连续挡	X4	SA5
6		回原位按钮	X5	SB9
7		启动按钮	X6	SB1
8		停止按钮	X7	SB2
9		下降按钮	X10	SB3
10		上升按钮	X11	SB4
11		右行按钮	X12	SB5
12		左行按钮	X13	SB6
13		夹紧按钮	X14	SB7
14		松开按钮	X15	SB8
15		下限位开关	X16	SQ1
16		上限位开关	X17	SQ2
17		右限位开关	X20	SQ3
18		左限位开关	X21	SQ4
19	输出	下降电磁阀线圈	Y0	YV1
20		上升电磁阀线圈	Y1	YV2
21		右行电磁阀线圈	Y2	YV3
22		左行电磁阀线圈	Y3	YV4
23		松紧电磁阀线圈	Y4	YV5

3. 输入/输出接线

PLC 的 I/O 接线图如图 7-11 所示。

4. PLC 控制电路梯形图

根据功能流程图设计梯形图程序，如图 7-12、7-13、7-14、7-15、7-16 所示。

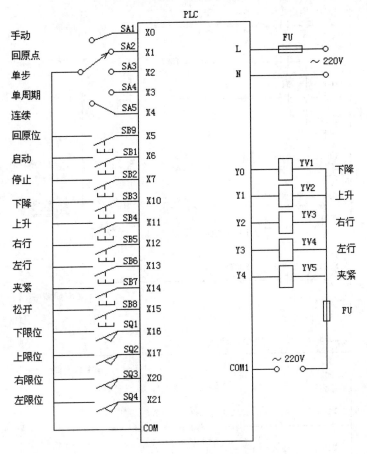

图 7-11　PLC 的 I/O 接线图

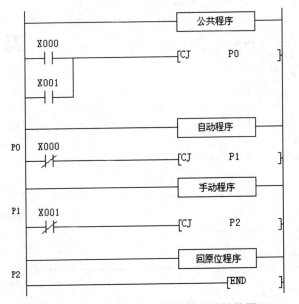

图 7-12　机械手 PLC 控制程序总体结构图

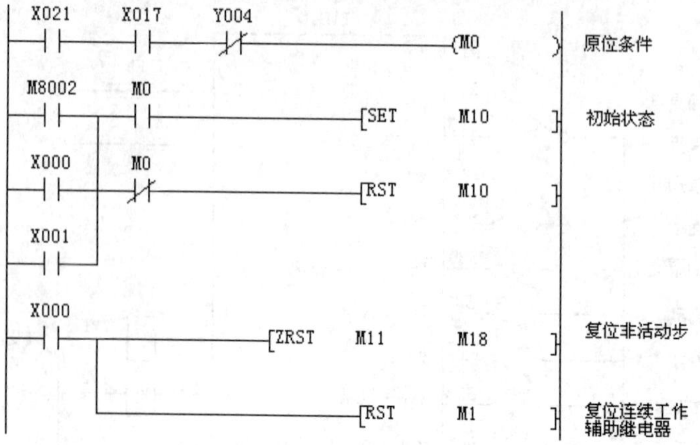

图 7-13　机械手 PLC 控制公共程序

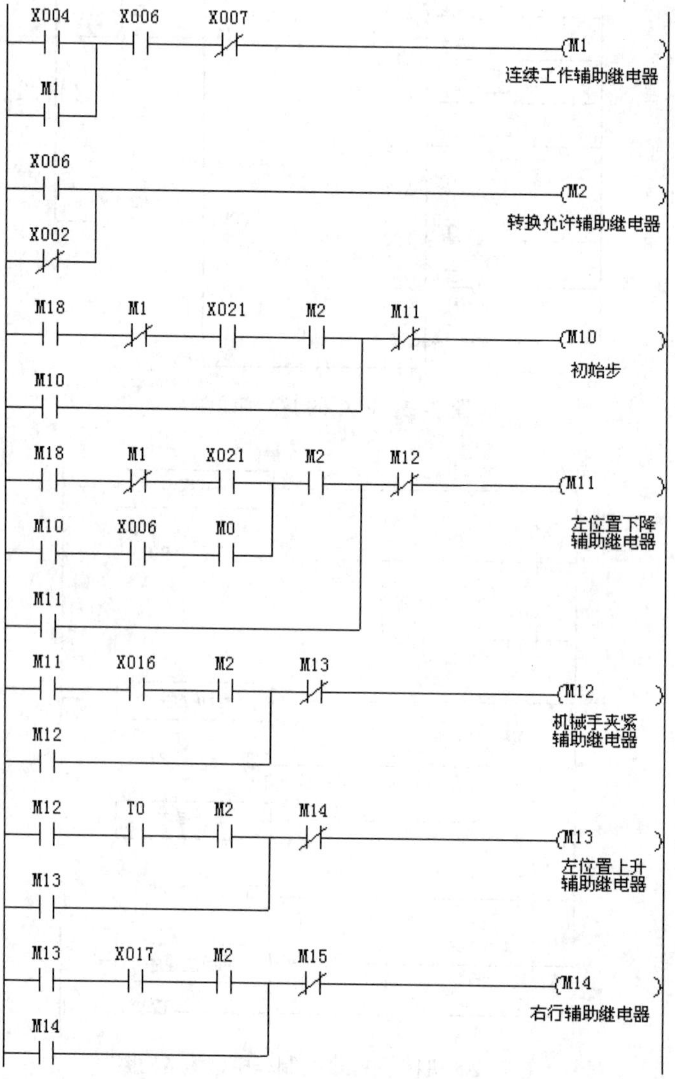

图 7-14　机械手 PLC 控制自动（步进、单周期和连续）程序

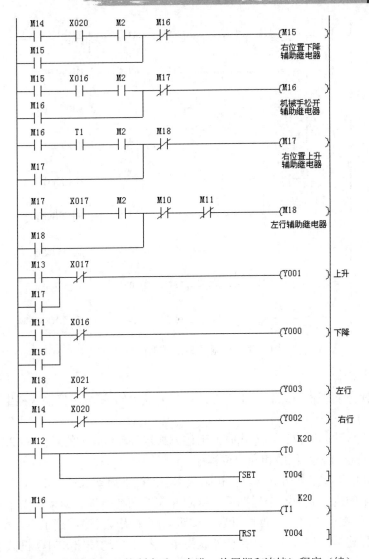

图 7-14　机械手 PLC 控制自动（步进、单周期和连续）程序（续）

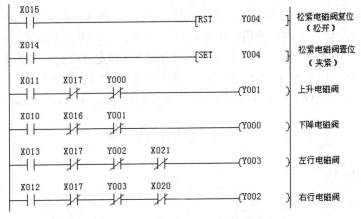

图 7-15　机械手 PLC 控制手动程序

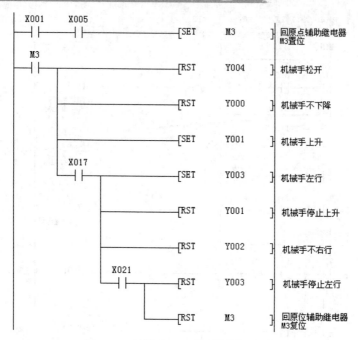

图 7-16 机械手 PLC 控制回原位程序

5. 识读要点分析

（1）当选择手动工作方式时，工作方式选择开关 SA1 闭合，使输入继电器 X0 得电，将执行公共程序和手动程序。

（2）当选择自动回原位工作方式时，工作方式选择开关 SA 的触点 SA2 闭合，使输入继电器 X1 得电，将执行公共程序和回原位程序。

（3）当选择单周期工作方式时，在初始状态下，按下启动 SB1→X6 得电，从初始步 M10 开始，按图 7-14 的规定完成一个周期后，返回并停留在初始步。如果在操作过程中按下停止按钮，则机械手停在该工序上，再按下启动按钮，则又从该工序继续工作，最后停在原位。

（4）当选择连续工作方式时，在初始状态下，按下启动按钮 SB1，机械手从初始步开始一个周期一个周期地反复连续工作。按下停止按钮，并不马上停止，完成最后一个周期的工作后，系统才返回并停留在初始步。

（5）当选择单步工作方式时，从初始步开始，按一下启动按钮，系统转换到下一步，完成该步任务后，自动停止工作并停留在该步，再按一下启动按钮，才往前走一步。

（6）机械手在最上面、最左边且夹持装置松开时，系统处于规定的初始条件，称为"原位条件"。此时，左限位开关 X21 的动合触点、上限位开关 X17 的动合触点处于闭合状态，夹紧电磁阀 Y4 的动断触点也处于闭合状态，因此原位条件辅助继电器 M0 得电，表示机械手在原位。

7.3 知识拓展

7.3.1 光电编码器

1. 光电编码器的结构及工作原理

光电编码器是一种新型的转速及定位控制用传感器，其工作原理可以用图 7-17 所示的光电编码盘说明。光电编码盘是沿圆周开有均匀的孔或齿的圆盘，一个发光元件和一个光敏元件分置在圆盘的两边。当圆盘转动时，光时而通过孔或齿隙照到光敏元件上，时而被圆盘阻挡，这样光敏元件上就产生了脉冲串波形的电信号，将该信号放大、整形，就能用来测量转速及位移。对于光电编码盘来说，显然其中的齿孔越多，控制的分辨率就越高。然而，由于尺寸及加工能力的限制，编码盘的齿孔数是不可能太多的。但光电编码器不一样，光电编码器中的"编码盘"引入了光栅技术。多层光栅的使用，使光电编码器在旋转一周时可以产生数千乃至上万的脉冲，以满足高精度的转速及定位控制要求。编码器在产生脉冲的同时还解决了转向判断的问题，即只要在编码器中设两套光电装置就可以了。两套光电装置产生的脉冲的相位有一定的差别，这样就产生了方向信号。如 A 装置产生脉冲的相位超前于 B 相时是正转的话，反转时，B 装置产生脉冲的相位就会超前于 A 装置产生的脉冲相位。

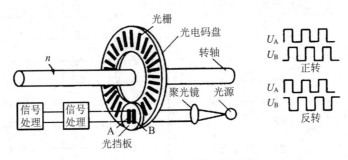

图 7-17　光电编码盘结构示意图

2. 光电编码器的信号

光电编码器需要 24V 的直流供电，输出 A 相、B 相、Z 相 3 个信号，A、B 两个通道的信号一般是正交（即互差 90°）脉冲信号，而 Z 相是零脉冲信号，作为参考脉冲。

A、B 相是两列脉冲，或正弦波，或方波，根据编码器的细分度不同，每圈可以有很多个，既可以测量电机的转速又可以测量电机的旋转方向。

当主轴以顺时针方向旋转时，输出脉冲 A 通道信号位于 B 通道之前；当主轴以逆时针方向旋转时，输出脉冲 A 通道信号则位于 B 通道之后，从而可以判断主轴是正转还是反转。

编码器每旋转一周发一个脉冲，称为零位脉冲或标识脉冲（即 Z 相信号）。零位脉冲用于决定零位置，脉冲宽度往往只占 1/4 周期，其作用是编码器进行自我校正。

7.3.2　高速计数器

在 7.1.1 节中大家已经了解了高速处理指令，下面将进一步剖析高速计数器的工作过程。

FX 系列 PLC 的计数器分为内部计数器和高速计数器两类。

内部计数器（C0～C234）是在执行扫描操作时对内部信号（如 X、Y、M、S、T 等）进行计数。内部输入信号的接通和断开时间应比 PLC 的扫描周期稍长，这样不会丢失脉冲。

高速计数器（C235～C255）与内部计数器相比，除允许输入频率高之外，应用也更为灵活。高速计数器均有断电保持功能，通过参数设定也可变成非断电保持。适合用来作为高速计数器输入的 PLC 输入端口有 X0～X7。X0～X7 不能重复使用，即若某一个输入端已被某个高速计数器占用，它就不能再用于其他高速计数器，也不能用作它用。各高速计数器对应的输入端口见表 7-20。

表 7-20　高速计数器对应的输入端口

计数器		输入端口							
		X0	X1	X2	X3	X4	X5	X6	X7
单相单计数输入	C235	U/D							
	C236		U/D						
	C237			U/D					
	C238				U/D				
	C239					U/D			
	C240						U/D		
	C241	U/D	R						
	C242			U/D	R				
	C243			U/D	R				
	C244	U/D	R					S	
	C245			U/D	R				S
单相双计数输入	C246	U	D						
	C247	U	D	R					
	C248				U	D	R		
	C249	U	D	R				S	
	C250				U	D	R		S
双相	C251	A	B						
	C252	A	B	R					
	C253				A	B	R		
	C254	A	B	R				S	
	C255				A	B	R		S

注：U 表示加计数输入；D 为减计数输入；B 表示 B 相输入；A 为 A 相输入；R 为复位输入；S 为启动输入；X6、X7 只能用作启动信号，而不能用作计数信号。

高速计数器可分为三类：

1. 单相单计数输入高速计数器（C235～C245）

此类高速计数器的触点动作与 32 位增/减计数器相同，可进行增或减计数（取决于 M8235～M8245 的状态）。

如图 7-18（a）所示为无启动/复位端单相单计数输入高速计数器的应用。当 X10 断开时，M8235 为 OFF，此时 C235 为增计数方式（反之为减计数）。由 X12 选中 C235，从表 7-20 中可知其输入信号来自于 X0，C235 对 X0 信号增计数。当前值达到 500 时，C235 常开接通，Y10 得电。X11 为复位信号，当 X11 接通时，C235 复位。

图 7-18（a）和图 7-18（b）所示分别为无启动/复位端和带启动/复位端单相单计数输入高速计数器的应用。以带启动/复位端单相单计数输入高速计数器为例进行说明，由表 7-20 可知，X1 和 X6 分别为复位输入端和启动输入端。利用 X010 通过 M8244 可设定其增/减计数方式。

当 X012 为接通，且 X6 也接通时，则开始计数，计数的输入信号来自于 X0，C244 的设定值由 D0 和 D1 指定。除了可用 X1 立即对 C244 进行复位外，也可用梯形图中的 X011 对其进行复位。

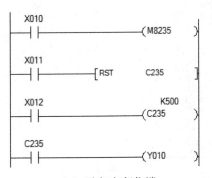
（a）无启动/复位端

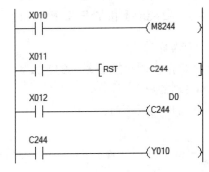
（b）带启动/复位端

图 7-18 单相单计数输入高速计数器

2. 单相双计数输入高速计数器（C246～C250）

这类高速计数器具有二个输入端，一个为增计数输入端，另一个为减计数输入端。利用 M8246～M8250 的 ON/OFF 动作可监控 C246～C250 的增计数/减计数动作。

如图 7-19 所示，X010 为复位信号，其有效（ON）则 C248 复位。由表 7-20 可知，也可利用 X5 对其进行复位。当 X011 接通时，选中 C248，输入来自 X3 和 X4。

3. 双相高速计数器（C251～C255）

A 相和 B 相信号决定计数器是增计数还是减计数。当 A 相为 ON 时，若 B 相由 OFF 到 ON，则为增计数；当 A 相为 ON 时，若 B 相由 ON 到 OFF，则为减计数，如图 7-20 所示。

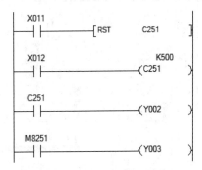

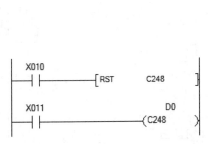

图 7-19 单相双计数输入高速计数器

图 7-20 双相高速计数器

如图 7-20 所示，当 X012 接通时，C251 开始计数，由表 7-20 可知，其输入来自 X0（A 相）和 X1（B 相），当计数使当前值超过设定值时，则 Y2 为 ON。如果 X011 接通，则计数器复位。根据不同的计数方向，Y3 为 ON（增计数）或为 OFF（减计数），即用 M8251～M8255，可监视 C251～C255 的加/减计数状态。

注意：高速计数器的计数频率较高，它们的输入信号的频率受两方面的限制：一是全部高速计数器的处理时间，因为它们采用中断方式，所以计数器用得越少，则可计数频率就越高；二是输入端的响应速度，其中 X0、X2、X3 的最高频率为 10kHz，X1、X4、X5 的最高频率为 7kHz。

7.4 技能实训

7.4.1 自控成型机的 PLC 控制设计、安装与调试

1. 实训目的

掌握自控成型机控制系统的接线、调试、操作。

2. 实训器材

实训器材见表 7-21。

表 7-21 实训器材

序号	名称	型号与规格	数量	备注
1	实训装置	THPFSL-1/2	1 套	
2	实训挂箱	A17	1 个	
3	导线	3 号	若干根	
4	通信编程电缆	SC-09	1 根	三菱
5	实训指导书	THPFSL-1/2	1 本	
6	计算机（带编程软件）		1 台	自备

3. 控制要求

图 7-21 为自控成型机控制系统面板示意图。

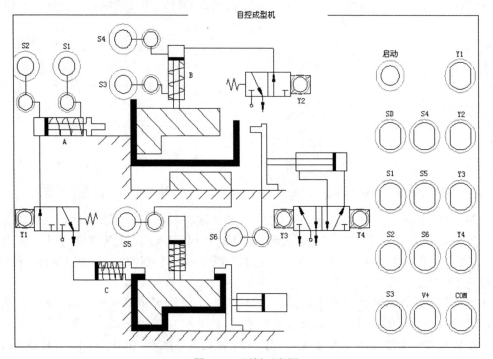

图 7-21 面板示意图

控制要求：

（1）总体控制要求。如图 7-21 所示，原料在成型机中经过由 Y1、Y2、Y3 电磁阀控制的液压缸的冲压后成型。

（2）原料放入成型机时，各液压缸为初始状态：S1=S3=S5=OFF，S2=S4=S6=ON，Y1=Y2=Y4=OFF，Y3=ON。

（3）打开 SD 启动开关，系统开始运行，Y2=ON，液压缸 B 向下运动，使 S4=OFF。

（4）当液压缸 B 下降到底部终点时，S3=ON，此时，启动 Y1、Y3，液压缸 A 向右运动，液压缸 C 向左运动。Y1=Y4=ON 时，Y3=OFF，使 S2=S6=OFF。

（5）当 A、C 液压缸退回到初始位置，S2=S6=ON 时，B 液压缸返回，Y2=OFF 时，S3=OFF。

（6）当液压缸返回初始状态，S4=ON 时，系统回到初始状态取出成品；放入原料后，按动启动按钮，重新启动，开始下一个工件加工。

4. 端口分配及接线图

（1）端口分配及功能见表 7-22。

表 7-22　端口分配及功能

序号	PLC 地址（PLC 端子）	电气符号（面板端子）	功能说明
1	X00	SD	启动开关
2	X01	S1	Y1 到位开关
3	X02	S2	Y1 原位开关
4	X03	S3	Y2 到位开关
5	X04	S4	Y2 原位开关
6	X05	S5	Y3 到位开关
7	X06	S6	Y3 原位开关
8	Y00	Y1	电磁阀 1
9	Y01	Y2	电磁阀 2
10	Y02	Y3	电磁阀 3
11	Y03	Y4	电磁阀 4
12	主机 COM0、COM1、COM2、COM3 接电源 GND		电源地端

（2）PLC 外部接线如图 7-22 所示。

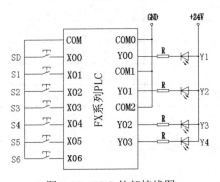

图 7-22　PLC 外部接线图

5．操作步骤

（1）检查实训设备中的器材及调试程序。

（2）按照 I/O 端口分配表及接线图完成 PLC 与实训模块之间的接线，要认真检查，确保正确无误。

（3）打开用户自己编写的控制程序并进行编译，有错误时根据提示信息进行修改，直至无误。用 SC-09 通信编程电缆连接计算机串口与 PLC 通信口，打开 PLC 主机电源开关，下载程序至 PLC 中，下载完毕后将 PLC 的 RUN/STOP 开关拨至 RUN 状态。

（4）先将 S1、S3、S5 开关断开、S2、S4、S6 开关打开，再打开 SD 启动开关，系统开始运行。

（5）Y2 指示灯点亮，液压缸 B 向下运动，断开 S4。

（6）液压缸 B 下降到底部终点后，打开 S3。Y1、Y3 指示灯点亮，液压缸 A 向右运动、液压缸 C 向左运动，断开 S2、S6。

（7）当液压缸 A 向右运动到终点、液压缸 C 向左运动到终点后，打开 S1、S5，Y1、Y4 指示灯熄灭，原料加工成型。各液压缸退回原位，断开 S1、S5。

（8）当液压缸 A、液压缸 C 退回到原点后，打开 S2、S6，Y2 指示灯熄灭，断开 S3，液压缸 B 返回原位。

（9）当所有的液压缸返回到初始状态后，打开 S4，系统回到初始状态，再次放入原料进行加工。

6．实训总结

记录总结 PLC 与外部设备的接线过程及注意事项。

7.4.2　步进电动机的 PLC 控制设计、安装与调试

1．实训目的

掌握步进电动机控制系统的接线、调试、操作。

2．实训器材

实训器材见表 7-23。

表 7-23　实训器材

序号	名称	型号与规格	数量	备注
1	实训装置	THPFSL-1/2	1 套	
2	实训挂箱	B10	1 个	
3	导线	3 号	若干根	
4	通信编程电缆	SC-09	1 根	三菱
5	实训指导书	THPFSL-1/2	1 本	
6	计算机（带编程软件）		1 台	自备

3．控制要求

图 7-23 为步进电动机控制系统面板示意图。

控制要求：

（1）总体控制要求。如图 7-23 所示，利用可编程控制器输出信号控制步进电动机运行。

（2）按下 SD 启动开关，系统准备运行。

（3）打开 MA 手动开关，系统进入手动控制模式，此时按动 SE 单步按钮，步进电动机运行一步。

（4）关闭 MA 手动开关，系统进入自动控制模式，此时步进电动机开始自动运行。

（5）分别按下速度选择开关 V1、V2 和 V3，使步进电动机运行在不同的速度段上。

（6）步进电动机开始运行时为正转，按下 MF 开关，步进电动机反方向运行；再按下 MZ 开关，步进电动机正方向运行。

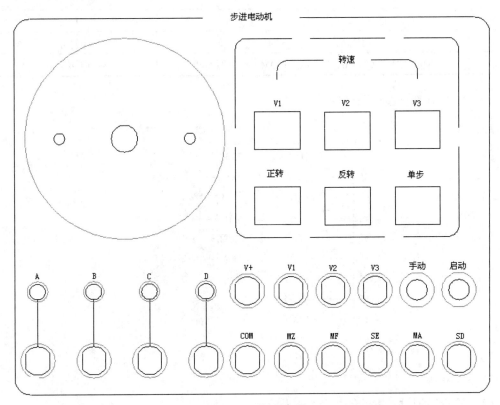

图 7-23　面板示意图

4. 端口分配及接线图

（1）端口分配及功能见表 7-24。

表 7-24　端口分配及功能

序号	PLC 地址（PLC 端子）	电气符号（面板端子）	功能说明
1	X00	SD	启动开关
2	X01	MA	手动开关
3	X02	V1	速度 1 开关
4	X03	V2	速度 2 开关
5	X04	V3	速度 3 开关
6	X05	MZ	正转开关

序号	PLC 地址（PLC 端子）	电气符号（面板端子）	功能说明
7	X06	MF	反转开关
8	X07	SE	单步按钮
9	Y00	A	A 相
10	Y01	B	B 相
11	Y02	C	C 相
12	Y03	D	D 相
13	面板 V+ 接电源+24V		电源正端
14	主机 COM、COM0、COM1、COM2 接电源 GND		电源负端

（2）PLC 外部接线如图 7-24 所示。

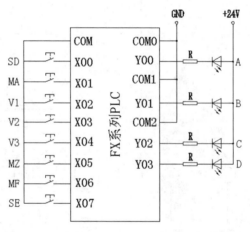

图 7-24　PLC 外部接线图

5．操作步骤

（1）检查实训设备中的器材及调试程序。

（2）按照 I/O 端口分配表及接线图完成 PLC 与实训模块之间的接线，要认真检查，确保正确无误。

（3）打开用户自己编写的控制程序并进行编译，有错误时根据提示信息进行修改，直至无误。用 SC-09 通信编程电缆连接计算机串口与 PLC 通信口，打开 PLC 主机电源开关，下载程序至 PLC 中，下载完毕后将 PLC 的 RUN/STOP 开关拨至 RUN 状态。

（4）将 Z 轴上限位开关、Y 轴后限位开关、X 轴右限位开关打开，将 Z 轴下限位开关、Y 轴前限位开关、X 轴左限位开关断开，回到初始状态。按下 SD 启动开关，X 轴向左运行，X 轴运动指示灯点亮，断开 X 轴右限位开关。

（5）按下 SD 启动开关，系统准备运行。

（6）打开 MA 开关，系统进入手动控制模式。按动一次 SE 单步按钮，步进电动机运行一步。连续按动多次后，步进电动机可运行一周。

（7）关闭 MA 开关，系统进入自动控制模式，此时步进电动机开始自动运行。

（8）按下速度选择开关 V1，步进电动机以低速运行。

（9）按下速度选择开关 V2，步进电动机以中速运行。

（10）按下速度选择开关 V3，步进电动机以高速运行。

（11）步进电动机一开始运行时均为正转，按下 MF 开关，步进电动机反方向运行；按下 MZ 开关，步进电动机正方向运行。

6. 实训总结

记录总结 PLC 与外部设备的接线过程及注意事项。

思考与练习

1. 步进电动机有何特点？

2. 什么是步进细分驱动？

3. 光电编码器有哪些输出信号？

4. 高速计数器有哪三种？各有什么特点？

5. 当输入条件 X000 满足时，将 C8 的当前值转换成 BCD 码送到输出元件 K4Y000 中。根据上述要求画出梯形图。

6. 用时钟指令控制路灯的定时接通和断开，20:00 时开灯，06:00 时关灯。根据要求画出梯形图，并写出对应的语句表。

项目八　模拟量的 PLC 控制

【知识目标】

1. 模拟量输入、输出模块。
2. 高速计数器模块。
3. 定位控制模块和脉冲输出。
4. PLC 在随动控制系统中的应用设计。

【技能目标】

1. 熟悉模拟量输入、输出模块的格式及应用。
2. 熟悉高速计数器模块的格式及应用。
3. 熟悉定位控制模块和脉冲输出。
4. 掌握 PLC 在随动控制系统中的应用设计、安装与调试方法。

【其他目标】

1. 培养学生谦虚、好学的能力；培养学生良好的职业道德。
2. 培养学生分析问题、解决问题的能力；培养学生勇于创新、敬业乐业的工作作风；培养学生的质量意识和安全意识；培养学生的团结协作能力，使其能根据工作任务进行合理的分工，并可互相帮助、协作完成工作任务。
3. 教师应遵守工作时间，在教学活动中渗透企业的 6S 制度。
4. 培养学生填写、整理、积累技术资料的能力；在进行电路装接、故障排除之后能对所进行的工作任务进行资料收集、整理、存档。
5. 培养学生语言表达能力，使其能正确描述工作任务和工作要求，任务完成之后能进行工作总结并进行总结发言。

8.1　相关知识

8.1.1　PLC 的功能模块（一）——模拟量输入模块

随着现代工业的高速发展，控制系统的自动化水平越来越高，控制规模也越来越庞大。作为控制系统中的主要控制装置，PLC 所控制的对象越来越多，内容也越来越复杂，许多控制内容单凭通用的 I/O 模块几乎无法实现。为了增强 PLC 的功能，扩大其应用范围，许多 PLC 生产厂家都为自己的产品开发出了品种繁多的具有特殊功能的 I/O 接口模块，如数字量和模拟量 I/O 扩展模块、智能扩展模块、高速计数器模块、定位控制模块、网络通信模块等。从本节开始，后面的项目将结合实例，针对常用的模拟量扩展模块、高速计数器模块、定位控制模块、网络通信模块等进行介绍。

FX$_{2N}$ 系列 PLC 模拟量输入模块主要有 FX$_{2N}$-2AD、FX$_{2N}$-4AD 和 FX$_{2N}$-8AD 三种电压/电流模拟量输入模块，以及两种温度传感器模拟量输入模块 FX$_{2N}$-4AD-PT 和 FX$_{2N}$-4AD-TC。

1. 模拟量输入模块 FX$_{2N}$-4AD

FX$_{2N}$-4AD 是有 4 个 12 位模拟输入通道的模拟量输入模块，其输入量程为 DC-10～+10V 和 DC-20～+20mA，转换速度为 15ms/通道或 6ms/通道。它可以将模拟电压或电流转换为最大分辨率为 12 位的数字量，并以二进制补码方式存入内部 16 位缓存寄存器中，通过扩展总线与 FX$_{2N}$ 基本单元进行数据交换，具体技术指标见表 8-1。

表 8-1　FX$_{2N}$-4AD 的技术指标

项目	4 通道模拟量输入，通过输入端子变换可选电压或电流输入	
	电压输入	电流输入
模拟量输入范围	DC-10～+10V，最大±15V	DC-20～+20mA，最大±32mA
数字量输入范围	带符号位的 16 位二进制（有效值 11 位），数值范围为-2048～+2047	
分辨率	5mV	20μA
综合精度	±1%（DC-10～+10V）	±1%（DC-20～+20mA）
转换速度	每通道 15ms（高速转换方式为每通道 6ms）	
隔离方式	模拟量与数字量间用光隔离；基本单元来的电源经 DC/AC 转换器隔离；各输入端子间要隔离	
模拟量用电源	DC24V±10% 55mA	
占有的 I/O 点数	8 点（做输入或输出点计算），由 PLC 供电的消耗的功率为 5V、30mA	

2. FX$_{2N}$-4AD 模拟量输入模块的连接

FX$_{2N}$-4AD 模拟量输入模块的连接如图 8-1 所示。

FX$_{2N}$-4AD 模拟量输入模块的模拟输入信号电缆采用双绞屏蔽电缆。若输入电压有波动或外部接线有干扰，可在 V+和 VI-端接入一个 0.1～0.4μF、25V 的电容，如图 8-1 中的 a 处所示；当使用电流输入时，需将 V+与 I+端短接，如图 8-1 中的 b 处所示；若存在过多的电气干扰，则需将 FG 端和 FX$_{2N}$-4AD 的接地端相连，如图 8-1 中的 c 处所示。

FX$_{2N}$-4AD 模块在使用中将消耗 FX$_{2N}$ 基本单元或有源扩展单元的 DC+5V 电源（内部电源，30mA）、DC+24V（外部电源，55mA）。其通常转换速度为每通道 15ms，高速转换方式为每通道 6ms。

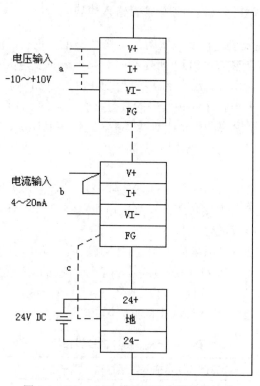

图 8-1　FX$_{2N}$-4AD 模拟量输入模块的连接

3．FX$_{2N}$-4AD 缓冲寄存器（BFM）及其设置

FX$_{2N}$-4AD 模块共有 32 个缓冲寄存器，每个缓冲寄存器为 16 位 RAM。但实际用来与 FX$_{2N}$ 基本单元进行数据交换的只有 21 个 BFM，如表 8-2 所列。

表 8-2　FX$_{2N}$-4AD 模块 BFM 分配表

BFM	内容	
#0	通道初始化默认值为 H0000	
#1	CH1	平均值取样次数（取值范围为 1～4096），默认值为 8
#2	CH2	
#3	CH3	
#4	CH4	
#5	CH1	分别存放 4 通道平均值
#6	CH2	
#7	CH3	
#8	CH4	

BFM		内容							
#9	CH1	分别存放 4 通道当前值							
#10	CH2								
#11	CH3								
#12	CH4								
#13、#14		保留							
#15	A/D 转换速度的设置	当设置为 0 时，A/D 转换速度为每通道 15ms，为默认值							
		当设置为 1 时，A/D 转换速度为每通道 6ms，为高速值							
#16～#19		保留							
#20		恢复到默认值或调整值，默认值为 0							
#21		禁止零点和增益调整，默认值为 0，1 表示允许							
#22	零点，增益调整	b7	b6	b5	b4	b3	b2	b1	b0
		G4	O4	G3	O3	G2	O2	G1	O1
#23		零点值，默认值为 0							
#24		增益值，默认值为 50000							
#25～#28		保留							
#29		出错信息							
#30		识别码 K2010							
#31		不能使用							

4. 其他模拟量输入模块

FX$_{2N}$-2AD 是一个有两个 12 位模拟量输入通道的模拟量输入模块，输入量程为 DC 0～10V、DC 0～5V 和 DC4～20mA，转换速度为 2.5ms/通道。

FX$_{2N}$-8AD 是一个有 8 通道 16 位模拟量输入通道的模拟量输入模块，输入量程为 DC -10～+10V 和 DC -20～+20mA，转换速度为 2.5ms/通道。

FX$_{2N}$-4AD-PT 主要与三线铂电阻 PT-100 配套使用，是具有 4 个 12 位模拟量输入通道的模拟量输入模块。其驱动电流为 1mA，恒流；额定温度范围为-100～+600℃，精度为 0.2～0.3℃；输出数字量为-1000～+6000；转换速度为 15ms/通道。

FX$_{2N}$-4AD-TC 为 4 通道 12 位模拟量输入通道的模拟量输入模块，与 K 型和 J 型热电偶配套使用，K 型的输出数字量为-1000～+12000，分辨率为 0.4℃；J 型的输出数字量为-1000～+6000，分辨率为 0.3℃。转换速度为 240ms/通道。

上述模块的模拟电路和数字电路之间均有光电隔离，在程序中占有 8 个 I/O 端子。

5. FX$_{2N}$-4AD 模拟量输入模块应用

FX$_{2N}$-4AD 模拟量输入模块的应用举例见表 8-3。

表 8-3　FX_{2N}-4AD 模拟量输入模块的应用举例

梯形图	语句表
M8000 RUN 监控 —[FROM K0 K30 D4 K1]　0号模块中，BFM#30 中的识别码送到D4	
—[CMP K2010 D4 M1]　若识别码为2010（FX-4AD），M1为ON	LD M8000
M1 —[TOP K0 K0 H3300 K1]　H3300→BFM#0（通道初始化），CH1、CH2置为电压输入，CH3、CH4关闭 特殊功能 BFM号 源数据 模块号 传送字数	FROM K0 K30 D4 K1
—[TOP K0 K1 K4 K2]　在BFM#1和BFM#2中设定CH1、CH2计算平均值的取样次数为4	CMP K2010 D4 M1
—[FROM K0 K29 K4M10 K1]　BFM#29中的状态信息分别写到M25~M10	AND M1
M10 M18 —[FROM K0 K5 D0 K2]　若无出错，则BFM#5和BFM#6的内容将分别被传送到PLC的D0和D1中	TOP K0 K0 H3300 K1
	TOP K0 K1 K4 K2
	FROM K0 K29 K4M10 K1
	ANI M10
	ANI M18
	FROM K0 K5 D0 K2

　　案例分析：PLC 与特殊功能模块连接时，数据通信是通过 FROM/TO 指令实现的；为了使 PLC 能够准确地查找到指定的功能模块，每个特殊功能模块都有一个确定的地址编号，编号的方法是从最靠近 PLC 基本单元的那一个功能模块开始顺次编号，最多可连接 8 台功能模块（对应的编号为 0~7），其中 PLC 的扩展单元不记录在内；FX_{2N}-4AD 模拟量输入模块被连接在最靠近基本单元 FX_{2N}-48MR 的地方，因此编号为 0。

8.1.2　PLC 的功能模块（二）——模拟量输出模块

　　FX_{2N} 系列 PLC 模拟量输出模块主要有两种型号，分别是 FX_{2N}-2DA、FX_{2N}-4DA 的电压/电流模拟量输出模块和 FX_{2N}-2LC 的温度调节模块。

　　1. 模拟量输出模块 FX_{2N}-2DA

　　FX_{2N}-2DA 为 2 通道 12 位模拟量输出模块，两个通道均可实现数模转换，电压输出范围为 DC 0~+10V、DC0~+5V，电流输出范围为 DC4~20mA，转换速度为 4ms/通道。FX_{2N}-2DA 通过扩展总线与 FX_{2N} 系列 PLC 基本单元相连，占有 8 个 I/O 端子，模块中模拟电路和数字电路之间均有光电隔离，具体技术指标见表 8-4。

表 8-4　FX_{2N}-2DA 的技术指标

项目	2 通道模拟量输出，根据电压或电流输出对端子进行设置	
	电压输出	电流输出
模拟量输出范围	DC0~10V，DC0~5V（外部负载电阻为 2kΩ~1MΩ）	4~20mA（外部负载电阻为 500Ω或更小）
数字量输出	12 位	
分辨率	2.5mV（10V/4000）或 1.25mV（5V/4000）	4μA［（4~20）mA/4000］
综合精度	±1%（全范围 0~10V）	±1%（全范围 4~20mA）
转换速度	4ms/CH（顺序程序和同步）	

项目	2 通道模拟量输出，根据电压或电流输出对端子进行设置	
	电压输出	电流输出
隔离方式	模拟量与数字量间用光隔离；主单元的电源经 DC/DC 转换器隔离； 模拟通道之间不进行隔离	
模拟量用电源	DC24V±10% 50mA（来自于主电源的内部电源供应）	
占有的 I/O 点数	模块占用 8 个输入或输出点（可为输入或输出）	

2．FX$_{2N}$-2DA 模拟量输出模块的连接

FX$_{2N}$-2DA 模拟量输出模块的连接如图 8-2 所示。

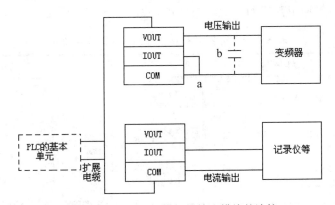

图 8-2　FX$_{2N}$-2DA 模拟量输出模块的连接

FX$_{2N}$-2DA 模拟量输出模块的模拟输出信号通过双绞屏蔽电缆与驱动负载相连。当使用电压输出时，需将 IOUT 端与 COM 端短接，如图 8-2 中 a 处所示。当电压输出存在波动或有大量噪声时，可在 VOUT 端与 COM 端之间接入一个 0.1～0.47μF、25V 的电容，如图 8-2 中的 b 处所示。

FX$_{2N}$-2DA 模拟量输出模块通过电缆连接在基本单元的右边；工作时，消耗 FX$_{2N}$ 基本单元或有源扩展单元的 DC+5V 电源（内部电源，20mA）、DC+24V（外部电源，50mA）；D/A 转换时间为每通道 4ms。

3．FX$_{2N}$-2DA 缓冲寄存器（BFM）及设置

FX$_{2N}$-2DA 模块共有 32 个缓冲寄存器，但实际用来与 FX$_{2N}$ 基本单元进行数据交换的只有 2 个 BFM，见表 8-5。

表 8-5　FX$_{2N}$-2DA 模块 BFM 分配表

BFM 编号	缓冲寄存器				
	b15～b8	b7～b3	b2	b1	b0
#0～#15	保留				
#16	保留	输出数据的当前值（8 位数据）			
#17	保留		D/A 低 8 位数据保持	通道 1D/A 转换开始	通道 2D/A 转换开始
#18 或更大	保留				

4．其他模拟量输出模块

FX$_{2N}$-4DA 是一个有 4 通道 12 位模拟量输出的模块，4 个通道均可实现 D/A 转换；输出电压量程为 DC-10～+10V 时，分辨率为 5mV；输出电流范围为 DC0～20mA，分辨率为 20μA；转换速度为 4 通道 2.1ms。FX$_{2N}$-4DA 占用扩展总线的 8 个 I/O 端子，模块中模拟电路和数字电路之间均有光隔离。

FX$_{2N}$-2LC 共有 4 个通道，其中两个通道为温度输入通道，两个通道为晶体管输出通道。该模块能够提供自调整 PID 控制、两位式控制及 PI 控制，具有断线故障检测功能，可与多种热电偶和热电阻配套使用，分辨率为 0.1℃，控制周期为 500ms，占用 8 个扩展总线接点，模块中模拟电路和数字电路之间均有光隔离。

5．FX$_{2N}$-2DA 模拟量输出模块应用

FX$_{2N}$-2DA 模拟量输出模块的应用举例见表 8-6。

表 8-6　FX$_{2N}$-2DA 模拟量输出模块的应用举例

梯形图	语句表
 M8000 ├──┤├──────[FROM K1 K30 D2 K1]─── 1号模块中，BFM#30中的识别码送到D2 　　　　　　　　[CMP K3010 D4 M1]─── 若识别码为3010(FX-4DA)，M1为ON M1 ├──┤├──────[TOP K2 K0 H10 K1]─── H10→模块1BFM#0 CH1电压输出 CH2电流输出 特殊功能 源数据 模块号 BFM号 传送字数 　┌─────────────────┐ 　│将CH1的输出数据写入D0│─── (D0)→BFM#1（输出到CH1） 　│将CH2的输出数据写入D1│─── (D1)→BFM#2（输出到CH2） 　└─────────────────┘ 　　　　　　　　[TOP K2 K1 D0 K2]─── 　　　　　　　　　　　　　　　　BFM#29(b15～b0)→（M25～M10） 　　　　　　　　[FROM K0 K29 K4M10 K1]─── M10 M18 ├──┤├──┤/├─────────────(M3)─── 读状态信息输出正常	LD　　　M8000 FROM　　K1　　K30　　D2　　K1 CMP　　K3010　D4　　M1 LD　　　M1 TOP　　K2　　K0　　H10　　K1 …… 将CH1的输出数据写入D0 将CH2的输出数据写入D1 …… TOP　　K2　　K1　　D0　　K2 FROM　　K0　　K29　　K4M10　K1 ANI　　M10 ANI　　M18 OUT　　M3

8.1.3　PLC 的功能模块（三）——高速计数器模块

在 7.1.1 节中大家认知了高速处理指令，在 7.3.2 节又了解了高速计数器的工作过程，下面将重点讨论高速计数器模块。

高速计数器模块是为了对来自诸如旋转编码器、机械开关及电子开关等设备的高速脉冲进行计数而设计的一种特殊功能模块。FX$_{2N}$-1HC 的性能规格见表 8-7。

1．高速计数器模块 FX$_{2N}$-1HC 的输入/输出

高速计数器模块 FX$_{2N}$-1HC 的计数脉冲信号输入有单相和双相两种。单相输入又有单相 1 输入和单相 2 输入两种，单相 1 输入和单相 2 输入的频率小于 50kHz。双相输入时，可以设置 1 倍频、2 倍频和 4 倍频模式，脉冲信号的幅值可以是 5V、12V 或 24V，分别连接到不同的输入端。

表 8-7　FX$_{2N}$-1HC 高速计数器模块的性能规格

项目		规格
输入	信号电平	根据不同的接线端子，可从 5V、12V、24V 中选取，行驱动器接在 5V 端子上
	频率	1 相 1 输入：50kHz 以下 1 相 2 输入：各 50kHz 以下 2 相输入：50kHz 以下 1 倍频，25kHz 以下 2 倍频，12.5kHz 以下 4 倍频
计数范围		带符号二进制 32 位或无符号二进制 16 位
计数方式		自动加减（1 相 2 输入或 2 相输入时）或选择加减（1 相 1 输入）
一致输出		YH：用硬件比较器实现设计值与计数值一致时产生输出 YS：用软件比较器实现一致输出，最大延时为 200μs
输出形式		NPN 型晶体管继电器开路输出两点，分别为 DC5V～24V、0.5A
附加功能		由 PLC 采用参数方式设定；瞬时值、比较结果及出错状态由 PLC 监视
输入/输出占用点数		程序上占用 8 个点

高速计数器模块 FX$_{2N}$-1HC 的输出有两种类型、4 种方式。

（1）由该模块中的硬件比较器输出比较的结果，一旦当前计数值等于设定值，立即将输出端置 1，其输出方式有两种：输出端 YHP 采用 PNP 型晶体管输出方式；输出端 YHN 采用 NPN 型晶体管输出方式。

（2）通过该模块内的软件输出比较的结果，由于软件进行数据处理需要一定的时间，因此当前计数值等于设定值时，要经过 200μs 的延时才能将输出端置 1，其输出方式也有两种：输出端 YSP 采用 PNP 型晶体管输出方式；输出端 YSN 采用 NPN 型晶体管输出方式。上述各输出的电源可以是 12～24V 的直流电源，最大负载电流为 0.5A。

2. 高速计数器模块 FX$_{2N}$-1HC 内的数据缓冲存储区

高速计数器模块 FX$_{2N}$-1HC 共有 32 个数据缓冲寄存器（BFM），即 BFM#0～BFM#31，其功能与用途见表 8-8。

表 8-8　FX$_{2N}$-1HC 内的数据缓冲寄存器的功能与用途

BFM	功能与用途	BFM	功能与用途
BFM#0	计数模式	BFM#16	未使用
BFM#1	存放单相单输入方式时软件控制的加/减命令	BFM#17	未使用
BFM#2	存放最大计数限定值的低 16 位	BFM#18	未使用
BFM#3	存放最大计数限定值的高 16 位	BFM#19	未使用
BFM#4	存放计数器控制字	BFM#20	存放计数器计数当前值的低 16 位
BFM#5	未使用	BFM#21	存放计数器计数当前值的高 16 位
BFM#6	未使用	BFM#22	存放计数器最大当前计数值的低 16 位
BFM#7	未使用	BFM#23	存放计数器最大当前计数值的高 16 位
BFM#8	未使用	BFM#24	存放计数器最小当前计数值的低 16 位

续表

BFM	功能与用途	BFM	功能与用途
BFM#9	未使用	BFM#25	存放计数器最小当前计数值的高 16 位
BFM#10	存放计数器计数起始值的低 16 位	BFM#26	存放比较结果
BFM#11	存放计数器计数起始值的高 16 位	BFM#27	存放端口状态
BFM#12	存放硬件比较计数器设定值的低 16 位	BFM#28	未使用
BFM#13	存放硬件比较计数器设定值的高 16 位	BFM#29	存放故障代码
BFM#14	存放软件比较计数器设定值的低 16 位	BFM#30	存放模块识别代码
BFM#15	存放软件比较计数器设定值的高 16 位	BFM#31	未使用

3. 高速计数器模块 FX$_{2N}$-1HC 的计数方式

高速计数器模块 FX$_{2N}$-1HC 内计数器的计数方式由 BFM#0 内的数据决定，该数据的取值范围为 K0～K11，由 PLC 通过 TO 指令写到 BFM#0 中。为了避免反复将数据写入该寄存器内，TO 指令必须采用脉冲控制方式。计数器的计数方式与 BFM#0 内数据的对应关系见表 8-9。

表 8-9   FX$_{2N}$-1HC 的计数模式

计数模式		32 位	16 位
两相输入（相位差脉冲）	1 边沿计数	K0	K1
	2 边沿计数	K2	K3
	4 边沿计数	K4	K5
1 相 2 输入（加/减脉冲）		K6	K7
1 相 1 输入	硬件增/减计数	K8	K9
	软件增/减计数	K10	K11

（1）BFM#0：用来设置 K0～K11 计数模式（默认值为 K0）。

1）相计数器（K0～K5）。

- 1 边沿计数（K0、K1）如图 8-3（a）所示。当 A 相为 ON 时，若 B 相由 OFF 变为 ON，则计数器加 1；当 A 相为 ON 时，若 B 相由 ON 变为 OFF，则计数器减 1。

- 2 边沿计数（K2、K3）如图 8-3（b）所示。当 A 相为 ON 时，若 B 相由 OFF 变为 ON，或者当 A 相为 OFF 时，若 B 相由 ON 变为 OFF，则计数器均加 1；当 A 相为 ON 时，若 B 相由 ON 变为 OFF，或者当 A 相为 OFF 时，若 B 相由 OFF 变为 ON，则计数器均减 1。

- 4 边沿计数（K4、K5）如图 8-3（c）所示。在 A、B 两相的每个上升沿或下降沿（4 个边沿），计数器均计数一次。

2）1 相 2 输入计数器（K6、K7）。当 A 相为 OFF 时，若 B 相由 OFF 变为 ON，则计数器加 1；当 B 相为 OFF，若 A 相由 OFF 变为 ON，则计数器减 1。

3）1 相 1 输入计数器（K8～K11）。硬件增/减计数方式由 A 相状态决定。当 A 相为 OFF 时，B 相进行增计数；当 A 相为 ON 时，B 相进行减计数。软件增/减计数方式由 BFM#1 中的内容决定。当 BFM#1 中内容为 K0 时，进行增计数；当 BFM#1 中内容为 K1 时，进行减计数。

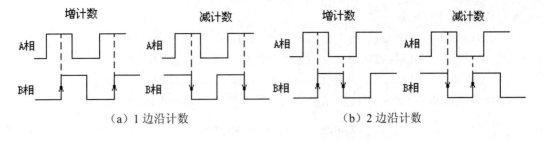

（a）1 边沿计数　　　　　　　　（b）2 边沿计数

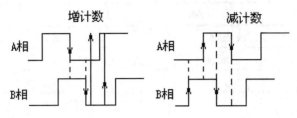

（c）4 边沿计数

图 8-3　两相计数器

（2）BFM#2、BFM#3：用来存储 16 位计数模式的计数范围，允许值为 K2～K65536（默认值为 K65536）。在 FX$_{2N}$-1HC 模块中，由于计数数据总是以两个 16 位形式进行处理的，因此即使对 16 位环形计数器的范围值也要用 32 位指针指令（DTO）写入。

（3）BFM#4：用于存储以下命令（其默认值为 K0）。

1）当 BFM#4 的 b0 位为 ON，同时 DISABLE 输入端子为 OFF 时，计数器允许对输入脉冲进行计数；当 b0 位为 OFF 时，计数被终止。

2）当 BFM#4 的 b1 位为 ON/OFF 时，允许/禁止 YH 输出。

3）当 BFM#4 的 b2 位为 ON/OFF 时，允许/禁止 YS 输出。

4）当 BFM#4 的 b3 位为 ON 时，YH 和 YS 输出互锁（当 YH 为 1 时，YS 为 0；当 YH 为 0 时，YS 为 1）；b3 位为 OFF 时，YH 和 YS 输出相互独立（不互锁）。

5）当 BFM#4 的 b4 位为 ON/OFF 时，允许/禁止预先设置的数据。

6）当 BFM#4 的 b8 位为 ON 时，所有错误标志被复位。

7）当 BFM#4 的 b9 位为 ON 时，YH 输出复位。

8）当 BFM#4 的 b10 位为 ON 时，YS 输出复位。

9）当 BFM#4 的 b11 位为 ON 时，YH 输出置位。

10）当 BFM#4 的 b12 位为 ON 时，YS 输出置位。

11）当 BFM#4 的 b8～b12 为 OFF 时，无动作。

（4）BFM#10、BFM#11：用来存放计数器的预先设定值。设定值在 BFM#4 的 b4 位为 ON，PRESET 的输入端由 OFF 变为 ON 时有效，默认值为 K0。

（5）BFM#12、BFM#13：用来存放 YH 输出比较值，默认值为 K32676。当计数当前值等于比较值时，若 BFM#4 的 b1 位为 ON，则 YH 输出并保持为 ON，直到 BFM#4 的 b9 位为 ON 时，YH 输出才复位。

（6）BFM#14、BFM#15：用来存放 YS 输出比较值，默认值为 K32676。当计数当前值等于比较值时，若 BFM#4 的 b2 位为 ON，则 YS 输出并保持为 ON，直到 BFM#4 的 b10 位为

ON 时，YS 输出才复位。

（7）BFM#20、BFM#21：用来存放计数器的当前值，默认值为 K0。

（8）BFM#22、BFM#23：用来存放最大计数值，默认值为 K0。

（9）BFM#24、BFM#25：用来存放最小计数值，默认值为 K0。

（10）BFM#26：用来存放比较结果，其各位取值含义见表 8-10。

表 8-10　BFM#26 各位取值含义

BFM#26		0（OFF）	1（ON）	BFM#26		0（OFF）	1（ON）
YH	b0	设定值≤当前值	设定值＞当前值	YS	b3	设定值≤当前值	设定值＞当前值
	b1	设定值≠当前值	设定值＝当前值		b4	设定值≠当前值	设定值＝当前值
	b2	设定值≥当前值	设定值＜当前值		b5	设定值≥当前值	设定值＜当前值

（11）BFM#27：当预先置位输入（PRESET）为 ON/OFF 时，BFM#27 的 b0 位为 ON/OFF；当失效输入（DISABLE）为 ON/OFF 时，BFM#27 的 b1 位为 ON/OFF；当 YH 输出为 ON/OFF 时，BFM#27 的 b2 位为 ON/OFF；当 YS 输出为 ON/OFF 时，BFM#27 的 b3 位为 ON/OFF；BFM#27 的 b4～b15 位未定义。

（12）BFM#29：存放各种错误信息，错误标志可通过 BFM#4 的 b8 位复位。

（13）BFM#30：存放 FX_{2N}-1HC 模块的标志码 K4010。

上述缓冲寄存器中，BFM#0～BFM#15 只能用 TO 指令写入数据；BFM#20～BFM#25 即可读出数据也可写入数据；BFM#26～BFM#30 只可用 FROM 指令读出数据。

4. 高速计数器模块 FX_{2N}-1HC 的应用

某 FX_{2N} 型 PLC 控制系统的各模块连接如图 8-4 所示。其中，高速计数器模块 FX_{2N}-1HC 模块的序号为 2。将该模块内的计数器设置为软件控制递加/递减的单相单输入的 16 位计数器，并将最大计数限定值设定为 K4444，采用硬件比较的方法，其设定值为 K4000。

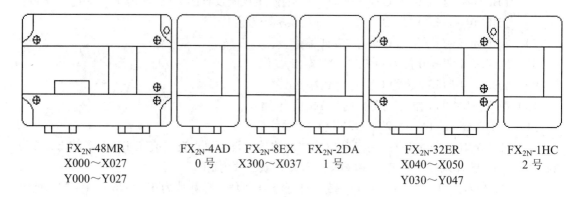

FX_{2N}-48MR	FX_{2N}-4AD	FX_{2N}-8EX	FX_{2N}-2DA	FX_{2N}-32ER	FX_{2N}-1HC
X000～X027	0 号	X300～X037	1 号	X040～X050	2 号
Y000～Y027				Y030～Y047	

图 8-4　FX_{2N} 型 PLC 控制系统的各模块连接图

按照控制要求设计的梯形图及语句表见表 8-11。

表 8-11　高速计数器模块应用举例

梯形图	语句表
![ladder diagram]	LD　　　M8002 TO　　K2　　K0　　K11　　K1 TO　　K2　　K2　　K4444　　K1 TO　　K2　　K12　　K4000　　K1 TO　　K2　　K1　　K0　　K1 LD　　　X010 OUT　　M10 LD　　　M8000 OUT　　M11 OUT　　M14 LD　　　X011 PLS　　M18 LD　　　X012 PLS　　M19 LD　　　M8002 TO　　K2　　K4　　K4M10　　K1 FROM　K2　　K20　　D0　　K1

梯形图部分（左侧）：

- M8002
  - [TO K2 K0 K11 K1]　设置计数方式　将K11装入BFM#0
  - [TO K2 K2 K4444 K1]　设置最大计数限定值　将K4444装入BFM#2和BFM#3
  - [TO K2 K12 K4000 K1]　设置设定值，将K4000装入BFM#12和BFM#13
  - [TO K2 K1 K0 K1]　设置递加计数方式　将K0装入BFM#1
- X010 —(M10)　允许计数的标志位
- M8000 —(M11)　允许硬件比较PRESET输入端有效
  - —(M14)
- X011 —[PLS M18]　故障标志复位
- X012 —[PLS M19]　硬件比较输出端复位
- M8002
  - [TO K2 K4 K4M10 K1]　将输入/输出的控制字K4M10装入BFM#4
  - [FROM K2 K20 D0 K1]　从BFM#20和BFM#21内读取当前计数值并分别存入D0和D1

案例分析：高速计数器 FX_{2N}-1HC 内的计数方式由 BFM#0 内的数据决定，该数据的取值范围为 K0～K11，由 PLC 通过 TO 指令写入到 BFM#0 中去。

8.2　项目实施：PLC 在随动控制系统中的应用设计

在化工、冶金、造纸和环保等行业中，当某变量的变化规律无法预先确定时，则会用到被控变量能够以一定的精度跟随该变量变化的随动系统。下面以刨花板生产线的拌胶机系统为例，介绍 PLC 在随动控制系统中的应用。

1. 控制电路要求

拌胶机工艺流程如图 8-5 所示。刨花由螺旋给料机供给，压力传感器检测刨花量；胶由胶泵抽给，用电磁流量计检测胶的流量；刨花和胶按一定的比例送到拌胶机，然后将混合料供给下一道热压机工序蒸压成型。

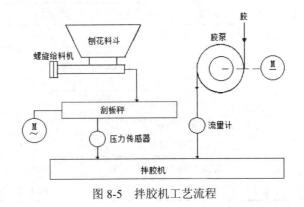

图 8-5　拌胶机工艺流程

要求控制系统控制刨花量和胶量恒定，并有一定的比例关系，即胶量随刨花量的变化而变化，误差要求小于 3%。

2. 控制方案

在 6.1.3 中我们已经了解了 PID 回路运算指令，根据控制要求，刨花控制回路采用比例（P）控制，胶量控制回路采用比例积分（PI）控制，其控制原理方框图如图 8-6 所示，随动选择开关 SK 用于随动/胶设定方式的转换。

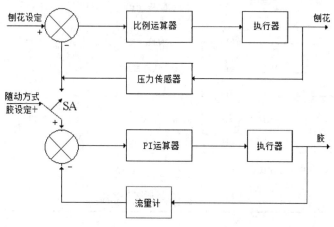

图 8-6　控制原理方框图

3. I/O 配置

拌胶机控制系统输入信号有 7 个，其中用于启动、停止、随动选择的 3 个输入信号是开关量，而刨花给定、压力传感器信号、胶量设定、流量计信号 4 个输入信号是模拟量；输出信号有两个，一个用于驱动调速器，另一个用于驱动螺旋给料机，均为模拟量信号。

根据 I/O 信号数量、类型以及控制要求，选择 FX_{2N} 主机，4 通道模拟量输入模块 FX_{2N}-4AD，2 通道模拟量输出模块 FX_{2N}-2DA。PLC 的 I/O 配置见表 8-12。

表 8-12　PLC 的 I/O 配置

序号	类型	设备名称	信号地址	编号
1	输入	启动开关	X000	SB1
2		停止开关	X001	SB2
3		随动/胶设定转换开关	X002	SA
4		刨花量设定	CH1	L1
5		压力传感器	CH2	L2
6		胶量设定	CH3	L3
7		流量计	CH4	L4
8	输出	螺旋给料机驱动器	CH2	01
9		胶泵调速器	CH2	02
10		模拟量输入正常指示灯	Y000	HD1
11		模拟量输出正常指示灯	Y001	HD2

4. 输入/输出接线

PLC 主机与外部模块连接如图 8-7 所示。

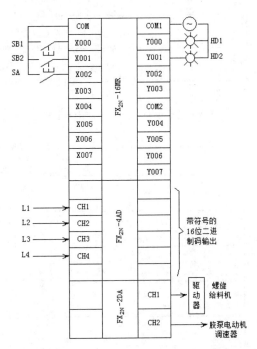

图 8-7　拌胶机控制系统 PLC 接线图

5. PLC 控制电路梯形图设计

根据控制原理方框图及 PLC 接线图，刨花量设定经 AD 模块的 CH1 通道和压力传感器的刨花反馈信号经 A/D 转换后作差值运算，并取绝对值，然后乘以比例系数 KP=2，由 DA 模块的 CH1 通道输出。

当 SA 转接到随动方式时，刨花的反馈量作为胶的给定量，反之，用胶量需单独给定。两种输入方式都是将给定量与反馈量进行差值运算，通过 PI 调节抑制输入波动，达到控制要求。

PLC 控制梯形图如图 8-8 所示。

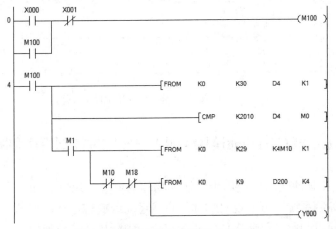

图 8-8　拌胶机控制系统 PLC 梯形图

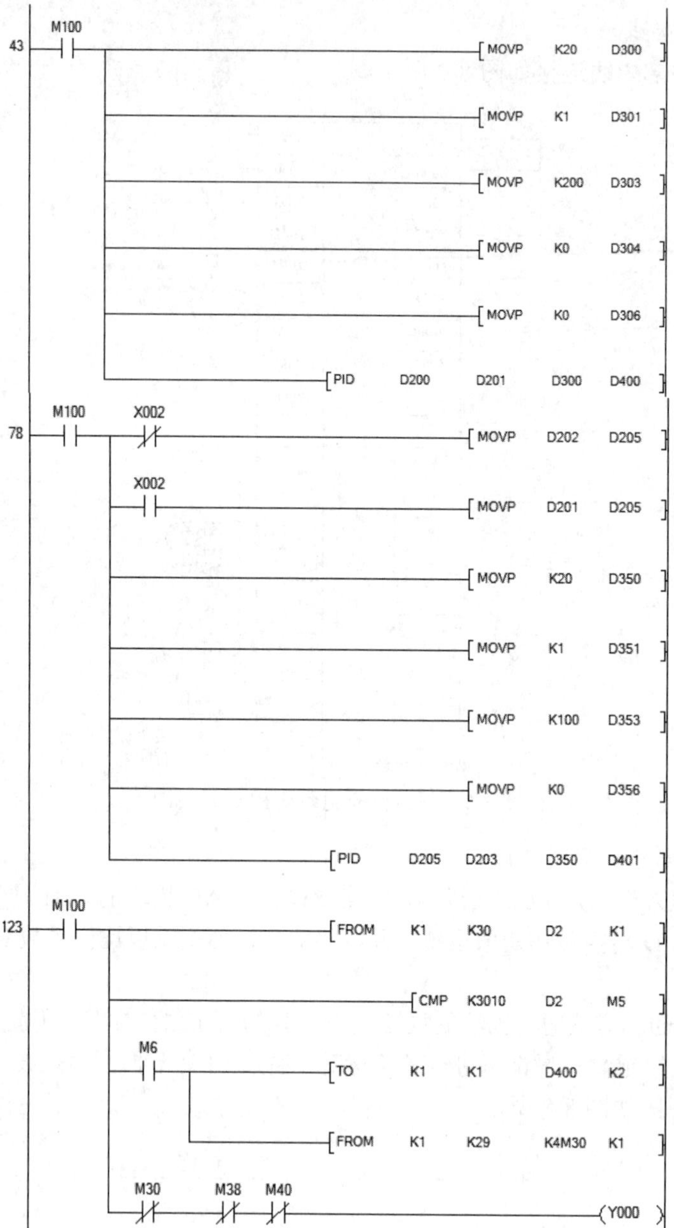

图 8-8　拌胶机控制系统 PLC 梯形图（续）

8.3　知识拓展：PLC 的功能模块（四）——定位控制模块和脉冲输出模块

　　定位控制模块和脉冲输出模块用于对运动物体的位置、速度和加速度的控制。该类模块与 PLC 组成运动控制系统，可实现对物体的直线运动或旋转运动、单轴或多轴运动的控制，具有 JOG 运动、原点回归、单速定位、双速定位、中断单速或双速定位、可变速运行等七种操作模式,被广泛应用于数控机床及装配机械的控制。可编程凸轮控制器与脉冲输出模块及高速计数器模块同属于一种点位控制模块。通过安装专用旋转角传感器,可高精度、简便地实现对以往利用机械式凸轮开关所控制的旋转角度定位。

1. 可编程凸轮控制器模块

机电控制系统中,通常需要通过角度检测来控制外部负载的接通和断开。过去,这一任务常由机械式凸轮开关来完成,然而,由于机械式凸轮开关存在着控制精度低、易磨损的缺点,目前已逐渐被可编程凸轮控制器模块 FX$_{2N}$-1RM-SET 所取代。

可编程凸轮控制器模块 FX$_{2N}$-1RM-SET 可实现高精度的角度位置检测,还可以进行动作角度的设定和监视。FX$_{2N}$-1RM-SET 既可以与 FX$_{2N}$ 系列 PLC 基本单元连接,也可以单独使用;结构上内置无需电池的 E^{2}PROM,可存放 8 种不同的程序,程序可占用可编程控制器的 8 个输入/输出点;可用 FX-20-E 编程器和计算机用的软件编程进行程序传送,配套的无刷转角传感器的电缆最长可达 100m;通过连接晶体管扩展模块,可以得到最多 48 点的 ON/OFF 输出;两个输入点的额定值为 DC24V/7mA,通过光耦合器隔离,响应时间为 3ms;经通信接口模块可将它连接到 CC-Link 网络之中。FX$_{2N}$-1RM-SET 的位置信号具有断电保护功能,不会因断电而丢失,其参考角及旋转方向可自由设置。

2. FX$_{2N}$-1RM-SET 的缓冲寄存器及设置

FX$_{2N}$-1RM-SET 与 PLC 联机使用时,通过 PLC 的 FROM/TO 指令,可对 FX$_{2N}$-1RM-SET 中的缓冲寄存器 BFM 进行读/写操作。当 PLC 同时连接两台或 3 台 FX$_{2N}$-1RM-SET 时,PLC 发出的 FROM/TO 指令只对连接距离最近的 FX$_{2N}$-1RM-SET 起作用。FX$_{2N}$-1RM-SET 的缓冲寄存器分配(部分)见表 8-13。

表 8-13　FX$_{2N}$-1RM-SET 的缓冲寄存器分配(部分)

BFM 编号	名称	初始值	说明	标记(R 为读取,W 为写入,K 为保持)	文件记录分配编号
#0	初始化设定	0	—	W,K	D7144
#1	参考角度(ADJ)	0	机械参考角度的设置:x1 数值(0°),x2 数值(0.5°)	W,K	D7145
#2,#8002,#9002	指定程序组编号(0~7)	0	与 PLC 连接时有效	W	—
#3,#8003,#9003	指令	0	—	W	—
#4	输出禁止(Y00~Y17)	0	b=0 允许输出,b=1 禁止输出	W	
#5	输出禁止(Y20~Y37)	0	b=0 允许输出,b=1 禁止输出	W	
#6	输出禁止(Y40~Y57)	0	b=0 允许输出,b=1 禁止输出	W	
#7	执行程序组编号	—	—		
#8,#8008,#9008	当前角度	—	x1 数值(0°),x2 数值(0.5°)	R	
#9,#8009,#9009	旋转角度(r/min)	—	—	R	

续表

BFM 编号	名称	初始值	说明	标记（R 为读取，W 为写入，K 为保持）	文件记录分配编号
#10，#8010，#9010	输出状态（Y00～Y17）	—	0 时输出为 OFF 1 时输出为 ON	R	—
#11，#8011，#9011	输出状态（Y20～Y37）	—	0 时输出为 OFF 1 时输出为 ON	R	—
#12，#8012，#9012	输出状态（Y40～Y57）	—	0 时输出为 OFF 1 时输出为 ON	R	—
#28，#8028，#9028	状态	0	—	R	—
#29	错误代码	0	—	R	—
#30	模块代码	K5410	—	—	—
#100	写入为 ON 的角度	—	x1 数值（0°），x2 数值（0.5°）	W	—
#101	写入为 OFF 的角度	—	x1 数值（0°），x2 数值（0.5°）	W	—
#102	写入 BFM 号	—	设定范围 1000～7142（输出为 ON 时角度设定的 BFM 数值）	W	—
#103	读取 BFM 号	—	设定范围 1000～7142（输出为 ON 时角度设定的 BFM 数值）	W	—
#104	读取 ON 的角度	—	x1 数值（0°），x2 数值（0.5°）	R	—
#105	读取 OFF 的角度	—	x1 数值（0°），x2 数值（0.5°）	R	—
#1000	写入程序库 0，步号 0 中 Y000=ON 的角度	FFFF	x1 数值（0°），x2 数值（0.5°）	W，K	D1000
#1001	写入程序库 0，步号 0 中 Y000=OFF 的角度	FFFF	x1 数值（0°），x2 数值（0.5°）	W，K	D1001
……	……	……	……	……	……
#7142	写入程序库 0，步号 7 中 Y57=ON 的角度	FFFF	x1 数值（0°），x2 数值（0.5°）	W，K	D7142
#7143	写入程序库 0，步号 7 中 Y57=OFF 的角度	FFFF	x1 数值（0°），x2 数值（0.5°）	W，K	D7143

FX$_{2N}$-1RM-SET 的部分缓冲寄存器中 16 位二进制数的每一位（bit）代表的具体含义见表 8-14～8-17。

表 8-14 BFM#0 初始化的设定

位	描述	初始值	备注
b0	精度	0	1 为 720°；0 为 360°
b1	编码器旋转方向	0	1：逆时针；0：顺时针
b2	E^{2}PROM 写保护	0	1：禁止写入 E^{2}PROM；0：允许写入
b3	指定程序库的方法	0	1：可编程控制器；0：外部 FX$_{2N}$-1RM 输入

续表

位	描述	初始值	备注
b4	角度自增益功能	0	1：使用（Y000～Y017）；0：未使用
b5	局部角度自增益功能	0	1：使用（Y000～Y003）；0：未使用
b6	禁止键盘 RUN 到 PRG 操作	0	1：禁止；0：允许
b7～b15	未使用	—	—

表 8-15　缓冲寄存器 BFM#3

位	描述	备注
b0	RUN	运行程序（上升沿有效）
b1	PRG	通过 PRG 指令关闭输出（上升沿有效）
b2	ADJ	PRG 模式下设定基准角度（上升沿有效）
b3	出错清除	清除出错信息（上升沿有效）
b4	RUN 模式下的写指令	将当前正在执行的程序组程序的修正内容写入 E^2PROM
b5	BFM 保持区的初始化	1：使用（Y000～Y003）；0：未使用
b6	PRG 中的写指令	1：禁止；0：允许
b7～b15	未使用	—

表 8-16　缓冲寄存器 BFM#28

位	描述	备注
b0	b0=1 时，运行显示	RUN 模式操作正常时开启
b1	b1=1 时，顺时针旋转	RUN 模式中当 BFM#0b1 设置为 0 旋转时开启
b2	b2=1 时，逆时针旋转	RUN 模式中当 BFM#0b1 设置为 1 旋转时开启
b3	b3=1 时，出现错误	关闭输出，当错误清除时关闭
b4	b4=1 时，RUN 模式写入	将当前正在执行的程序组程序的修正内容写入 E^2PROM 时开启，不要在该位开启时修改同一个程序组的程序
b5	b5=1 时，正在初始化保持区	不要在保持区初始化时修改保持区程序
b6	b6=1、b7=0 时，连接两个或两个以上 FX_{2N}-1RM 单元	连接两个 FX_{2N}-1RM 单元时，b6 开启而 b7 被关闭
b7	b6=1、b7=1 时，连接三个 FX_{2N}-1RM 单元	连接三个 FX_{2N}-1RM 单元时，b6 和 b7 都被开启
b8	b8=10 时，FX_{2N}-1RM 通信错误	当连接两个或两个以上 FX_{2N}-1RM 单元，无法与右边的 FX_{2N}-1RM 进行通信时，b8 开启
b9～b15	未使用	—

表 8-17　缓冲寄存器 BFM#29

代码编号	描述
20	数据设定错误（超出范围）
21	程序组设定错误（超出范围）
22	存储器错误（数据不能写入 E²PROM）
23	编码器连接断开错误

脉冲输出模块型号主要有 FX$_{2N}$-1PG 及 FX$_{2N}$-10PG 两种。

3. FX$_{2N}$-1PG 脉冲输出模块的特点

FX$_{2N}$-1PG 脉冲输出模块配备七种定位控制操作模式，可以通过向伺服电动机或步进电动机的驱动放大器提供指定数量的脉冲来完成一个对独立轴的定位。FX$_{2N}$-1PG 只用于 FX$_{2N}$ 子系列，用 FROM/TO 指令进行各种参数的设定并读出定位值和运动速度。该模块占用 8 个 I/O 端子，最高可输出 100kHz 的脉冲串。

4. FX$_{2N}$-10PG 脉冲输出模块的特点

FX$_{2N}$-10PG 脉冲输出模块输出脉冲串的最高频率可达 1MHz，最小启动时间为 1ms；具有最优速度控制功能，使得定位精度更加准确；采用 S 型加/减控制，可接收外部脉冲发生器最大 30kHz 的脉冲输入；具有表格操作功能，使得多段速运行和定位编程更加容易。

FX$_{2N}$-1PG/FX$_{2N}$-10PG 的技术指标见表 8-18。

表 8-18　FX$_{2N}$-1PG 和 FX$_{2N}$-10PG 的技术指标

项目		FX$_{2N}$-1PG	FX$_{2N}$-10PG
控制轴数		单轴（1 台 PLC 最多控制 8 个单轴）	
指令速度		0.01～100kHz	1Hz～1MHz
设置脉冲范围		0～999999。可选绝对或相对位置规格。位置数据设置以 10、100、1000 等为倍数	-2147483647～+2147483648。可选绝对或相对位置规格。位置数据设置以 10、100、1000 等为倍数
脉冲输出格式		可选向前、反向或具有方向的脉冲，集电极开路和晶体管输出，DC5～24V，24mA	
占用 I/O 点数		8 个 I/O 点（输入或输出）	
电源	对输入信号	DC24（1±10%）V，40mA	START、DOG、X000、X001：DC24（1±10%）V，32 mA
	对输出信号	DC5V，55mA	DC5V，120mA
	对脉冲输出	DC5～24V，20mA	通过 Vin 伺服放大器或外部电源供电
适用控制器		FX$_{2N}$/FX$_{2NC}$ 系列（必须用 FX2N-CNV-IF 转换电缆连接）	

定位控制模块包括 FX$_{2N}$-10GM 及 FX$_{2N}$-20GM 及可编程凸轮控制单元 FX$_{2N}$-1RM-SET 等。

5. FX$_{2N}$-10GM 和 FX$_{2N}$-20GM 定位控制器

FX$_{2N}$-10GM 是单轴定位控制器，FX$_{2N}$-20GM 是双轴定位控制器，它们的技术指标见表 8-19。该类控制器采用定位专用语言。FX$_{2N}$-10GM 有 4 个通用输入和 6 个通用输出；FX$_{2N}$-20GM 有 8 个通用输入和 8 个通用输出。FX$_{2N}$-20GM 可执行直线插补、圆弧插补或独立双轴控制，可脱离 PLC 独立工作，并且具有绝对位置检测功能和手动脉冲发生器连接功能，具有流程图的编程软件使程序设计可视化，最高输出频率为 200kHz，FX$_{2N}$-20GM 插补时为 100kHz。

表 8-19　FX$_{2N}$-10GM 和 FX$_{2N}$-20GM 定位控制器的技术指标

项目	FX$_{2N}$-10GM	FX$_{2N}$-20GM
控制轴数	单轴	2 轴（同时或独立）
插补	不可以	可以
驱动方法	可与 PLC 连接或单独使用（单独使用无 I/O 扩展）	可与 PLC 连接或单独使用（单独使用可 I/O 扩展）
程序寄存器	3.8KB	7.8KB，具有内置 RAM，可选用寄存器板 FX2N-EEP-ROM-16，不能用时钟功能寄存器板
定位单位	指令单位：mm、deg、inch 和 pls（相对/绝对）最大指令±999999	
累加地址	-2147483647～+2147483648	
速度指令	最大 200 kHz，153000cm/min（不超过 200 kHz）自动梯形图方式加/减速	
零返回	最大 200 kHz，153000cm/min（不超过 200 kHz）自动梯形图方式加/减速（插补驱动不超过 100 kHz）	
控制输入	操作系统：FWD（手动向前）、RVS（手动反向）、ZRN（机械零返回）、START（自动启动）、STOP（停止）、手动脉冲发生器（最大 2kHz） 单步操作输入机械系统：DOG（近点信号）、LSF（向前转动极限）、LSR（向后转动极限） 中断 4 点伺服系统：SVRDY（准备伺服）、SVEND（伺服结束）、PGO（零点信号）	
控制输出	伺服系统：FP（向前转动脉冲）、RP（反向转动脉冲）、CLR（计数器清零） 主体：Y000～Y005	主体：Y000～Y007，可经扩展板扩展到主体 Y010～Y067（八进制，最大 I/O 点达 48 点）
控制方法	通过特殊编程工具，以定位控制单位的形式编写程序完成控制	
	与 PLC 使用时，通过 FROM/TO 指令完成定位控制	
程序号	X00～X99 定位程序：100 之后为子任务程序	X00～X99 和 Y00～Y99：2 轴同时；X00～X99 和 Y00～Y99：2 轴独立；100 之后为子任务程序
指令　定位	Cod 数字系统（使用指令编码）-13 型	Cod 数字系统（使用指令编码）-19 型
顺序	LD LDI AND ANI OR ORI ANB ORB SET RST NOP	
应用	FNC 数字系统-29 型	FNC 数字系统-30 型
占用 I/O 点	8 点（输入/输出均可）	
通信	与 PLC 通信，FROM/TO 指令	
电源	DC24（1±10%）V，5W	DC24（1±10%）V，0W
适用控制器	FX$_{2N}$/FX$_{2NC}$ 系列（必须用 FX2N-CNV-IF 转换电缆连接）	

6. 凸轮控制器 FX$_{2N}$-1RM-SET 的应用

图 8-9 所示为可编程控制器 FX$_{2N}$-80MT 及其扩展单元 FX$_{2N}$-16EYT 与可编程凸轮控制器 FX$_{2N}$-1RM-SET 的连接图。要求由 FX$_{2N}$-80MT 读取 FX$_{2N}$-1RM-SET 的输出状态信息，并通过

FX$_{2N}$-80MT 的输出端输出控制信号的程序，同时 FX$_{2N}$-80MT 能够对 FX$_{2N}$-1RM-SET 发出运行、编程和复位的命令，试设计该程序。

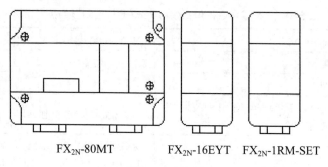

FX$_{2N}$-80MT   FX$_{2N}$-16EYT   FX$_{2N}$-1RM-SET

图 8-9　连接图

按照要求设计的梯形图如图 8-10 所示。

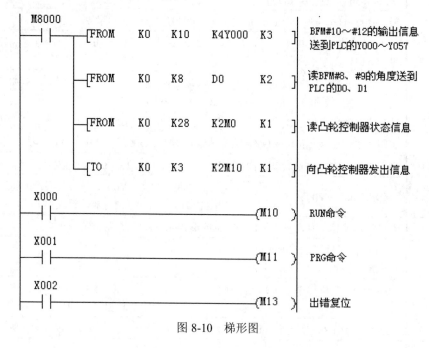

图 8-10　梯形图

8.4　技能实训

8.4.1　邮件分拣机的控制设计、安装与调试

1. 实训目的

掌握邮件分拣机控制系统的接线、调试、操作。

2. 实训器材

实训器材见表 8-20。

表 8-20   实训器材

序号	名称	型号与规格	数量	备注
1	实训装置	THPFSL-1/2	1 套	
2	实训挂箱	A16	1 个	
3	导线	3 号	若干根	
4	通信编程电缆	SC-09	1 根	三菱
5	实训指导书	THPFSL-1/2	1 本	
6	计算机（带编程软件）		1 台	自备

3. 控制要求

图 8-11 为邮件分拣机的面板示意图。

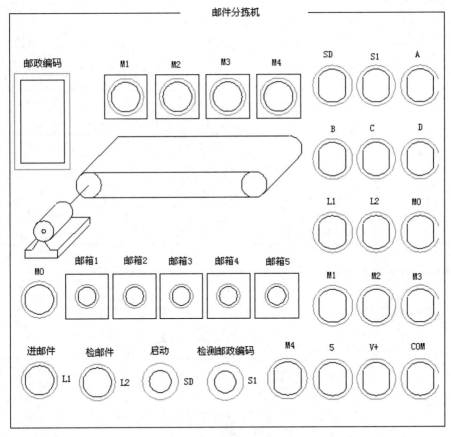

图 8-11   面板示意图

控制要求：

（1）控制面板如图 8-11 所示。

（2）启动后绿灯 L1 亮表示可以进邮件，S1 为 ON 表示模拟检测邮件的光信号检测到了邮件，拨码器模拟邮件的邮码（邮政编码），从拨码器读到的邮码的正常值为 1、2、3、4、5，若读到的数是此 5 个数中的任意一个，则红灯 L2 亮，电机 M0 运行，将邮件分拣至邮箱内，之后 L2 灭，L1 亮，表示可以继续分拣邮件。

（3）若读到的邮码不是上述 5 个数之中的某一个，则红灯 L2 闪烁，表示出错，电机 M0 停止，重新启动后系统能重新运行。

4. 端口分配及接线图

（1）端口分配及功能见表 8-21。

表 8-21 端口分配及功能

序号	PLC 地址（PLC 端子）	电气符号（面板端子）	功能说明
1	X00	SD	启动开关
2	X01	S1	检测邮码
3	X02	A	BCD 码 A
4	X03	B	BCD 码 B
5	X04	C	BCD 码 C
6	X05	D	BCD 码 D
7	Y00	L1	进邮件
8	Y01	L2	检邮件
9	Y02	M0	传送电机
10	Y03	M1	邮箱 1
11	Y04	M2	邮箱 2
12	Y05	M3	邮箱 3
13	Y06	M4	邮箱 4
14	Y07	5	邮箱 5
15	主机 COM0、COM1、COM2、COM3 接电源 GND		电源地端

（2）PLC 外部接线图如图 8-12 所示。

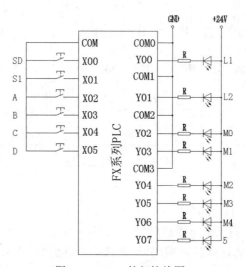

图 8-12 PLC 外部接线图

5. 操作步骤

（1）检查实训设备中的器材及调试程序。

（2）按照 I/O 端口分配表及接线图完成 PLC 与实训模块之间的接线，要认真检查，确保正确无误。

（3）打开示例程序或用户自己编写的控制程序并进行编译，有错误时根据提示信息进行修改，直至无误。用 SC-09 通信编程电缆连接计算机串口与 PLC 通信口，打开 PLC 主机电源开关，下载程序至 PLC 中，下载完毕后将 PLC 的 RUN/STOP 开关拨至 RUN 状态。

（4）打开"启动"开关，绿灯 L1 亮，表示可以进邮件。

（5）将拨码器拨到 1、2、3、4、5 中的任意一个数。

（6）打开 S1 开关，表示模拟检测邮件的光信号检测到了邮件。

（7）分拣邮件指示灯 L2 亮，电机 M0 运行，将邮件分拣至邮箱内，之后 L2 灭，L1 亮，表示可以继续分拣邮件。

（8）将拨码器拨到 1～5 以外的数，则红灯 L2 闪烁，表示出错，电机 M0 停止，重新启动后系统能重新运行。

6. 实训总结

记录总结 PLC 与外部设备的接线过程及注意事项。

8.4.2　直线运动位置检测及定位控制的设计、系统的安装与调试

1. 实训目的

掌握直线运动位置控制系统的接线、调试、操作。

2. 实训器材

实训器材见表 8-22。

表 8-22　实训器材

序号	名称	型号与规格	数量	备注
1	实训装置	THPFSL-1/2	1 套	
2	实训挂箱	A16	1 个	
3	导线	3 号	若干根	
4	通信编程电缆	SC-09	1 根	三菱
5	实训指导书	THPFSL-1/2	1 本	
6	计算机（带编程软件）		1 台	自备

3. 控制要求

（1）总体控制要求：如面板图 8-13 所示，利用直流电机带动滑块在各位置之间运动。

（2）系统启动后，滑块先滑至最左端再进入控制状态（若滑块开始就处于最左端，则 3s 后系统进入控制状态）。

（3）直流电机开始正转，滑块沿导轨向右运行，当滑块经过光电开关时，光电开关给 PLC 发送一个位置信号，使其后面的位置指示灯点亮。

（4）滑块的一个周期的运动规律为 S1→S4→S1→S3→S2→S4→S3→S4→S1。

（5）当滑块的一个运动周期结束后，若启动开关仍处于 ON 状态，则 3s 后滑块仍按原规律运动，并如此循环，周而复始。

（6）断开启动开关系统停止工作。

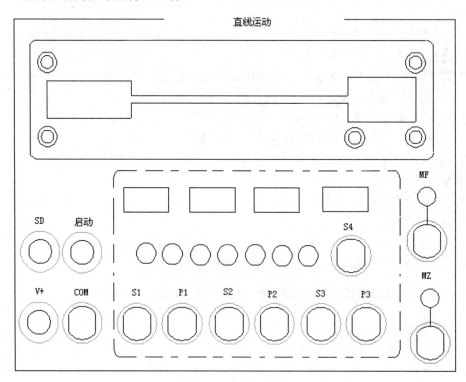

图 8-13　面板示意图

4．端口分配及接线图

（1）端口分配及功能见表 8-23。

表 8-23　端口分配及功能

序号	PLC 地址（PLC 端子）	电气符号（面板端子）	功能说明
1	X00	SD	启动开关
2	X01	S1	光电传感器 1
3	X02	S2	光电传感器 2
4	X03	S3	光电传感器 3
5	X04	S4	光电传感器 4
6	Y00	MZ	电机正转
7	Y01	MF	电机反转
8	Y02	P1	位置 1
9	Y03	P2	位置 2
10	Y04	P3	位置 3
11	主机 COM0、COM1、COM2、COM3 接电源 GND		电源地端

（2）PLC 外部接线图如图 8-14 所示。

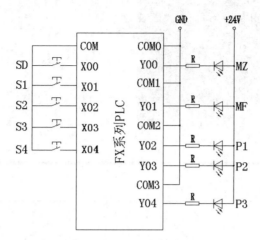

图 8-14　PLC 外部接线图

5. 操作步骤

（1）检查实训设备中的器材及调试程序。

（2）按照 I/O 端口分配表及接线图完成 PLC 与实训模块之间的接线，要认真检查，确保正确无误。

（3）打开示例程序或用户自己编写的控制程序并进行编译，有错误时根据提示信息进行修改，直至无误。用 SC-09 通信编程电缆连接计算机串口与 PLC 通信口，打开 PLC 主机电源开关，下载程序至 PLC 中，下载完毕后将 PLC 的 RUN/STOP 开关拨至 RUN 状态。

（4）打开"启动"开关，滑块先运行至最左端，再进入控制状态（若滑块在启动时就处于最左端，则 3s 后系统进入控制状态）。

（5）进入控制状态后，直流电机开始正转，带动滑块沿导轨向右运行，当滑块经过光电开关 S1 时，光电开关 S1 发送给 PLC 一个位置信号，PLC 输出一个信号使其后面的位置指示灯 P1 点亮。

（6）滑块的一个周期的运动规律为 S1→S4→S1→S3→S2→S4→S3→S4→S1。

（7）当滑块的一个运动周期结束后，若启动开关仍处于 ON 状态，则 3s 后滑块仍按原规律运动，并如此循环，周而复始。

（8）断开"启动"开关，系统停止工作。

6. 实训总结

记录总结 PLC 与外部设备的接线过程及注意事项。

思考与练习

1. 编写程序完成数据采集任务，要求每 100ms 采集一个数。

2. 可编程凸轮控制器有哪些特点？它有哪些工作方式？

3. 定位控制模块有哪几种？其主要功能是什么？

项目九　变频与伺服控制

【知识目标】

1. 变频器工作原理。
2. 三菱变频器面板控制、点动运行、多段控制、模拟量控制。
3. 伺服电动机控制。

【技能目标】

1. 熟悉变频器工作原理。
2. 熟悉并掌握三菱 A800 变频器控制。
3. 掌握伺服电动机控制。
4. 掌握三菱变频器面板控制、点动运行、多段控制、模拟量控制等系统的设计、安装与调试。

【其他目标】

1. 培养学生谦虚、好学的能力；培养学生良好的职业道德。
2. 培养学生分析问题、解决问题的能力；培养学生勇于创新、敬业乐业的工作作风；培养学生的质量意识和安全意识；培养学生的团结协作能力，使其能根据工作任务进行合理的分工，并可互相帮助、协作完成工作任务。
3. 教师应遵守工作时间，在教学活动中渗透企业的 6S 制度。
4. 培养学生填写、整理、积累技术资料的能力；在进行电路装接、故障排除之后能对所进行的工作任务进行资料收集、整理、存档。
5. 培养学生语言表达能力，使其能正确描述工作任务和工作要求，任务完成之后能进行工作总结并进行总结发言。

9.1　相关知识

9.1.1　变频器工作原理

变频器（Variable-frequency Drive，VFD）是应用变频技术与微电子技术，通过改变电机工作电源频率方式来控制交流电动机的电力控制设备，主要由整流（交流变直流）、滤波、逆变（直流变交流）、制动单元、驱动单元、检测单元、微处理单元等环节组成。变频器靠内部电力电子器件（IGBT）的开断来调整输出电源的电压和频率，根据实际需要提供电机所需要的电源电压，进而达到节能、调速的目的。另外，变频器还有很多的保护功能，如过流、过压、过载保护等。随着工业自动化程度的不断提高，变频器也得到了更加广泛的应用。

变频器的核心是微计算机，电力电子器件构成了变频器的主电路。从发电厂送出的交流电频率是恒定不变的，在我国是 50Hz。交流电动机的同步转速表达式为

$$n = 60f(1-s)/p$$

式中，n 为异步电动机的转速（r/min）；f 为异步电动机的频率（Hz）；s 为电动机转差率；p 为电动机极对数。

由上述 n 的表达式可知，转速 n 与频率 f 成正比，只要改变频率 f 即可改变电动机的转速。当频率 f 在 0～50Hz 的范围内变化时，电动机转速调节范围非常宽。变频器就是通过改变电动机电源频率实现速度调节的，这是一种理想的高效率、高性能的调速手段。

1. 变频器的基本结构

变频器是把工频电源（50Hz 或 60Hz）变换成各种频率的交流电源，以实现电机的变速运行的设备。其中控制电路完成对主电路的控制；整流电路将交流电变换成直流电；直流中间电路对整流电路的输出进行平滑滤波；逆变电路将直流电再逆变成交流电。对于如矢量控制变频器这种需要大量运算的变频器来说，有时还需要一个进行转矩计算的CPU以及一些相应的电路。

从频率变换的形式来说，变频器分为"交-交"和"交-直-交"两种形式。交-交变频器可将工频交流电直接变换成频率、电压均可控制的交流电，称为直接式变频器，价格较高；而交-直-交变频器则是先把工频交流电通过整流变成直流电，然后再把直流电变换成频率、电压均可控制的交流电，又称为间接式变频器。市场上销售的通用变频器多是交-直-交变频器，由主电路（包括整流器、直流中间环节、逆变器）和控制电路组成，其结构如图 9-1 所示。现将部分电路的功能分析如下：

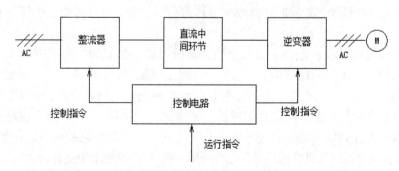

图 9-1　交-直-交变频器基本结构

（1）整流器与单相或三相交流电源相连接，产生脉动的直流电压。整流器有两种基本类型：可控的和不可控的。变频器中的整流器可由二极管或晶闸管单独构成，也可由两者共同构成。由二极管构成的是不可控整流器，由晶闸管构成的是可控整流器，由二极管和晶闸管共同构成的整流器是半控整流器。

（2）直流中间环节有以下三种功能：

1）将整流电压变换成直流电压。

2）使脉动的直流电压变得稳定或平滑，供逆变器使用。

3）将整流后固定的直流电压变换成可变的直流电压。

可将中间电路看成是一个能量的存储装置，电动机可以通过逆变器从中间电路获得能量。和逆变器不同，中间电路可根据三种不同的原理构成。

在使用电源逆变器时，中间电路由一个大的电感线圈构成，它只能与可控整流器配合使用。电感线圈将整流器输出的可变电流转换成可变的直流电流。电机电压的大小取决于负载的大小。

中间电路的滤波器使斩波器输出的方波电压变得平滑。滤波器的电容和电感使输出电压在给定频率下维持稳定。

（3）逆变器产生电动机电压的频率，另外，一些逆变器还可以将固定的直流电压变换成可变的交流电压。逆变器是变频器的最后一个环节，其后与电动机相连。它最终产生适当的输出电压。

变频器通过使输出电压适应负载的办法，保证在整个控制范围内提供良好的运行条件，方法是将电机的励磁维持在最佳值。

电动机电压的频率总是由逆变器产生的。如果中间电路提供的电流或电压是可变的，逆变器只需调节频率即可。如果中间电路只提供固定的电压，则逆变器既要调节电动机的频率，还要调节电动机的电压。

晶闸管在很大程度上已被频率更好的晶体管所取代，因为晶体管可以更快速地导通和关断，开关频率取决于所用的半导体器件，典型的开关频率为 300Hz～20kHz。

逆变器中的半导体器件由控制电路产生的信号使其导通和关断，这些信号可以受到不同的控制。

（4）控制电路。变频器的控制电路包括主控制电路、信号检测电路、门极驱动电路、外部接口电路及保护电路等几个部分，其主要任务是完成对逆变器的开关控制、对整流器电压的控制及各种保护功能。控制电路是变频器的核心部分，决定了变频器的性能，它将信号传送给整流器、中间电路和逆变器，同时也接收来自这部分的信号。具体被控制的部分取决于各个变频器的设计。

一般三相变频器的整流电路由三相全波整流桥组成。当整流电路是电压源时，直流中间电路的储能元件是大容量的电解电容；当整流电路是电流源时，储能元件是大容量的电感。为了电动机制动的需要，中间电路中有时还包括制动电阻及一些辅助电路。逆变电路最常见的结构形式是利用 6 个半导体主开关器件组成的三相桥式逆变电路，有规律地控制逆变器中主开关的通与断可以得到任意频率的三相交流输出。现代变频器控制电路的核心器件是微型计算机，全数字化控制为变频器的优良性能提供了硬件保障。图 9-2 为电压型变频器主电路结构，图 9-3 为电流型变频器主电路结构。

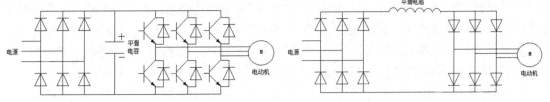

图 9-2　电压型变频器主电路结构　　　　　图 9-3　电流型变频器主电路结构

2. 变频器的分类

变频器的工作原理还与变频器的工作方式有关。变频器的分类方法有多种，按照主电路工作方式分类，可以分为电压型变频器和电流型变频器；按照开关方式分类，可以分为 PAM 控制变频器、PWM 控制变频器和高载频 PWM 控制变频器；按照工作原理分类，可以分为 V/f 控制变频器、转差频率控制变频器和矢量控制变频器等；按照用途分类，可以分为通用变频器、高性能专用变频器、高频变频器、单相变频器和三相变频器等。

3. 变频器中常用的控制方式

（1）非智能控制方式。在交流变频器中使用的非智能控制方式有 V/f 协调控制、转差频率控制、矢量控制、直接转矩控制等。

1）V/f 控制。V/f 控制是为了得到理想的转矩—速度特性，基于在改变电源频率进行调速的同时又要保证电动机的磁通不变的思想而提出的，通用型变频器基本上都采用这种控制方式。V/f 控制变频器结构非常简单，但是这种变频器采用开环控制方式，不能达到较高的控制性能，而且，在低频时，必须进行转矩补偿，以改变低频转矩特性。

2）转差频率控制。转差频率控制是一种直接控制转矩的控制方式，它是在 V/f 控制的基础上，按照异步电动机的实际转速对应的电源频率，并根据希望得到的转矩来调节变频器的输出频率，就可以使电动机具有对应的输出转矩。这种控制方式，在控制系统中需要安装速度传感器，有时还要加电流反馈，对频率和电流进行控制，因此，这是一种闭环控制方式，可以使变频器具有良好的稳定性，并对急速的加减速和负载变动有良好的响应特性。

3）矢量控制。矢量控制是通过矢量坐标电路控制电动机定子电流的大小和相位，以达到对电动机在坐标轴系中的励磁电流和转矩电流分别进行控制，进而达到控制电动机转矩的目的。通过控制各矢量的作用顺序和时间以及零矢量的作用时间，又可以形成各种 PWM 波，达到各种不同的控制目的。例如形成开关次数最少的 PWM 波以减少开关损耗。目前在变频器中实际应用的矢量控制方式主要有基于转差频率的矢量控制方式和无速度传感器的矢量控制方式两种。

基于转差频率的矢量控制方式与转差频率控制方式，两者的定常特性一致，但是基于转差频率的矢量控制还要经过坐标变换对电动机定子电流的相位进行控制，使之满足一定的条件，以消除转矩电流过渡过程中的波动。因此，基于转差频率的矢量控制方式比转差频率控制方式在输出特性方面有很大的改善。但是，这种控制方式属于闭环控制方式，需要在电动机上安装速度传感器，因此，应用范围受到限制。

无速度传感器矢量控制是通过坐标变换处理分别对励磁电流和转矩电流进行控制，然后通过控制电动机定子绕组上的电压、电流辨识转速以达到控制励磁电流和转矩电流的目的。这种控制方式调速范围宽、启动转矩大、工作可靠、操作方便，但计算比较复杂，一般需要专门的处理器来进行计算，因此，实时性不是太理想，控制精度受到计算精度的影响。

4）直接转矩控制。直接转矩控制是利用空间矢量坐标的概念，在定子坐标系下分析交流电动机的数学模型，控制电动机的磁链和转矩，通过检测定子电阻来达到观测定子磁链的目的，因此省去了矢量控制等复杂的变换计算，系统直观、简洁，计算速度和精度都比矢量控制方式有所提高。即使在开环的状态下，也能输出 100% 的额定转矩，对于多拖动具有负荷平衡功能。

5）最优控制。最优控制在实际中的应用根据要求的不同而有所不同，可以根据最优控制的理论对某一个控制要求进行个别参数的最优化。例如在高压变频器的控制应用中，就成功地采用了时间分段控制和相位平移控制两种策略，以实现一定条件下的电压最优波形。

6）其他非智能控制方式。在实际应用中，还有一些非智能控制方式在变频器的控制中得以实现，例如自适应控制、滑模变结构控制、差频控制、环流控制、频率控制等。

（2）智能控制方式。智能控制方式主要有神经网络控制、模糊控制、专家系统控制、学习控制等。在变频器的控制中采用智能控制方式在具体应用中有一些成功的范例。

1）神经网络控制。神经网络控制方式应用在变频器的控制中，一般是进行比较复杂的系统控制。由于对于系统的模型了解甚少，因此神经网络既要完成系统辨识的功能，又要进行控制。神经网络控制方式可以同时控制多个变频器，因此在多个变频器级联时进行控制比较适合。但是神经网络的层数太多或者算法过于复杂都会给具体应用带来不少实际困难。

2）模糊控制。模糊控制算法用于控制变频器的电压和频率，使电动机的升速时间得到控制，以避免升速过快对电机使用寿命的影响以及升速过慢影响工作效率。模糊控制的关键在于论域、隶属度以及模糊级别的划分，这种控制方式尤其适用于多输入单输出的控制系统。

3）专家系统控制。专家系统是利用所谓"专家"的经验进行控制的一种控制方式，因此，专家系统中一般要建立一个专家库，存放一定的专家信息，另外还要有推理机制，以便于根据已知信息寻求理想的控制结果。专家库与推理机制的设计是尤为重要的，关系着专家系统控制的优劣。应用专家系统既可以控制变频器的电压，又可以控制其电流。

4）学习控制。学习控制主要用于重复性的输入，而规则的 PWM 信号（例如中心调制 PWM）恰好满足这个条件，因此学习控制也可用于变频器的控制中。学习控制不需要了解太多的系统信息，但是需要一两个学习周期，因此快速性相对较差，而且，学习控制的算法中有时需要实现超前环节，这用模拟器件是无法实现的，同时，学习控制还涉及一个稳定性的问题，在应用时要特别注意。

9.1.2　三菱 A800 变频器控制

变频器知名企业有瑞士 ABB、德国西门子、日本安川、日本三菱、美国艾默生等，国内的有汇川、英威腾、安邦信、欧瑞等。这里以三菱 FR-A800 系列为例，说明变频器在 PLC 控制系统中的应用技术。

变频器的应用领域非常广泛，它可接受开关量、模拟量、通信数据，其控制方式有面板控制、JOG 点动控制、多段速控制、模拟量控制、通信控制等。

变频器在使用之前需要设置相关参数，主要包括控制方式、参数显示、频率、加减速时间等。根据使用场合不同，还要设置一些更专业的参数。

1. 三菱变频器端子接线

三菱变频器常用接线端子可分为电源输入、电源输出、开关量输入、继电器输入、模拟量输入、模拟量输出和通信共 7 组。图 9-4 所示为 FR-A800 CA 型端子接线图，说明如下：

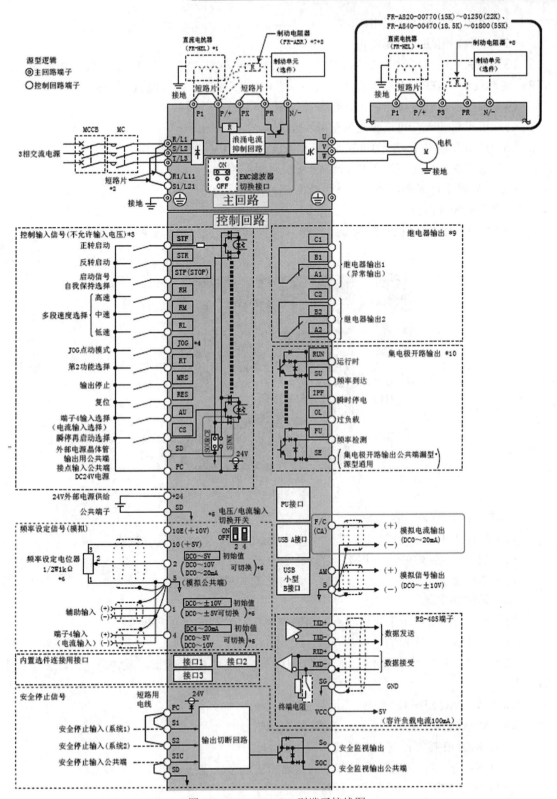

图 9-4　FR-A800 CA 型端子接线图

（1）电源输入端接三相电网。

（2）电源输出端接三相电机。

（3）开关量用于接收开关量信号，有自己的独立电源。SD：公共端；STF：电机正转；STR：电机反转；STP：电机停止；RH、RM、RL；多段速。相关说明见图 9-4。

（4）继电器输出有两组，可通过参数设置其功能。

（5）模拟量输入端可接收电流信号或电压信号。

（6）模拟量输出端可把 0～50Hz 转速转换为 0～10V 电压送出。

（7）通信端子用于变频器与 PLC 的 485 通信控制。

三菱变频器还有诸多功能，具体可查阅相关使用手册。

2．变频器操作面板

三菱 A800 变频器面板可分为显示部分和操作部分，面板结构如图 9-5 所示。

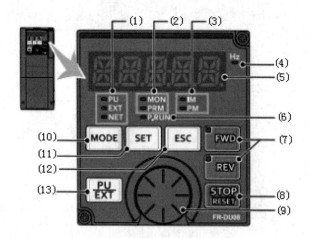

图 9-5　三菱 A800 变频器面板结构

图 9-5 中的各部分功能如下：

（1）PU：PU 运行模式；EXT：外部运行模式；NET：网络运行模式。

（2）MON：监视模式；PRM：参数设定模式。

（3）IM：感应电机控制设定；PM：无传感器矢量控制设定。

（4）转速频率单位：Hz。

（5）5 位数码管：用于显示频率、电流、电压、参数编号、参数值等。

（6）P.RUN：顺序控制功能动作。

（7）FWD 按键：正转启动，正转运行中 LED 亮灯；REV 按键：反转启动，反转运行中 LED 亮灯

（8）STOP/RESET 按键：停止运行指令。

（9）M 旋钮：变更频率设定、参数设定值。

（10）MODE 按键：切换各模式，包括 JOG。

（11）SET 按键：确定各项设定；切换显示物理量（电压、电流、频率）。

（12）ESC 按键：返回前一个界面。

（13）PU/EXT 按键：切换 PU 运行模式、JOG 运行模式、外部运行模式。

图 9-5 所示的面板操作如下：

- 模式切换。在通电但不运行且只显示 0.00 的状态下按 PU 键，可进行 EXT→PU→JOG 切换。
- 显示变量切换。在运行状态下按 SET 键，可进行频率、电流、电压显示数据的切换。
- 参数设置（以 P.79 为例）。按 MODE 键，旋转 M 旋钮，直至出现 P.0；再旋转 M 旋钮，直至出现 P.79；按 SET 键，显示 P.79 的值；再旋转 M 旋钮，出现期望设置的值；按 SET 键，变频器蜂鸣器长鸣，表示设置成功。如果变频器报警（连续三次短鸣）并显示 ERR，则说明设置不成功，主要原因：一是参数不正确；二是状态不对（例如在多段速运行状态下切换到网络模式）。可在停止状态下，断掉硬件接线，设置某些参数。参数设置完毕，变频器需要断电 15s 再通电，这样全部参数才会生效。

3. 三菱变频器常用参数

三菱变频器常用参数及其含义见表 9-1。

表 9-1　三菱变频器常用参数及其含义

编号	名称	设定值	初始值	范围	用途
PrCr	ALLC		0	0，1	0：保存 1：改为出厂值
0	转矩提升	0.1%	6%	0～30%	提升转矩
1	上限频率	0.01Hz	60 Hz	0～120 Hz	
2	下限频率	0.01Hz	0 Hz	0～120 Hz	
4	多段速设定（高速）	0.01Hz	50 Hz	0～400 Hz	第 3 段速
5	多段速设定（中速）	0.01Hz	30 Hz	0～400 Hz	第 2 段速
6	多段速设定（低速）	0.01Hz	10 Hz	0～400 Hz	第 1 段速
24	第 4 段速				第 4 段速
25	第 5 段速				第 5 段速
26	第 6 段速				第 6 段速
27	第 7 段速				第 7 段速
73	模拟量设置	1	0	0：0～10V 1：0～5V 6：0～20mA	
79	运行模式选择	1	0	0：通信	3、4、6、7（具体意义见手册）
				1：PU	面板、点动（JOG）
				2：外部	多段速、模拟量
117	变频器站号	1			
118	通信波特率	192bit/s			
119	停止长度	10			

续表

编号	名称	单位	初始值	范围	用途
120	奇偶校验	2			
160	用户参数组读取选择	1	0	0,1,9999	
161	M 旋钮为调节模式	1	1		M 为模拟电位器
180	RL 低速运行指令	0			
181	RM 中速运行指令	1			
182	RH 高速运行指令	2			

9.1.3 伺服电动机控制

伺服电动机（Servomotor）又称执行电动机，其功能是把所接受的电信号转换为电动机转轴上的角位移或角速度的变化。伺服电动机的转速通常要比控制对象（电动机的负载）的运动速度高得多，一般都是通过减速机构（如齿轮）将两者连接起来。

伺服电动机的控制特点如下：

（1）伺服电动机必须加驱动才可以运转，即必须有脉冲信号伺服电动机方可工作。没有脉冲信号的时候，伺服电动机处于静止状态。如果加入适当的脉冲信号，伺服电动机就会以一定的角度（称为步角）转动，转动的速度和脉冲的频率称正比，即伺服电动机具有变频特性。

（2）伺服电动机具有瞬间启动和急速停止的优越特性。

（3）改变脉冲的顺序，可以方便地改变伺服电动机的转动方向。

（4）伺服电动机低速时可以正常运转，但若高于一定速度时则无法启动，并伴有啸叫声。如果要使电动机达到高速转动，脉冲频率应该有加速过程，即启动频率较低，然后按一定加速度升到所希望的高频（电动机转速从低速升到高速）。

下面将以松下 MADDT1207003 为例来了解伺服驱动的相关知识。

1. 松下 MINAS A4 伺服驱动器面板及接线

松下 MADDT1207003 的含义：MADDT 表示松下 A4 系列 A 驱动器；T1 表示最大瞬时输出电流为 10A；2 表示电源电压规格为单相 220V；07 表示电流监测器额定电流为 7.5A；003 表示脉冲控制专用。

MADDT1207003 伺服驱动器面板如图 9-6 所示。面板上有多个接线端口，常用端口含义及接线如下：

X1：电源输入接口，AC220V 电源接到 L1、L2 主电源端子，同时连接到控制电源端子 L1C、L2C 上。

X2：电机接口和外置再生放电电阻器接口。U、V、W 端子用于连接电机。必须注意，电源电压务必按照驱动器铭牌上的指示，电机接线端子（U、V、W）不可以接地或短接，必须保证驱动器上的 U、V、W、E 接线端子与电机主回路接线端子按规定的次序一一对应，否则可能造成驱动器的损坏。电机的接地端子和驱动器的接地端子以及滤波器的接地端子必须保证可靠地连接到同一个接地点上，机身必须接地。RB1、RB2、RB3 端子是外接放电电阻，此处没有使用外接放电电阻。

　　X5：I/O 控制信号接口，其部分引脚信号定义与选择的控制模式有关，不同模式下的接线请参考《松下 A 系列伺服电机手册》。此处伺服电机用于定位控制，选用位置控制模式。

　　X6：连接到电机旋转编码器信号接口，连接电缆应选用带有屏蔽层的双绞电缆，屏蔽层应接到电机侧的接地端子上，并且应确保将编码器电缆屏蔽层连接到插头的外壳（FG）上。

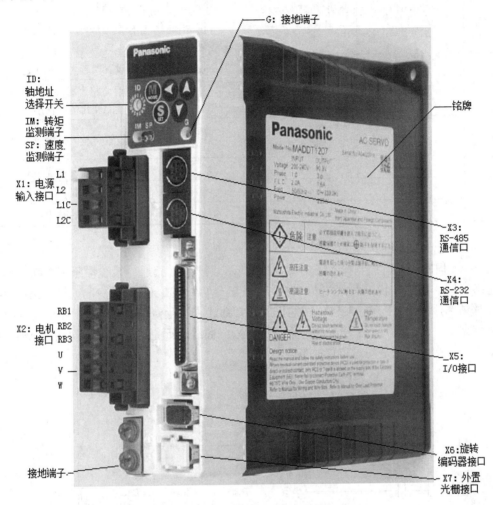

图 9-6　松下 A4 驱动器面板图

2. 伺服驱动器的参数设置

　　伺服驱动器有三种基本控制运行方式，即位置控制、速度控制、转矩控制。位置控制方式就是用输入脉冲串来使电动机定位运行，电机转速与脉冲串频率相关，电机转动的角度与脉冲个数相关。松下 A4 伺服位置控制模式参数设置见表 9-2。

表 9-2　松下 A4 伺服位置控制模式参数设置

序号	参数编号	参数名称	设置值	功能和含义
1	Pr5.28	LED 初始状态	1	显示电机转速
2	Pr0.01	控制模式	0	位置控制（相关代码 P）

序号	参数编号	参数名称	设置值	功能和含义
3	Pr5.04	驱动禁止输入设定	2	当左或右（POT 或 NOT）限位动作，则会发生 Err38 行程限位禁止输入信号出错报警。设置此参数值时必须在控制电源断电重启之后才能修改及写入成功
4	Pr0.04	惯量比	250	此参数设置得越大，响应越快
5	Pr0.02	实时自动增益设置	1	实时自动调整为标准模式，运动时负载惯量的变化情况很小
6	Pr0.03	实时自动增益的机械刚性选择	13	此参数设置得越大，响应越快
7	Pr0.06	旋转方向	0	指令脉冲旋转方向设置
8	Pr0.07	脉冲输入方式	3	指令脉冲输入方式
9	Pr0.08	脉冲个数	6000	电机每旋转一圈的脉冲数

3. 加减速曲线运行

松下 A4 伺服加减速控制梯形图如图 9-7 所示，只要 M0 接通，系统按照等腰梯形加减速曲线包络运行，在 0.5s 内，频率由 1000Hz 减至 0，总共发出 5000 个脉冲。其中 D10 中存放运行实时频率，C235 中存放发送脉冲的累加和；曲线未执行完毕松开 M0，停止发送脉冲；曲线运行完毕一次，M0 未断开，也停止发送脉冲；曲线运行完毕一次，再次接通 M0，系统会重新执行一次，这也是相对定位的特点。

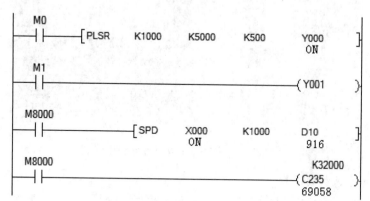

图 9-7　松下 A4 伺服加减速控制梯形图

9.2　项目实施

9.2.1　三菱变频器面板控制

面板控制是仅使用面板控制变频器的启动、停止、反向、转速等。变频器的运行状态可自锁，需要按停止键来停止变频器的运行。

1. 硬件接线

变频器面板控制的硬件接线很简单，只需接入电源和电机，如图 9-8 所示。

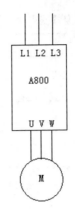

图 9-8　变频器面板控制的硬件接线

2. 参数设置

变频器面板控制的参数设置见表 9-3。

表 9-3　三菱变频器面板控制的参数设置

步骤	参数	设定值	含义
1	ALLC	1	恢复出厂设置
2	Pr.160	0	扩展功能参数
3	Pr.79	1	面板控制
4	断电 0.5s		保存参数
5	通电		初始化
6	Pr.1	120	上限频率
7	Pr.2	0	下限频率
8	Pr.3	50	基准频率

3. 操作步骤

（1）接通电源，显示监视画面。

（2）按 FWD 键正转运行，按 REV 键反转运行。

（3）旋转旋钮 M，直至 LED 显示框显示出希望设定的频率。

（4）按 STOP 键停止运行。

9.2.2　三菱变频器点动控制

点动控制（JOG）又称为点动运行或寸动运行，是通过按键或外接数字端子来控制电动机按照预制的点动频率进行点动运行，即按住该键，变频器输出设定的频率；松开该键，变频器停止运行。点动控制多用于试车。

1. 硬件接线

变频器点动控制的硬件接线与变频器面板控制（图 9-8）相同。

2. 参数设置

三菱变频器点动控制的参数设置见表 9-4。

表 9-4　三菱变频器点动控制的参数设置

步骤	参数	设定值	含义
1	ALLC	1	恢复出厂设置
2	Pr.160	0	扩展功能参数
3	Pr.79	1	面板控制
4	Pr.13	0.5	启动频率
5	Pr.15	10	点动频率
6	Pr.16	1	点动加速时间
7	Pr.78	0	正、反转均可
8	将变频器由 PU 模式切换到 JOG 模式		

3. 操作步骤

（1）接通电源，显示监视界面。

（2）按 FWD 键正转运行，松开该键变频器停止。

（3）按 REV 键反转运行，松开该键变频器停止。

9.2.3　三菱变频器多段速控制

1. 硬件接线

图 9-9（a）所示为利用变频器本身提供的电源实现多段速控制的接线图。通过 PLC 也可实现自动控制，但需注意电源接线，如图 9-9（b）所示。

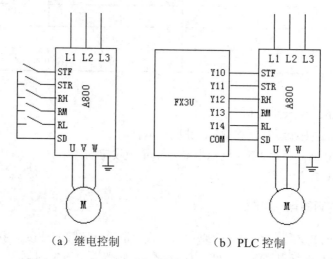

（a）继电控制　　　　　　（b）PLC 控制

图 9-9　三菱 A800 变频器多段速控制的接线原理图

2. 参数设置

三菱变频器多段速控制的参数设置见表 9-5。

表 9-5　三菱变频器多段速控制的参数设置

步骤	参数	设定值	含义
1	ALLC	1	恢复出厂设置
2	Pr.160	0	扩展功能参数
3	Pr.79	1	切换为 PU 模式
4	Pr.1	50	上限频率
5	Pr.2	5	下限频率
6	Pr.4	20	第 3 段速度
7	Pr.5	15	第 2 段速度
8	Pr.6	10	第 1 段速度
9	Pr.24	25	第 4 段速度
10	Pr.25	30	第 5 段速度
11	Pr.26	40	第 6 段速度
12	Pr.27	50	第 7 段速度
13	Pr.180	0	RL 低速运行指令
14	Pr.181	1	RM 中速运行指令
15	Pr.182	2	RH 高速运行指令
16	Pr.79	2	切换为 EXT 模式

3．操作步骤

（1）接通 STF，变频器根据信号组合以设定的频率正转运行。

（2）接通 STR，变频器根据信号组合以设定的频率反转运行。

信号 RH、RM、RL 的组合与 7 段速的关系见表 9-6。

表 9-6　三菱变频器信号 RH、RM、RL 的组合与 7 段速的关系

序号	RH	RM	RL	转速/Hz	含义
0	0	0	0	0	第 0 段速度
1	0	0	1	10	第 1 段速度
2	0	1	0	15	第 2 段速度
3	1	0	0	20	第 3 段速度
4	0	1	1	25	第 4 段速度
5	1	0	1	30	第 5 段速度
6	1	1	0	40	第 6 段速度
7	1	1	1	50	第 7 段速度

9.2.4　三菱变频器模拟量控制

1．模拟量电压控制

（1）硬件接线。图 9-10（a）所示为利用变频器本身提供的 5V 直流电源实现模拟量控制。

如果通过 PLC 实现模拟量控制，控制电压接在端子 2 和 5 上，如图 9-10（b）所示。

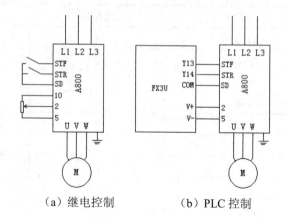

（a）继电控制　　　　　（b）PLC 控制

图 9-10　三菱 A800 变频器模拟量电压控制的接线原理图

（2）参数设置见表 9-7。

表 9-7　三菱变频器模拟量电压控制参数设置

步骤	参数	设定值	含义
1	ALLC	1	恢复出厂设置
2	Pr.160	0	扩展功能参数
3	Pr.79	2	外部模拟量
4	断电 15s		保存参数
5	通电		初始化
6	Pr.73	1	0～5V 范围
		0	0～10V 范围

2. 模拟电流控制

（1）硬件接线。图 9-11（a）所示为通过变频器本身提供的 5V 直流电源实现模拟量控制。如果通过 PLC 实现模拟量控制，控制电流接在端子 2 和 5 上，如图 9-11（b）所示。

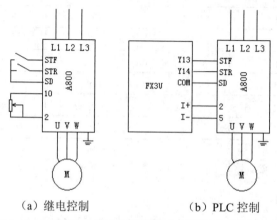

（a）继电控制　　　　　（b）PLC 控制

图 9-11　三菱 A800 变频器模拟量电流控制的接线原理图

（2）参数设置见表9-8。

表 9-8　三菱变频器模拟量电流控制参数设置表

步骤	参数	设定值	含义
1	ALLC	1	恢复出厂设置
2	Pr.160	0	扩展功能参数
3	Pr.79	2	外部模拟量
4	断电 15s		保存参数
5	通电		初始化
6	Pr.73	6	0～20mA 电流

3. 转速 PID 闭环控制

为稳定转速，可采用 PID 闭环控制，包括转速采集、期望值设定、PID 运算、模拟量输出。

（1）硬件接线。模拟量采集可用变频器本身的输出，从 AM、5 两个端子引出信号，如图 9-12（a）所示，但该方法的输出信号波动较大。如果采用光电编码器采集转速，则转速相当稳定，硬件接线如图 9-12（b）所示。

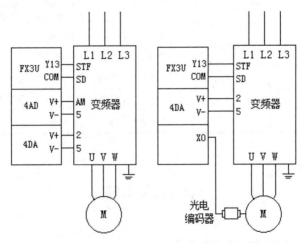

（a）模拟电压反馈控制　　（b）高速脉冲反馈控制
图 9-12　三菱 A800 变频器模拟量闭环控制接线原理图

（2）参数设置见表9-9。

表 9-9　三菱变频器模拟量 PID 控制参数设置表

步骤	参数	设定值	名称	含义		
1	Pr.128	10	选择 PID 控制	对于加热、压力等进行控制	偏差量信号输入（端子）	PID 负作用
		11		对于冷却等进行控制		PID 正作用
		20		对于加热、压力等进行控制	检测值信号输入（端子）	PID 负作用
		21		对于冷却等进行控制		PID 正作用

步骤	参数	设定值	名称	含义
2	Pr.129	0.1%～1000%	PID 比例范围常数	如果比例范围较窄（参数设定值较小），反馈量的微小变化会引起执行量的很大改变。因此，随着比例范围变窄，响应的灵敏性（增益）得到改善，但稳定性变差
		9999		无比例控制
3	Pr.130	0.1%～3600%	PID 积分时间常数	这个时间指由积分（I）作用时达到与比例（P）作用时间相同的执行量所需要的时间，随着积分时间的减少，到达设定值越快，但容易发生振荡
		9999		无比例控制
4	Pr.131	0～100%	上限	设定上限，如果检测值超过此设定值，就输出 FUP 信号（检测值的 4mA 等于 0，20 mA 等于 100%）
		9999		功能无效
5	Pr.132	0～100%	下限	设定下限，如果检测值超过此设定值，就输出一个报警信号（检测值的 4mA 等于 0，20 mA 等于 100%）
		9999		功能无效
6	Pr.133	0～100%	用 PU 设定的 PID 控制设定值	仅在 PU 操作或 PU/外部组合模式下对 PU 指令有效。对于外部操作，设定值由端子 2 与 5 间的电压决定。（Pr.902 等于 0，Pr.903 等于 100%）
7	Pr.134	0.01%～10.00%	PID 微分时间常数	时间值仅要求向微分作用提供一个与比例作用相同的检测值。随着时间的增加，偏差改变会有较大的响应
		9999		无微分控制

9.3 知识拓展

9.3.1 西门子 MM440/420 变频器简介

1. MM440/420 变频器的基本结构

西门子的 MicroMaster 440/420（以下简称 MM440/420）变频器是用于三相交流电动机调速的系列产品，由微处理器控制，采用绝缘栅双极性晶体管（IGBT）作为功率输出部件，具有很高的运动可靠性和很强的功能。它采用模块化结构，组态灵活，有多种完善的变频器和电动机保护功能；内置的 RS-485/232C 接口和用于简单过程控制的 PI 闭环控制器，可以根据用户的特殊需求对 I/O 端子进行功能自定义；快速电流限制（FCL）改善了动态响应特性，低频时也可以输出大力矩。

MM420 变频器的输出功率为 0.12～11kW，适合于各种变速传动，尤其适合于作为水泵、风机和传送带系统的驱动控制。

MM440 变频器的输出功率为 0.75～90kW，适合于要求高、功率大的场合。它采用无传感器矢量控制和 ECO 节能控制，有提升类专用功能和机械制动的延时释放、超前吸合控制功能，可以保持升降机的安全平稳运行，其传送带故障监视功能可以保证生产线安全运行。MM440 变频器有参数自整定的 PID 控制器，闭环转矩控制方式可以实现主/从方式的控制，适合多机同轴驱动。

用户在设置变频器参数时，可以选用价格低的基本操作面板（BOP），或具有多种文本显示功能的高级操作面板（AOP）。AOP 最多可以存储 10 组参数设定值。

MM420 变频器的基本操作面板图如图 9-13 所示。

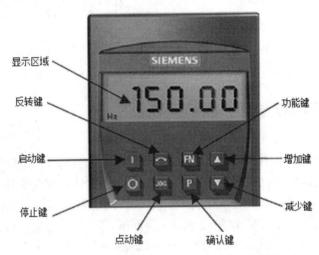

图 9-13　MM420 变频器的基本操作面板图

2. MM420 变频器外部结构与控制方式

MM420 变频器的输出频率控制有以下四种方式：

（1）操作面板控制方式。这是通过操作面板的按钮手动设置输出频率的一种操作方式。具体操作又有两种方法：一种方法是按面板上的频率上升或频率下降按钮调节输出频率；另一种方法是通过直接设定频率数值调节输出频率。

（2）外输入端子数字量频率选择操作方式。变频器常设有多段频率选择功能，各段频率值通过功能码设定，频率段的选择通过外部端子选择。变频器通常在控制端子中设置一些控制端，如图 9-14 中的端子 DIN1、DIN2、DIN3，它们的 7 种组合可选定 7 种工作频率值。这些端子的接通组合可通过机外设备（如 PLC）控制实现。

（3）外输入端子模拟量频率选择操作方式。为了方便与输出量为模拟电流或电压的调节器、控制器的连接，变频器还设有模拟量输入端，如图 9-14 中的 AIN+端为电压模拟量的正极，AIN-端为电压模拟量的负极，L1、L2、L3 端为三相电压输入端。当接在这些端口上的电流或电压量在一定范围内平滑变化时，变频器的输出频率也在一定范围内平滑变化。

（4）通信数字量操作方式。为了方便与网络进行连接，变频器一般设有网络接口，可以通过通信方式接收频率变化指令。不少变频器生产厂家还为自己的变频器与 PLC 通信设计了专用的协议，如西门子公司的 USS 协议即是 MM420 系列变频器的专用通信协议。应用时需将 P+和 N-与 485 线相接。

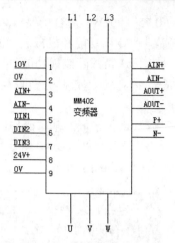

图 9-14　MM420 变频器的端子结构图

9.3.2　西门子变频器开关量控制

1. 控制要求

（1）电动机正向运行。闭合开关 SB1 时，电动机正向启动，经 5s 后稳定运行在 560r/min 的转速上；断开 SB1，电动机按 5s 斜坡下降时间停车，经 5s 后电动机停止运行。

（2）电动机反向运行。闭合开关 SB2 时，电动机反向启动，经 5s 后稳定运行在 560r/min 的转速上；断开 SB2，电动机按 5s 斜坡下降时间停车，经 5s 后电动机停止运行。

（3）电动机正向点动运行。按下正向点动按钮 SB3 时，电动机按 5s 斜坡上升时间正向点动运行，经 5s 后稳定运行在 280r/min 的转速上；松开 SB3 按钮，电动机按 P1061（表 9-12）所设定的 5s 点动斜坡下降时间停车。

2. 硬件接线

MM420 变频器有 4 个数字输入端口（端口接线图见《MM420 使用手册》），开关量控制接线原理图如图 9-15 所示。需要说明的是，24V 电源来自外部，端口 8 是变频器自身提供的 24V 电源。

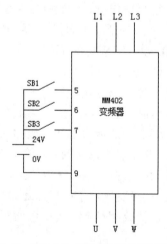

图 9-15　MM420 开关量控制接线原理图

3．参数设置

西门子变频器端口功能很多，用户可根据需要进行设置。P0701～P0704 为数字量输入 1～4 的功能。每一个数字输入功能设置参数为 0～99（参数功能设置见《MM420 使用手册》）。下面是几个常用的参数值及其含义。

0：禁止数字输入。

1：ON/OFF1（接通正转/停止命令 1）。

3：ON REVERSE/OFF1（接通反转/停止命令 1）。

4：OFF3（停止命令 3），按斜坡函数曲线快速降速停止。

9：故障确认。

10：正向点动。

11：反向点动。

12：反转。

17：固定频率设定值。

25：直流注入制动。

MM420 变频器的数字输入端口 5、6、7 分别接三个按钮 SB1、SB2、SB3：端口 5（DIN1）设为正转控制，其功能由 P0701 的参数值设置；端口 6（DIN2）设为反转控制，其功能由 P0702 的参数值设置；端口 7（DIN3）设为正转点动控制，其功能由 P0703 的参数值设置。参数设置步骤如下：

（1）接好线路，检查无误后接通变频器电源。

（2）恢复变频器出厂默认设置，见表 9-10。

表 9-10　恢复出厂默认设置

步骤	参数	设定值	含义
1	P0010	30	工厂设定值
2	P0970	1	参数复位

（3）设置电动机参数，见表 9-11。

表 9-11　电动机参数设置

步骤	参数	设定值	含义
1	P0003	1	设用户访问级为标准级
2	P0010	1	快速调试
3	P0100	0	选择工作地区
4	P0304	380V	电动机额定电压
5	P0305	0.2A	电动机额定电流
6	P0307	30W	电动机额定功率
7	P0310	50Hz	电动机额定频率
8	P0311	1430r/min	电动机额定转速

设置完成后，使 P0010=0，变频器处于准备状态，即可正常运行。

（4）设置数字输入控制端口开关量控制参数，见表 9-12。

表 9-12　开关量控制参数设置

步骤	参数	设定值	含义
1	P0003	1	设用户访问级为标准级
2	P0004	7	命令和数字 I/O
3	P0700	2	命令源选择"由端子排输入"
4	P0003	2	设置访问级为扩展级
5	P0004	7	命令和数字 I/O
6	P0701	1	数字输入 1，ON 接通正转，OFF 停止
7	P0702	2	数字输入 2，ON 接通反转，OFF 停止
8	P0703	10	正向点动
9	P0003	1	设置用户访问级为标准级
10	P0004	10	设定值通道和斜坡函数发生器
11	P1000	1	由键盘（电动电位计）输入设定值
12	P1080	10Hz	电动机运行的最低频率
13	P1082	50Hz	电动机运行的最高频率
14	P1120	5s	斜坡上升时间
15	P1121	5s	斜坡下降时间
16	P0003	2	设置用户访问级为标准级
17	P0004	10	设定值通道和斜坡函数发生器
18	P1040	20	设定键盘控制的频率值
19	P1058	10Hz	正向点动频率
20	P1060	5s	点动斜坡上升时间
21	P1061	5s	点动斜坡下降时间

9.3.3　西门子变频器模拟量控制

1. 控制要求

（1）电动机正向运行。闭合开关 SB1 时，电动机正向启动运行，转速由外接给定电位器来控制，电动机转速可由 0 到额定值连续变化；断开 SB1，电动机停止运行。

（2）电动机反向运行。闭合开关 SB2 时，变频器数字输入端口 6 为 ON，电动机反向启动运行，与正转相同，电动机反转速度的大小可由 0 到额定值连续变化；断开 SB2，电动机停止运行。

2. 硬件接线

MM420 变频器可以通过数字量输入端口控制电动机的正、反转方向，由模拟输入端控制电动机转速大小。MM420 变频器的模拟量输入为 0～10V 电压，在模拟量输入端接一个电位器即可，如图 9-16 所示。

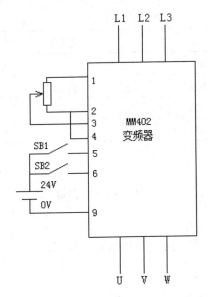

图 9-16　MM420 模拟量控制接线原理图

通过设置 P0701 的参数值，使数字输入端口 5 具有正转控制功能；通过设置 P0702 的参数值，使数字输入端口 6 具有反转控制功能（参数功能设置见《MM420 使用手册》）；模拟量输入端口 3 和 4 外接实验台模拟量给定输出，通过端口 3 输入大小可调的模拟电压信号，控制电动机转速大小，即由数字量控制电动机的正、反转方向，由模拟量控制电动机转速大小。

3．参数设置

（1）接好线路，检查无误后接通变频器电源。

（2）恢复变频器出厂默认值，见表 9-10。

（3）设置电动机参数，见表 9-11。设置完成后，使 P0010=0，变频器处于准备状态，即可正常运行。

（4）设置模拟信号操作控制参数，见表 9-13。

表 9-13　模拟量操作控制参数设置

步骤	参数	设定值	含义
1	P0003	1	设置用户访问级为标准级
2	P0004	7	命令和数字 I/O
3	P0700	2	命令源选择"由端子排输入"
4	P0003	2	设置用户访问级为扩展级
5	P0004	7	命令和数字 I/O
6	P0701	1	ON 接通正转，OFF 停止
7	P0702	2	ON 接通反转，OFF 停止
8	P0003	1	设用户访问级为标准级
9	P0004	10	设定值通道和斜坡函数发生器
10	P1000	2	频率设定值选择为"模拟输入"

续表

步骤	参数	设定值	含义
11	P1080	0	电动机运行的最低频率
12	P1082	50Hz	电动机运行的最高频率
13	P1120	5s	斜坡上升时间
14	P1121	5s	斜坡下降时间

9.4　技能实训

9.4.1　三菱 A800 变频器点动控制系统的安装与调试

1. 实训目的

（1）熟悉变频器的工作原理。

（2）掌握变频器相关参数的设置方法。

（3）掌握变频器控制的硬件接线。

2. 实训器材

实训器材见表 9-14。

表 9-14　实训器材

序号	名称	型号与规格	数量	备注
1	实训装置	三菱 A800	1 套	
2	三相异步电动机	Y112M-4	1 台	
3	导线	3 号	若干根	
4	通信编程电缆	SC-09	1 根	三菱

3. 控制要求

点动控制（JOG）又称为点动运行或寸动运行，是通过按键或外接数字端子来控制电动机按照预制的点动频率进行点动运行，即按住该键，变频器输出设定的频率；松开该键，变频器停止运行。

4. 硬件接线

按图 9-8 所示完成变频器点动控制的硬件接线。

5. 参数设置

根据表 9-4 完成三菱变频器点动控制的参数设置。

6. 操作步骤

（1）接通电源，显示监视界面。

（2）按 FWD 键正转运行，松开该键变频器停止。

（3）按 REV 键反转运行，松开该键变频器停止。

7. 实训总结

记录总结变频器与外部设备的接线过程及注意事项。

9.4.2 风机节能自动控制设计、安装与调试

1. 实训目的

（1）掌握变频器相关参数的设置方法。

（2）掌握变频器多段速控制设计方法。

（3）掌握变频器与 PLC 及外部设备的硬件接线。

（4）熟悉并掌握风机节能自动控制设计、安装与调试方法。

2. 实训器材

实训器材见表 9-15。

表 9-15　实训器材

序号	名称	型号与规格	数量	备注
1	变频器	三菱 A800	1 台	
2	三菱 PLC	FX3U	1 套	
3	三相异步电动机	Y112M-11	1 台	
4	导线	3 号	若干根	
5	通信编程电缆		1 根	三菱
6	实训指导书		1 本	

3. 控制要求

五台设备共用一台主电机为 11kW 的吸尘风机，用来吸取电锯工作时产生的锯屑。不同设备对风量的需求差别不是很大，但设备运转时电锯并非一直工作，而是根据不同的工序需要投入运行。用 PLC 接收各电锯工作的信息，并对投入工作的电锯台数进行判断，用相应的输出点动作来控制变频器的多段速端子，实现多段速控制，自动根据投入电锯的台数进行风量控制，根据投入运行的电锯台数实施五个速度段的速度控制。运行电锯台数与变频器输出频率见表 9-16。

表 9-16　运行电锯台数与变频器输出频率

运行电锯台数/台	对应变频器输出频率/Hz	备注
1	25	
2	33	
3	40	具体设定频率根据现场效果修改
4	45	
5	50	

4. 电锯投入运行信号的采集

用电锯工作时控制接触器的一对辅助动合触点控制一个中间继电器。中间继电器要选用至少有两对动合触点的，用其中的一对接入 PLC 的一个输入点，另一对控制一个气阀，气阀再带动气缸，用气缸启闭设备上的风口，这样就实现了 PLC 对投入运行的电锯信号的接收，也实现了风口的自动启闭。

5. 变频器的参数设置

变频器的参数设置参考表 9-5。

6. PLC 的 I/O 分配

PLC 的 I/O 分配见表 9-17。

表 9-17　PLC 的 I/O 分配

输入		输出	
X0	设备一电锯工作信号	Y1	变频器端子 RH
X1	设备二电锯工作信号	Y2	变频器端子 RM
X2	设备三电锯工作信号	Y3	变频器端子 RL
X3	设备四电锯工作信号	Y0	变频器正转信号
X4	设备五电锯工作信号		
X5	启动按钮		
X6	停止按钮		

7. 安装接线

PLC 输出端与变频器控制端子接线如图 9-17 所示。

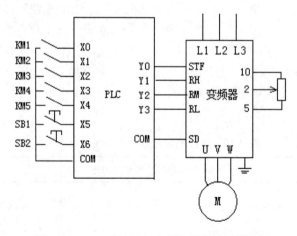

图 9-17　PLC 输出端与变频器控制端子接线图

8. PLC 控制程序进行设计与调试

在上述工作基础上，对 PLC 控制程序进行设计与调试。

思考与练习

1. 变频器一般由哪几个部分组成？
2. 通用变频器按工作方式分为哪几类？
3. 变频器有哪几种控制方式？
4. 三菱变频器常用接线端子有哪些？
5. 变频器参数设置不成功有什么提示？如何解决？
6. 西门子变频器有 BOP 和 AOP 操作面板，它们的区别是什么？

项目十　工业网络控制

【知识目标】

1. PLC 通信的基本知识。
2. PLC 与 PLC 之间的通信。
3. 计算机连接与无协议数据传输。
4. 三菱工业网络。

【技能目标】

1. 熟悉 PLC 通信的基本知识。
2. 熟悉并掌握 PLC 与 PLC 之间的通信及应用。
3. 熟悉并掌握计算机连接与无协议数据传输。
4. 掌握 PLC 与 A800 变频器无协议通信设计、安装与调试方法。

【其他目标】

1. 培养学生谦虚、好学的能力；培养学生良好的职业道德。
2. 培养学生分析问题、解决问题的能力；培养学生勇于创新、敬业乐业的工作作风；培养学生的质量意识和安全意识；培养学生的团结协作能力，使其能根据工作任务进行合理的分工，并可互相帮助、协作完成工作任务。
3. 教师应遵守工作时间，在教学活动中渗透企业的 6S 制度。
4. 培养学生填写、整理、积累技术资料的能力；在进行电路装接、故障排除之后能对所进行的工作任务进行资料收集、整理、存档。
5. 培养学生语言表达能力，使其能正确描述工作任务和工作要求，任务完成之后能进行工作总结并进行总结发言。

10.1 相关知识

10.1.1 PLC 通信的基本知识

PLC 通信指 PLC 与计算机、PLC 与 PLC、PLC 与现场设备或远程 I/O 之间的信息交换。PLC 与计算机及各扩展模块之间的交换信息都是以 0 和 1 所表达的数字信号，因此 PLC 通信属于数字通信。

1. 数字通信系统构成

数字通信系统的基本构成如图 10-1 所示。它由传送设备（发送设备及接收设备）、传送控制设备（通信软件、通信协议）及通信介质等部分组成。

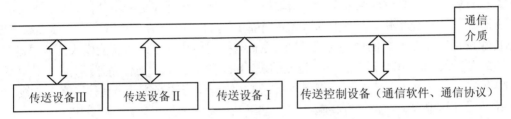

图 10-1 数字通信系统的基本构成框图

其中，传送设备不少于两台，包括发送及接收设备。对于多台设备之间的数据传送，往往有主、从之分。主设备处于控制、发送和处理信息的主导地位；从设备主要用于接收、监视和执行主设备的信息指令。主从关系由实际通信的数据传送结构确定。在 PLC 通信系统中，传送设备可以是 PLC、计算机或各种外围设备。

传送控制设备主要用于发送与接收之间的同步协调，保证信息发送与接收的一致性。这种一致性是通过各种通信协议和通信软件来实现的。通信协议是通信过程中必须严格遵守的数据传送规则，是通信法规；通信软件用于对通信的软件、硬件进行统一调度、控制和管理。

通信介质是通信系统内部进行数据或信息交换的物理通道。

2. 数据通信方式及传输速率

数据的基本通信方式有并行通信和串行通信两种。

（1）并行通信。并行数据通信是以字节或字为单位的数据传输方式。这种数据传输方式除了有满足传输数据最大位数的数据线（数据线的根数与数据的位数相等）和一根公共线外，还需要有数据通信双方联络的控制线，如图 10-2 所示。

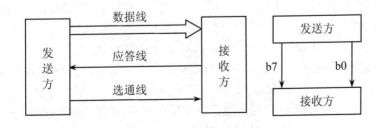

图 10-2 并行通信示意图

并行数据通信的工作过程如下：

1）发送方在发送数据之前，首先判断接收方发出应答信号的线的状态，以决定是否可以发送数据。

2）发送方在确定可以发送数据后，在数据线上发送数据，并在选通线上输出一个状态信号给接收方，表示数据线上的数据有效。

3）接收方在接收数据之前，首先判断发送方发出选通信号的线的状态，以决定是否可以接收数据。

4）接收方在确定可以接收数据后，在数据线上接收数据，并在应答信号线上输出一个状态信号给发送方，表示可以再发送数据。

并行传送时，一个数据的所有位同时传送，因此每个数据位都需要一条单独的传输线，一个数据有多少二进制位就需要多少条传输线，一次即可传送完成一个数据。

并行通信传输速率快，但硬件成本高，不宜进行远距离通信，常用于近距离、高速度的数据传输场合，如在 PLC 的内部各元件间、主机与扩展模块或近距离智能模块的处理器之间。

（2）串行通信。串行通信是以二进制的位（bit）为单位的数据传输方式。除了公共线外，数据传输在一个传输方向上只用一根通信线。这根线既作为数据线又是通信联络控制线。数据和联络信号在这根线上按位进行传输。

串行通信在传输数据时，数据的各个不同位分时使用同一根传输线，从低位开始一位接一位地依次传送，数据有多少位就需要传送多少次，因此只需要几条传输线就可以在两个设备间实现信息交换，如图 10-3 所示（全双工通信方式）。在图 10-3 中，由设备 1 向设备 2 传送一个 8 位数据 10110011，传送时由低位到高位逐次传送。

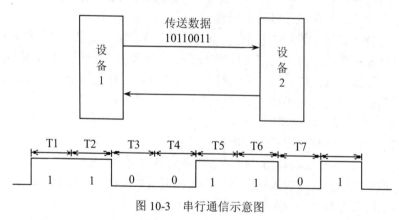

图 10-3 串行通信示意图

串行通信传送速度慢，但需要的信号线少，最少两根线即可实现通信。因此，可以大大降低成本，特别适合远距离数据传输。目前，串行通信的传输速率可达兆字节的数量级。串行通信多用于计算机与计算机之间、计算机与 PLC 之间、多台 PLC 之间的数据传输。

1）串行通信数据传输的工作方式。串行通信按信息在设备间的传输方式可分为三种：单工通信、半双工通信、全双工通信，如图 10-4 所示。

单工通信只需一条传输线，数据只能按固定的单方向传输，如图 10-4（a）所示。单工通信不能实现双方信息的交流，因此在 PLC 网络中极少使用。

半双工通信仍然只需一条传输线，但可以实现数据的双向传送，只是不能同时传输，只能交替进行，即在任一时刻，数据只能沿一个方向传送，如图10-4（b）所示。因此，为了控制传输线路转换传输向，应对两端设备进行控制，以确定数据流向。半双工通信的双向传输数据效率较低。

全双工通信有两条传输线，如图10-4（c）所示。两台通信设备之间可同时接收和发送数据，数据传送速度快。全双工通信中，两个传输方向上的资源完全独立。

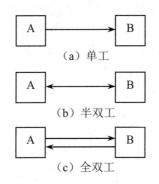

图 10-4　单工、半双工和全双工通信

2）串行通信数据的收发方式。为了保证发送与接收数据的一致，串行通信采用两种通信技术：同步通信和异步通信。

异步通信是将被传输的数据编码成一串脉冲，按照定位数（通常是按一个字节，即 8 位二进制数）分组，每组数据的开始位加 0 标志，即低电平，宽度为 1bit；紧跟着是字符数据位，以高电平为 1，低电平为 0；末尾加校验位 1 和停止位 1 标记，构成完整的帧格式，按照上述约定格式一帧一帧地传送。异步通信在各部件之间没有统一的时间标准，相邻两个字之间的停顿时间不统一，在停止位后可以加一位或几位空闲位，空闲位由高电平表示，用于等待下一个字符的传送。因此，接收和发送可以随时或间断进行，不受时间限制，如图 10-5 所示。

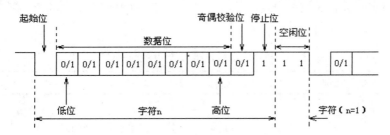

图 10-5　异步串行通信方式示意图

由此可知，对于异步通信数据传输，通信的设备之间必须有两项约定，即相同的传送字符数据格式和一致的传送速率。

由于每个字符的开始和结束都要用起始位和停止位标志，因此传输效率较低，主要用于中、低速通信场合。

同步通信与异步通信的不同之处在于，同步传输数据不需要增加冗余的标志位，有利于提高传输速度，但要求有统一的时钟信号来实现发送端和接收端之间的严格同步，而且对同步时钟信号的相位一致性的要求非常严格。因此，这种方式的硬件设备复杂、价格较高，通常只在传输速率超过 20000bit/s 的系统才使用这种方式。PLC 常采用半双工或全双工异步串行通信方式。

3）传输速率。单位时间内传输的信号量称为传输速率。它是衡量数据传输的主要指标，进行通信的发送与接收设备必须以相同的数据传输速率进行工作。数据传输中常用的有码元速率和比特速率两种。

- 码元速率也称调制速率，是脉冲信号经过调制后的传输速率，即信号在调制过程中，单位时间内调制信号波形变化的次数，也就是单位时间内所能调制的次数，单位为波特（Baud），通常用于表示调制解调器之间传输信号的速率。
- 比特速率指每秒传输多少比特位，单位为比特/秒（bit/s）。常用的标准比特率有 300bit/s、600bit/s、1200bit/s、2400bit/s、4800bit/s、9600bit/s 和 19200bit/s 等。目前，PLC 的传输速率可根据需要进行选用，一般为 300bit/s、600bit/s、1200bit/s、2400bit/s、4800bit/s、9600bit/s，直到 38400 bit/s。

3. 串行通信接口标准

FX 系列 PLC 的串行异步通信接口主要有 RS-232C、RS-422 和 RS-485 等。

（1）RS-232C 串行通信接口。RS-232C 标准（协议）是美国电子工业协会 EIA 于 1962 年公布的一种标准化接口。RS 是英文"推荐标准（Recommend Standard）"的缩写，232 是标志号，C 表示此接口标准的修改次数。它既是一种协议标准，又是一种电气标准，对串行通信接口的机械特性、信号功能、电气特性和过程特性都进行了明确的规定。该标准适合于数据传输速率在 0～20000 bit/s 范围内的串行通信，是为远程通信中数据终端设备（DTE）和数据通信设备（DCE）的连接而制定的。

机械性能上，RS-232C 的标准接口插件是 9 针或 25 针的 D 形连接器。其中，凸型连接器安装在数据终端设备（DTE）上，凹型连接器安装在数据通信设备（DCE）上。对于 25 针接口，在具体使用中并不使用所有的 25 根线，最少只用 3 根，目前最多用到 22 根。

在信号功能上，RS-232C 标准规定了数据终端设备（DTE）与数据通信设备（DCE）之间的接口信息功能。25 针 RS-232C 接口有 25 根信号线，其中包括 2 根地线、4 根数据线、11 根控制线、3 根定时线和 5 根备用线。表 10-1 列出了 25 针 RS-232C 标准接口常用的引脚名称及功能。

表 10-1　RS-232C 标准接口常用的引脚名称及功能

引脚号	信号名称	缩写名称	功能
1	保护接地	PG	设备地线
2	发送数据	TXD	由 DTE 输出数据到 DCE
3	接收数据	RXD	由 DCE 输入数据到 DTE
4	请求发送	RTS	至 DCE，DTE 请求切换到发送方式
5	允许发送	CTS	DCE 已切换到准备接收状态
6	数传装置准备好	DSR	由 DCE 来，指示 DCE 已可用
7	信号地线	SG	信号地线
8	载波检测	DCD	由 DCE 来，指示 DCE 正接收通信链路的信号
20	数据终端准备好	DTR	至 DCE，指示 DTE 已可用
22	振铃指示	RI	由 DCE 来，指示通信线路测出响铃

RS-232C 通信接口标准目前已被许多计算机、PLC 等制造商广泛采用。由于 RS-232C 串行通信传输速率低且传输距离有限，因此它主要应用在主机与外围设备（如编程器、调制解调器、数据终端等）之间的通信。通过 RS-232C 接口近距离进行通信时，两台数据终端设备利用发送线、接收线、地线 3 根线可直接实现全双工异步通信。

（2）RS-422 串行通信接口。由于 RS-232C 接口传输速率及传输距离的局限，美国 EIA 于 1977 年推出了新的串行通信标准 RS-499，它定义了 RS-232C 中所没有的 10 种电路功能，改进了 RS-232C 接口的电气特性。RS-422 是 RS-499 标准的子集。它采用差动发送、差动接收的工作方式，发送器、接收器采用+5V 电源，其通信速率、传输距离、抗共模干扰等方面较 RS-232C 接口有较大提高。例如，在 1200m 距离内传输速率可达 100kbit/s，在 12m 距离内传输速率可达 10Mbit/s。

（3）RS-485 串行通信接口。RS-485 串行接口是 RS-422 接口的变形。二者的区别在于 RS-422 为全双工通信，而 RS-485 则为半双工通信。

RS-485 与 RS-422 接口用于多站点的互连非常方便，在一条总线上可以连接 32 个站点。目前，新的接口器件已允许连接 128 个站点，并且功能和安全性能均满足要求。因此该接口已经广泛应用于工业控制系统之中，可实现分布式控制。

4．开放式系统互连参考模型

开放式系统互连参考模型（OSI/RM）是国际标准化组织（International Standard Organization，ISO）为实现各生产厂家所生产的智能设备之间的通信而制定的一套通用计算机通信标准。该模型制定于 1978 年，由 7 层通信协议构成，如图 10-6 所示。

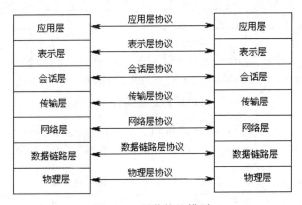

图 10-6　通信协议模型

（1）物理层为用户提供物理连接，如双绞线、同轴电缆等。其他层以物理层为基础实现对层之间的开放互连。

（2）数据链路层负责在两个相邻节点间的链路上实现差错控制功能。数据在数据链路中是以帧为单位传输的，每帧包含一定数量的数据和必要的控制信息，如同步、地址等信息。数据链路层负责把输入数据按帧分组，并在接收端检验传输的正确性。若正确，则发送确认信息；若不正确，则抛弃并等待发送端超时重发。

（3）网络层主要实现报文包的分段、阻塞的处理及通信路径的选择等。

（4）传输层主要负责从会话层接收数据并把它们传送到网络层，保证数据完整、正确地到达目的地，是网络层与会话层之间的接口。该层数据信息的传送单位是报文（Message）。

（5）会话层的主要任务是提供一种有效的方法，组织和协调两个层次之间的会话，并管理和控制它们之间的数据交换。

（6）表示层主要用来实现应用层信息内容的形式变换，如信息的压缩、解压、加密等，把应用层提供的信息转变为能够共同理解的形式。

（7）应用层作为系统的最高层，主要为用户提供信息交换服务，提供应用接口操作标准，负责与其他更高级别（如数据库等）的通信。

10.1.2　PLC 与 PLC 之间的通信

1．N:N 连接通信

随着工业生产规模的不断扩大及对自动化水平的要求越来越高，作为工业自动化生产系统中的一种重要的自动控制装置——PLC，其自身的控制能力也得到了极大的提高。目前，大型机的控制点数均已超过 2048 点。尽管如此，单靠不断增加 PLC 的输入与输出点数已难以满足现代工业控制系统日益复杂的控制功能。因此，PLC 控制系统也逐步从单机分散型控制向着多机协同的网络化控制系统发展。PLC 与 PLC 之间的通信称为同位通信，又称为 N:N 网络。图 10-7 所示为三菱 FX$_{2N}$ 系列 PLC 与 PLC 之间的系统连接框图，该系统由 RS-485 通信所用的 FX$_{2N}$-485-BD 功能扩展模块或特殊适配器进行连接，可以通过程序数据连接 2～8 台 PLC。各站间的位软元件（4～64）和字软元件（4～8 点）被自动连接，通过分配到本站上的软元件可知道其他站的 ON/OFF 状态和寄存器数值。该系统中的特殊辅助继电器不能作为他用。

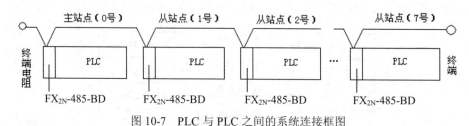

图 10-7　PLC 与 PLC 之间的系统连接框图

在图 10-7 中，0 号为主站点，其余为从站点。各站点之间的通信通过 FX$_{2N}$-485-BD 的通信接口进行。与 N:N 网络通信中有关的辅助继电器和数据寄存器见表 10-2 和表 10-3。

表 10-2　与 N:N 网络有关的辅助继电器

属性	FX$_{1S}$	FX$_{1N}$、FX$_{2N}$ 和 FX$_{2NC}$	描述	响应类型
只读	M8038		用于 N:N 网络参数设置	主、从站
只读	M504	M8183	有主站通信错误时为 ON	主站
只读	M505～M501	M8184～M8190	有从站通信错误时为 ON	主、从站
只读	M503	M8191	与别的站通信时为 ON	主、从站

表 10-3　与 N:N 网络有关的数据寄存器

属性	FX$_{1S}$	FX$_{1N}$、FX$_{2N}$ 和 FX$_{2NC}$	描述	响应类型
只读	D8173		保存自己的站号	主、从站
只读	8174		保存从站的个数	主、从站

属性	FX_{1S}	FX_{1N}、FX_{2N} 和 FX_{2NC}	描述	响应类型
只读	D8175		保存刷新范围	主、从站
只写	D8176		设置站号	主、从站
只写	D8177		设置从站个数	主站
只写	D8178		设置刷新模式	主站
读/写	D8179		设置重试次数	主站
读/写	D8180		设置通信超时时间	主站
只写	D201	D8201	网络当前扫描时间	主、从站
只写	D202	D8202	网络最大扫描时间	主、从站
只写	D203	D8203	主站通信错误条数	从站
只写	D204~D210	D8204~D8210	1~7 号从站通信错误条数	主、从站
只写	D211	D8211	主站通信错误代码	从站
只写	D212~D218	D8212~D8218	1~7 号从站通信错误代码	主、从站
—	D219~D255	—	用于内部处理	—

N:N 网络的部分数据寄存器设置如下：

（1）工作站的设置（D8176）。D8176 的取值范围为 0~7，主站设置为 0，从站设置为 1~7。

（2）从站个数的设置（D8177）。该设置只适用于主站，D8177 的设定范围为 1~7，默认值为 7。

（3）刷新范围的设置（D8178）。刷新范围指主站与从站共享的辅助继电器和数据寄存器的范围。刷新范围由主站的 D8178 设置，可以设定为 0、1 或 2（默认值为 0）：为 0 时，即模式 0；为 1 时，即模式 1；为 2 时，即模式 2。

模式 0 时，对 FX_{0N}、FX_{1S}、FX_{1N}、FX_{2N} 和 FX_{2NC} 的 PLC 来说，0~7 站点的位软元件不刷新，而只对软元件每站的 4 点刷新，即对第 0 号站的 D0~D3、第 1 号站的 D10~D13……第 7 号站的 D70~D73 进行刷新。

模式 1 时，对 FX_{1N}、FX_{2N} 和 FX_{2NC} 的 PLC 来说，可对每站 32 点位软元件和 4 点字软元件进行刷新，即可对第 0 号站的 M1000~M1031、D0~D3，第 1 号站的 M1064~M1095、D10~D13……第 7 号站的 M1448~M1479、D70~D73 进行刷新。

模式 2 时，对 FX_{1N}、FX_{2N} 和 FX_{2NC} 的 PLC 来说，可对每站 64 点位软元件和 8 点字软元件进行刷新，即可对第 0 号站的 M1000~M1063、D0~D7，第 1 号站的 M1064~M1127、D10~D17……第 7 号站的 M1448~M1511、D70~D77 进行刷新。

（4）重试次数设置（D8179）。D8179 的设定值范围为 0~10（默认值为 3），该设置仅用于主站。当通信出错时，主站就会根据设置次数自动重试通信。

（5）通信超时时间设置（D8180）。通信超时是主站点与从站点之间的通信驻留时间。D8180 的设定范围为 5~55（默认值为 5），该值乘以 10ms 就是通信超时时间。该设置仅用于主站。

以上设置只有在程序运行或 PLC 启动时才有效。

2. 双机并行连接通信

并行连接（Parallel Link）用来实现两台同一组的 FX 系列 PLC 之间的数据自动传输。FX 系列 PLC 的分组情况见表 10-4。

表 10-4　FX 系列 PLC 分组一览

组号	组 1	组 2	组 3	组 4	组 5
PLC 系列	FX$_{2N}$，FX$_{2NC}$	FX$_{1N}$	FX$_{1S}$	FX$_{0N}$	FX，FX$_{2C}$

并行连接的工作模式分为两种，即标准模式（Normal Mode）和高速模式（High Seed Mode），由特殊辅助继电器 M8162 来设置。主站与从站之间通过周期性的自动通信相应的辅助继电器和数据寄存器实现数据共享。与并行连接有关的标志寄存器和特殊数据寄存器见表 10-5。

表 10-5　与并行连接有关的标志寄存器和特殊数据寄存器

元件名	操作
M8070	状态为 ON 时，PLC 作为并行连接的主站
M8071	状态为 ON 时，PLC 作为并行连接的从站
M8072	状态为 ON 时，PLC 运行在并行连接方式
M8073	当 M8070 和 M8071 并行连接时，其中任何一个设置有错时为 ON
M8162	状态为 OFF 时，为标准模式；状态为 ON 时，为高速模式
D8070	并行连接的监视时间，默认值为 500ms

一般模式（M8162=OFF）的通信示意图如图 10-8 所示。

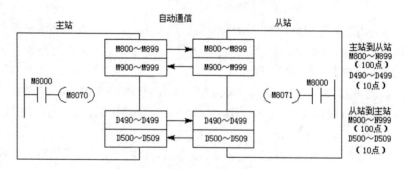

图 10-8　一般模式的通信示意图

高速模式（M8162=ON）的通信示意图如图 10-9 所示。

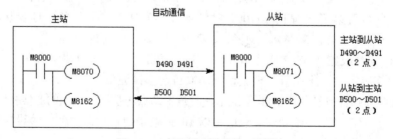

图 10-9　高速模式的通信示意图

3．通信实例

（1）3 台 FX$_{2N}$ PLC 通过 N:N 网络通信的配置及通信程序。

通过本实例说明 FX$_{2N}$ PLC 通过 N:N 网络通信的配置及通信的方法。图 10-10 所示为 3 台 FX$_{2N}$ PLC 通过 N:N 网络交换数据的结构简图。

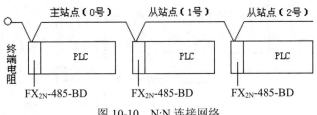

图 10-10   N:N 连接网络

该系统刷新范围设置为模式 1，重试次数为 3 次，通信超时时间为 50ms。系统所进行的操作如下：

1）通过 M1000～M1003，用主站的 X0～X3 来控制 1 号从站的 Y10～Y13。

2）通过 M1064～M1067，用 1 号从站的 X0～X3 来控制 2 号从站的 Y14～Y17。

3）通过 M1128～M1131，用 2 号从站的 X0～X3 来控制主站的 Y20～Y23。

4）主站的数据寄存器 D1 为 1 号从站的计算器 C1 提供设定值。C1 的触点状态由 M1070 映射到主站的 Y5 输出点。

按照通信控制要求，需要设计主站设定程序、主站的通信程序、从站 1 的程序和从站 2 的程序，各梯形图和对应的指令表如图 10-11～10-14 所示。

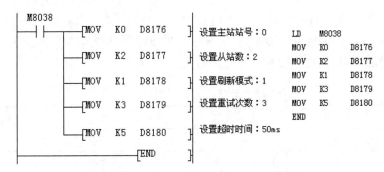

图 10-11   N:N 网络参数的主站设定程序

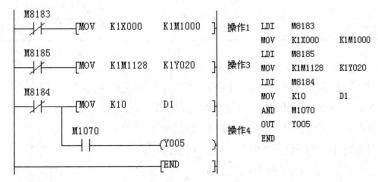

图 10-12   主站的通信程序

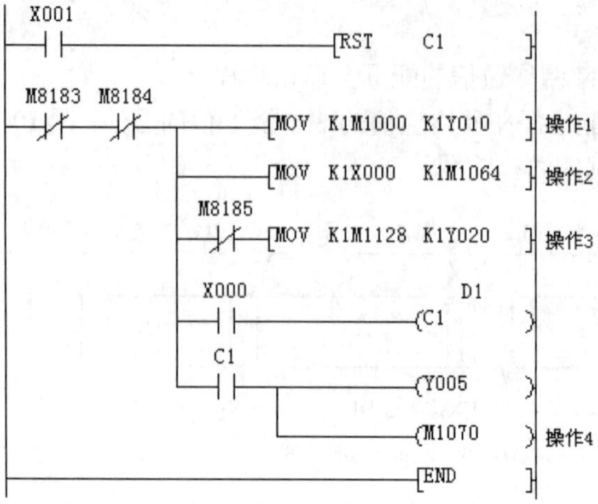

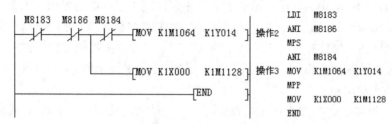

```
LD   X001
RST  C1
LDI  M8183
ANI  M8184
MOV  K1M1000  K1Y010
MOV  K1X000   K1M1064
MPS
ANI  M8185
MOV  K1M1128  K1Y020
MRD
AND  X000
OUT  C1       D1
MPP
AND  C1
OUT  Y005
OUT  M1070
END
```

图 10-13　从站 1 通信程序

```
LDI  M8183
ANI  M8186
MPS
ANI  M8184
MOV  K1M1064  K1Y014
MPP
MOV  K1X000   K1M1128
END
```

图 10-14　从站 2 通信程序

N:N 通信网络设置只有在程序运行或 PLC 启动时有效。各工作站由 D8176 设置，主站为 0 号，从站为 1～7 号。从站个数最多为 7，由 D8177 设置。本例中为实现由 3 台 FX_{2N} 系列的 PLC 所构建的 N:N 网络的数据交换所进行的设置见表 10-6。

表 10-6　主站、从站的通信参数设置

通信参数	主站	从站 1	从站 2	说明
D8176	K0	K1	K2	站号
D8177	K1			总、从站数：2 个
D8178	K2			刷新范围：模式 1
D8179	K3			重试次数：3 次（默认）
D8180	K5			通信超时：50ms（默认）

（2）两台 FX_{2N} PLC 通过 1:1 并行连接通信。

通过本实例来说明 FX_{2N} PLC 通过 1:1 并行连接通信网络的配置及通信方法，实现功能如下：

1）主站的 X0～X7 通过 M800～M807 控制从站的 Y0～Y7。

2）从站的 X0～X7 通过 M900～M907 控制从站的 Y0～Y7。

3）主站的 D0 值小于或等于 100 时，从站的 Y10 为 ON。

4）从站的 D10 值作为主站的 T0 设定值。

按照通信控制要求，需要设计主站程序和从站程序两部分，各部分梯形图和对应的指令表如图 10-15 和图 10-16 所示。

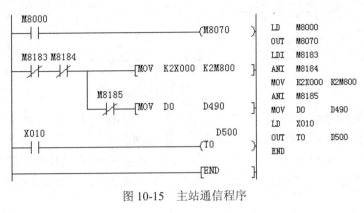

图 10-15　主站通信程序

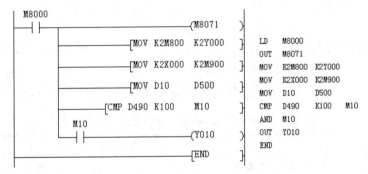

图 10-16　从站通信程序

双机并行连接指使用 RS-485 通信适配器或功能扩展板连接两台 FX 系列 PLC（1:1 方式），以实现两台 PLC 之间的信息自动交换。其中一台 PLC 作为主站，另一台作为从站。双机并行连接方式下，用户不需要编写通信程序，只需设置与通信有关的参数，两台计算机之间就可以自动地传输数据，最多可以连接 100 点辅助继电器和 10 点数据寄存器的数据。

10.1.3　计算机连接与无协议数据传输

在计算机与 PLC 的通信中，多台 PLC 通过 RS-485 适配器或接口功能扩展模块，即数据连接线来实现与一台计算机之间的信息、数据的交换，我们把这种通信网络称为 1:N 网络。一台计算机可连接的 PLC 数达 16 台之多。在通信过程中，计算机发出读写 PLC 数据命令，PLC 收到指令后返回响应。

1. 串行通信协议的格式

为了实现计算机与 PLC 之间互连通信，在计算机中必须依据互连的 PLC 的通信协议来编写通信程序。

FX 系列 PLC 采用异步格式，由 1 位起始位、7 位数据位、1 位偶校验位及 1 位停止位组成，波特率为 9600bit/s，字符为 ASCII 码。串行通信协议的格式如图 10-17 所示。

起始位：标志着一个新字节的开始。当发送设备要发送数据时，首先发送一个低电平信号（起始位），起始位通过通信线传向接收设备，接收设备检测到这个逻辑低电平就开始准备接收数据位信号。

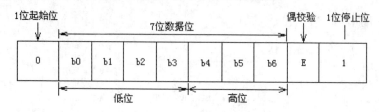

图 10-17　串行通信协议的格式

数据位：起始位之后就是 5、6、7 或 8 位数据位。IBM 计算机中经常采用 7 位或 8 位数据传送。当数据位为 0 时，收发线为低电平；反之为高电平。

奇偶校验位：用于检查在传送过程中是否发送错误。若选择偶校验，则各位数据位加上校验位使数据中为 1 的位为偶数；若选择奇校验，其和将是奇数。奇偶校验位可有可无，可奇可偶。

停止位：停止位是低电平，表示一个字符数据传送的结束。停止位可以是一位、一位半或两位。

在两个串行通信设备进行任意通信前，对上述参数（如传送数据的信息格式，包括起始位、数据位、奇偶校验位、停止位和波特率等），通信双方必须设置一致，这样才能进行可靠的通信，该设置是通过 PLC 中的特殊数据寄存器 D8120 进行的，具体见表 10-7。

表 10-7　D8120 数据寄存器在串行通信时的格式设定

位号	名称	功能说明	
		位为 0	位为 1
b0	数据长度	7 位	8 位
b1 b2	奇偶位	(b2,b1)：（0,0）无校验；（0,1）奇校验；（1,1）偶校验	
b3	停止位	1 位	2 位
b4 b5 b6 b7	波特率（bit/s）	(b7b6b5b4)：（0011）波特率为 300；（0100）波特率为 600；（0101）波特率为 1200；（0110）波特率为 2400；（0111）波特率为 4800；（1000）波特率为 9600；（1001）波特率为 19200	
b8	起始符	无	有效（D8124）默认：STX（02H）
b9	结束符	无	有效（D8125）默认：ETX（03H）
b10 b11 b12	控制线	无协议	(b12b11b10)：（000）无作用（RS-232C 接口）；（001）端子模式；（010）互连模式（RS-232C 接口）；（011）普通模式 1（RS-232C 接口）（RS-485 接口）；（101）普通模式 2（RS-232C 接口）
		计算机连接	（000）RS-485 接口；（010）RS-232C 接口
b13	和校验	没有添加和校验码	自动添加校验码
b14	协议	无协议	专用协议
b15	传输控制协议	协议格式 1	协议格式 4

注：①当使用计算机与 PLC 连接时，b8、b9 置 0；②当使用无协议通信时，b13、b14、b15 置 0；③b0 为最低位，b15 为最高位。

通过 D8120 设定参数后关闭 PLC 电源，然后重新接通电源，则计算机与 PLC 的通信格式就确定了。

对于通信格式的要求：数据长度为 8 位，偶校验，1 个停止位，传输速率为 19200bit/s，无起始位和结束位，无校验和，计算机连接协议，RS-232C 接口，控制协议格式 1。

为实现上述要求，基于表 10-7 可知，D8120 设置对应的二进制为 0100 1000 1001 0111，对应的十六进制数为 4897H。

2．计算机连接通信协议

在计算机连接通信中，计算机和 PLC 之间有三种数据传输形式：计算机从 PLC 中读数据、计算机向 PLC 写数据、PLC 向计算机写数据。

（1）数据传输的基本格式如图 10-18 所示。通过特殊寄存器 D8120 的 b15 位，可以选择计算机连接协议的两种格式（协议格式 1 和协议格式 4），报文末尾的控制代码 CR/LF（回车、换行符）只有在控制协议格式 4 时才有。只有当数据寄存器 D8120 的 b13 位置为 1 时，PLC才在报文中加上校验和代码。

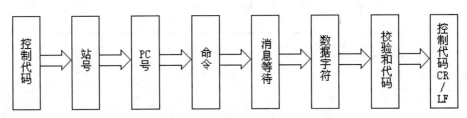

图 10-18　数据传输的基本格式

（2）计算机读取 PLC 数据的数据传输格式。这里以协议格式 1 为例，介绍计算机读取PLC 数据的数据传输格式，如图 10-19 所示。

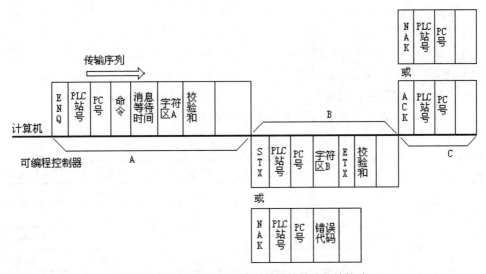

图 10-19　计算机读取 PLC 数据的数据传输格式

1）A 区是计算机向 PLC 发送的读数据命令报文，以控制代码 ENQ 开始，后面是计算机要发送的数据，数据按从左至右的顺序发送。

2）PLC 接收到计算机的命令后，向计算机发送计算机所要求的数据，该报文以控制代码 STX 开始（图中 B 区）。

3）计算机接收到从 PLC 发来的数据后，向 PLC 发送确认报文，该报文以 ACK 开始（图中 C 区），表示数据收到。

4）计算机向 PLC 发送读数据的命令有错误（如命令格式错误或 PLC 站号不符等），或者在通信过程中产生错误时，PLC 将向计算机发送有错误代码的报文，即图中 B 区以 NAK 开始的报文，通过错误代码告诉计算机产生通信错误的可能原因。

5）计算机接收到 PLC 发来的有错误的报文时，向 PLC 发送无法确认的报文，即图中的 C 部分以 NAK 开始的报文。

（3）计算机向 PLC 写数据的数据传输格式只包括 A、B 两部分，如图 10-20 所示。

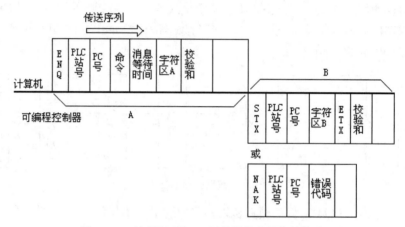

图 10-20 计算机向 PLC 写数据的数据传输格式

1）计算机首先向 PLC 发送写数据命令报文（图中 A 区），PLC 收到计算机的命令后，执行相应操作，然后向计算机发送确认报文（图中 B 区以 STX 开始的报文），表示写操作已执行。

2）若计算机发送的写命令有错误或在通信过程中出现了错误，PLC 将向计算机发送图中 B 部分的以 NAK 开始的报文，通过错误代码告诉计算机产生通信错误的可能原因。

（4）对控制协议各部分的说明。

1）控制代码。计算机连接通信的控制代码见表 10-8。

表 10-8 控制代码

信号	代码	功能描述	信号	代码	功能描述
STX	02H	文本起点	LF	0AH	换行
ETX	03H	文本终点	CL	0CH	清除
EOT	04H	传送结束	CR	0DH	回车
ENQ	05H	询问	NAK	15H	不确认
ACK	06H	确认			

在工作过程中，若 PLC 接收到 ENQ、ACK、NAK 中的任何一个，PLC 都将会初始化传输过程，并开始启动。若 PLC 接收到 EOT 或 CL 代码，则 PLC 也将初始化传输过程，只是此

时的 PLC 将不做响应。

2）站号。站号用来确定计算机所访问的 PLC。在 FX 系列 PLC 中，站号是通过特殊数据寄存器 D8121 来设定的，如图 10-21 所示。设定范围为 00H～0FH，站号不必按数字顺序设定。站号设定时，不能把多个站设定为相同的号码，否则，传输数据将会产生混乱，引发通信不正常故障。

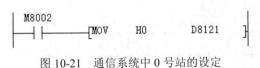

图 10-21　通信系统中 0 号站的设定

3）PC 号。PC 号是用于三菱 A 系列 PLC 的网络中的 CPU 的数字，用两个 ASCII 码字符表示。FX 系列 PLC 的 PC 号是由十六进制数 FF 代表的。

4）命令。用来指定要求的操作，如读、写等。命令用两位 ASCII 码字符定义。

5）消息等待。一些计算机在发送和接收状态转换时需要一定的延迟时间。消息等待时间决定了 PLC 从计算机接收到一个消息之后到它发送数据之前需要等待的最少时间。等待时间以 10ms 为单位，根据需要可在 0～150ms 之间进行具体设定。

在 1:N 系统中使用 485PC-IF 时，必须设定消息等待时间为 70ms 或更长。如果网络中 PLC 的扫描时间大于或等于 70ms，则消息等待时间须设定为最大扫描时间或更长。

6）和校验代码。和校验代码是用来校验接收到的信息中数据正确与否的。将消息的第一个控制代码与和校验代码之间所有字符的十六进制数形式的 ASCII 码求和，总计结果的低两位数字（十六进制）作为校验和代码，并且以 ASCII 码形式放在消息的结尾处。特殊寄存器 D8120 的 b13 可设定是否向消息添加和校验代码。若 b13 为 1，则传送时和校验代码被自动添加到消息中，根据接收到的数据计算出新的校验和值，将其与接收到的校验和值进行比较，就可以检查出接收到的消息正确与否。若 b13 为 0，校验和代码将不被添加，不对接收的数据进行检查。

（5）编程口令的操作。

1）位元件或字元件状态读操作。

操作对象：PLC 内部的 X、Y、M、S、T、C、D 元件。命令格式如下所示。

①	②	③				④		⑤	⑥	
		16^3	16^2	16^1	16^0	16^1	16^0		16^1	16^0
STX	CMD0							ETX		

说明如下：

①为读命令起始标志 STX，代码为 OX02。

②为位元件或字元件状态读命令 CMD0，命令代码为 OX30。

③为读位元件或字元件的 4 位起始地址，高位先发，低位后发，并且以 ASCII 码的形式发送。

④为一次读取位元件或字元件的个数，最多一次可读取 OXFF 个字节的元件，以 ASCII 码的形式发送。

⑤为停止位标志 ETX，代码为 OX03。

⑥为两位和校验，累计②、③、④项的代码之和，取该和的最低两位将其转化成 ASCII 码，高位先发送，低位后发送。

在发送完上述命令格式代码后，就可以直接读取 PLC 响应的信息。

2）位元件或字元件状态写操作。

操作对象：PLC 内部的 X、Y、M、S、T、C、D 元件。命令格式如下所示。

①	②	③						④		⑤	⑥	⑦	
STX	CMD1	16^3	16^2	16^1	16^0	16^1	16^0	DATA			ETX	16^1	16^0

说明如下：

①为写命令起始标志 STX，代码为 OX02。

②为位元件或字元件状态写命令 CMD1，命令代码为 OX31。

③为写位元件或字元件的 4 位起始地址，高位先发送，低位后发送，并且以 ASCII 码的形式进行发送。

④为一次写入位元件或字元件的个数，以 ASCII 码的形式进行发送。

⑤为待写到 PLC RAM 区的数据 DATA，以 ASCII 码的形式进行发送。

⑥为停止位标志 ETX，代码为 OX03。

⑦为两位和校验，累计②、③、④项的代码之和，取该和的最低两位并将其转化成 ASCII 码，高位先发送，低位后发送。

3）位元件强制 ON 操作。

操作对象：PLC 内部的 X、Y、M、S、T、C 元件。命令格式如下所示。

①	②	③				④	⑤	
STX	CMD7	16^1	16^0	16^3	16^2	ETX	16^1	16^0

说明如下：

①为强制 ON 命令起始标志 STX，代码为 OX02。

②为强制 ON 命令 CMD7，命令代码为 OX37。

③为强制 ON 位元件 4 位起始地址，高位先发，低位后发，并且以 ASCII 码的形式发送；

④为停止位标志 ETX，代码为 OX03。

⑤为两位和校验，累计②、③、④项的代码之和，取该和的最低两位并将其转化成 ASCII 码，高位先发送，低位后发送。

4）位元件强制 OFF 操作。

操作对象：PLC 内部的 X、Y、M、S、T、C 元件。命令格式如下所示。

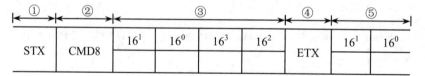

①	②	③				④	⑤	
STX	CMD8	16^1	16^0	16^3	16^2	ETX	16^1	16^0

说明如下：

①为强制 OFF 命令起始标志 STX，代码为 OX02。

②为强制 OFF 命令 CMD8，命令代码为 OX38H。

③为强制 OFF 位元件 4 位起始地址，高位先发送，低位后发送，并且以 ASCII 码的形式发送。

④为停止位标志 ETX，代码为 OX03。

⑤为两位和校验，累计②、③、④项的代码之和，取该和的最低两位并将其转化成 ASCII 码，高位先发送，低位后发送。

注意： 必须严格按照上述 4 种操作命令格式进行数据发送，在发送前，起始地址、数据、数据个数、校验和都必须按位转换成 ASCII 码。从 PLC 读到的数据也是 ASCII 码形式，需要经过适当转换才能利用。另外，要注意强制命令地址与读写地址的顺序不一样，并且一次最多只能传送 64 字节数据。

利用上述 4 种操作命令可对 PLC 的 RAM 区的数据进行管理操作，将 PLC 的工作状态纳入微型计算机管理之下。在此基础上，用户可以方便地设计自己的 PLC 人机接口界面，为监控与管理 PLC 的运行提供一种良好的方法。

3. 无协议数据传输

（1）指令格式。无协议通信可实现 PLC 与上位机、打印机或条形码阅读器等之间的无协议数据通信的功能。在 FX 系列中，是由 RS 指令通过 RS-232C 端口来发送和接收串行数据的。RS 串行通信指令样例如图 10-22 所示。

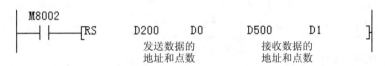

图 10-22 RS 串行通信指令样例

指令中的[S]和[m]用来指定发送数据的地址和字节数（不包括起始字符与结束字符）；[D]和[n]用来指定接收数据的地址和可接收的最大字节数；[m]和[n]为常数和数据寄存器 D（FX 为 $1\sim255$，FX_{2N} 为 $1\sim4096$）。

（2）与 RS 指令相关的标志和数据寄存器。

1）发送请求（M8122）。当 M8122 被一个接收等待或接收完成状态下的脉冲指令设置时，数据被发送。发送结束时，M8122 自动复位。RS 指令被驱动时，PLC 总是处于接收等待状态。

2）接收完成（M8123）。当接收完成标志 M8123 被接通时，接收到的数据由数据接收缓存区传送到其他存储区，然后复位 M8123，PLC 再次处于接收等待状态，等待接收数据。

若 RS 指令中的接收数据字数设置为 0，则 M8123 不被驱动且 PLC 也不被置于接收等待状态。如果 PLC 由此状态置为接收等待状态，需将接收数据字节数设定为一个大于或等于 1 的值，然后复位 M8123。

3）载波检测（M8124）。当调制解调器与 PLC 已经建立起连接时，如果接收到调制解调器发给 PLC 的 CD（DCD）信号（通道接收载波检测），则载波检测标志 M8124 变为 ON，PLC 可以接收或发送数据。当 M8124 为 OFF 时，PLC 可以发送拨号号码。

4）超时测定（M8129）。当接收数据中途中断时，如果在由 D8129 指定的时间内没有恢复接收数据，则被视为超时，超时判定标志 M8129 置位，接收结束。M8129 不能自动复位，需用户程序将其复位。使用 M8129 可以在没有结束符的情况下判断字数不定的数据的接收是否结束。

注意：对于 FX$_{2N}$ 和 FX$_{2NC}$ 系列的 PLC，超时判定标志 M8129 和 D8129 仅适用于低于 V2.00 的版本。

5）超时测定时间（D8129）。设置的超时判定时间等于 D8129 的值乘以 10ms。超时测定时间被设置为 50ms 时的程序实现如图 10-23 所示。

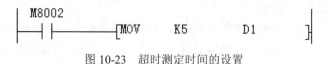

图 10-23　超时测定时间的设置

（3）RS 数据传输。数据的传输格式（数据的位数、奇偶校验位、停止位、传输速率等）通过初始化脉冲 M8002 驱动的 MOV 指令写入特殊数据寄存器 D8120 中。无数据发送时，发送数据字节置 0；不需要接收数据时，最大接收字节置 0。

无协议通信有两种数据处理方式，即 M8161 为 OFF 时的 16 位数据处理模式和 M8161 为 ON 时的 8 位数据处理模式。二者的区别在于是否使用 16 位数据寄存器的高 8 位。16 位数据处理模式下，先发送或接收数据寄存器的低 8 位，然后是高 8 位；8 位数据处理模式下，只发送或接收数据寄存器的低 8 位。

用 RS 指令发送/接收数据程序如图 10-24 所示。

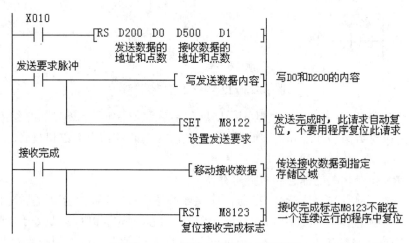

图 10-24　RS 指令发送/接收数据程序

数据的传输格式首先被写入特殊数据寄存器 D8120 中（如果发送的数据长度是变化的，需要设置新的数据长度）。RS 指令被驱动后，PLC 被置为等待接收状态；在发送请求脉冲驱动下，向指定的发送数据区写入指定数据，并置位发送请求标志 M8122；发送完成后，M8122 被自动复位。数据接收完成后，接收完成标志 M8123 被置位；用户程序利用 M8123 将接收的数据存入指定的存储区；若还需要接收数据，需要用户程序将 M8123 复位。

注意：在程序中可以使用多条 RS 指令，但是同一时刻只能有一条 RS 指令被驱动。在不同 RS 指令之间进行切换时，应保证 OFF 时间间隔大于或等于一个扫描周期。

4. 计算机连接与无协议通信应用举例

PLC 与三菱公司的变频器的无协议通信应用。纺织工艺加湿系统是 PLC 根据现场某个变量自动控制变频器的运转频率而进行无协议通信的典型例子。

（1）系统方案。加湿器广泛应用于纺织行业，是纺织工艺的最后一个环节。它将水泵提升的液体切割成雾状后，均匀地喷洒在布匹等织物的表面，用于增加布匹的光泽和柔韧性。在电气方面，加湿器主要有编码器、三菱 FX_{1N}-20MR、RS-485BD、HITECH 人机界面、变频器等。加湿器利用编码器和 PLC 测量布匹的卷取速度，然后根据卷取速度的快慢来控制变频器的运转频率，以控制水泵的流量，进而控制喷洒在布匹等织物表面的液体量。通过 RS-485BD 模块进行 PLC 与变频器之间的无协议通信，根据卷取速度的快慢将运转频率自动写入变频器中。而人机界面则主要完成系统的启动、停止、参数设定等功能。RS-485BD 模块的接线如图 10-25 所示。

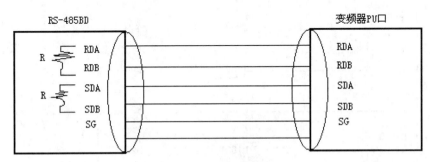

图 10-25　RS-485BD 模块接线

图 10-25 中的通信线一定要使用屏蔽双绞线，RS-485BD 侧的屏蔽线一定要接地（100Ω），R 为终端电阻。RDA 和 RDB 及 SDA 和 SDB 之间的电阻为 110Ω（半双工方式）。

（2）无协议通信参数设定。无协议通信参数主要由特殊数据寄存器 D8120 设定，具体设置见表 10-9。

表 10-9　特殊数据寄存器 D8120 参数设定

位号	意义	0（OFF）	1（ON）
b0	数据长度	7 位	
b1、b2	奇偶性	(0,0)表示无校验	
b3	停止位	1 位	
b4~b7	波特率	(1,0,0,0)表示 9600bit/s	
b8	头标志字符	无	
b9	尾标志字符	无	1
b10	控制线形式		
b11	DTR 检查		1
b12	控制线形式	0	
b13	和校验	0	
b14	协议	0	

（3）通信程序。图 10-26 所示为三菱 FX 系列 PLC 与三菱 E 系列的变频器的无协议通信程序。

（4）案例分析。上述无协议实现 PLC 和变频器通信的基本方法和通信程序能够很好地实现生产过程中相关的控制问题。该方法易于扩充，当使用多台变频器时，只需把变频器的站号设为不同，就可以较好地解决模拟量通道受限的问题。

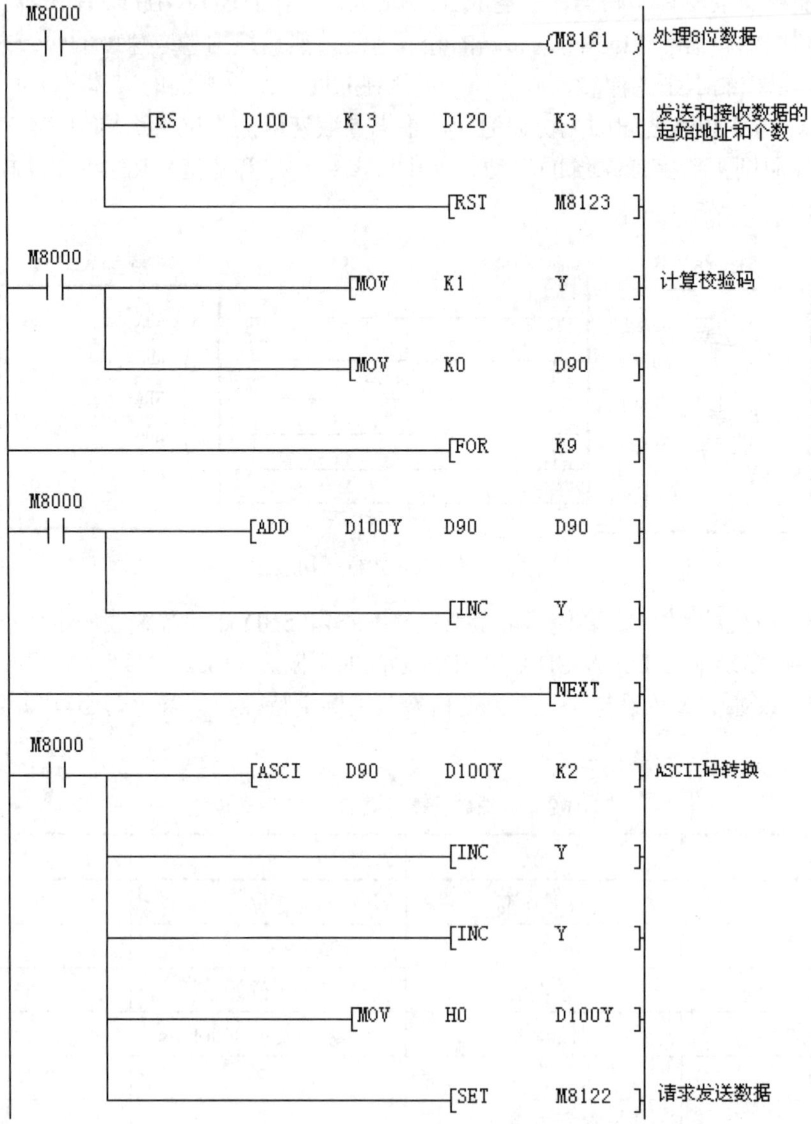

图 10-26　三菱 FX 系列 PLC 与三菱 E 系列的变频器的无协议通信程序

10.1.4　三菱工业网络

三菱公司 PLC 网络继承了传统的 MELSEC 网络，并在性能、功能、使用简便等方面更胜一筹。其层次清晰的三层网络可为各种使用场合提供非常适合的网络产品。三菱工业网络结构如图 10-27 所示。

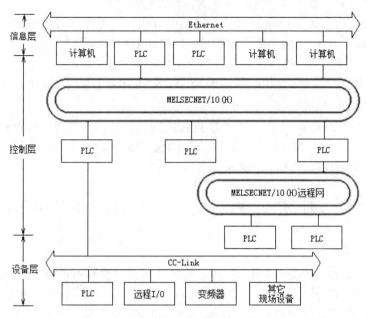

图 10-27　三菱工业网络结构

1. 信息层——Ethernet（以太网）

信息层（管理层）为网络系统中的最高层，主要是在 PLC、设备控制器以及生产管理用计算机之间传输生产管理信息、质量管理信息及设备的运转情况等数据。信息层使用最普遍的 Ethernet。它不仅能够连接 Windows 系统的计算机、UNIX 系统的工作站等，而且还能连接各种 FA 设备。Q 系列 PLC 系列的 Ethernet 模块具有因特网电子邮件收发功能，使用户无论在世界的任何地方都可以方便地接收、发送生产信息邮件，构筑远程监视管理系统。利用因特网的 FTP 服务器功能及 MELSEC 专用协议可以很容易地实现程序的上传/下载和新型的传输。

2. 控制层——MELSECNET/10（H）

控制层是整个网络系统的中间层，是在 PLC、CNC 等控制设备之间方便且高速地进行处理数据互传的控制网络。作为 MELSEC 控制网络的 MELSECNET/10，以它良好的实时性、简单的网络设定、无程序的网络数据共享概念，以及冗余回路等特点获得了很高的市场评价，被采用的设备数量在日本是最高的，在其他国家的使用数量也是很可观的。MELSECNET/H 不仅继承了 MELSECNET/10 的优点，还使网络的实时性更好，数据容量更大，进一步适应了市场的需要。但目前 MELSECNET/H 只有 Q 系列 PLC 才可以使用。

3. 设备层——现场总线 CC-Link

设备层是把 PLC 等控制设备和传感器以及驱动设备连接起来的现场网络，是整个网络系统最底层的网络。采用 CC-Link 现场总线连接，使布线数量大大减少，提高了系统可维护性。而且，不仅能获取 ON/OFF 等开关量的数据，还可连接 ID 系统、条形码阅读器、变频器、人机界面等智能化设备，从完成各种数据的通信，并可实现终端生产信息的管理及对机器动作状态的集中管理。这些特点使维修保养的工作效率大大提高。在 Q 系列 PLC 中使用，CC-Link 的功能更强大，而且使用更简便。

在三菱 PLC 网络中进行通信时，可进行跨网络的数据通信和程序的远程监控、修改、调试等工作，而无需考虑网络的层次和类型，不会感觉到有网络种类的差别和通信间断。

MELSECNET/H 和 CC-Link 使用循环通信的方式，周期性自动地收发信息，不需要专门的数据通信程序，只需简单的参数设定即可。MELSECNET/H 和 CC-Link 是使用广播方式进行循环通信发送和接收的，这样就可实现网络上的数据共享。

对于 Q 系列 PLC 中使用的 Ethernet、MELSECNET/H 和 CC-Link 网络，可以在 GX Works2 软件界面上设定网络参数以及各种功能，简单方便。

另外，Q 系列 PLC 除了拥有上面所提到的网络之外，还支持 PROFIBUS、Modbus、DeviceNet、ASi 等其他厂商的网络，并可以进行 RS-422/RS-485 等串行通信，支持通过数据专线、电话线进行数据传输等多种通信方式。

10.2 项目实施：PLC 与三菱 A800 变频器无协议通信

1. 变频器通信控制的特点

通信控制接线少，传送信息量大，可以连续地对多台变频器进行监控和控制；还可以通过通信修改变频器的参数，实现多台变频器的联动控制和同步控制，有效解决了直接控制中出现的占用 PLC 点数多、功能模块价格昂贵、现场布线多引起噪声干扰、获得的信息少以及对变频器的控制手段有限等问题。

无协议通信就是利用系统已经设计好的通信指令，按照固定格式进行通信，可对变频器进行监控、读/写、复位等。

2. 硬件接线

变频器通信控制接线如图 10-28 所示，PLC 端需加 485 BD 通信模块，引脚分配如图 10-28（a）所示。变频器端接 PU 插座，该插座需网线的 RJ 插头，其插座引脚如图 10-28（b）所示。

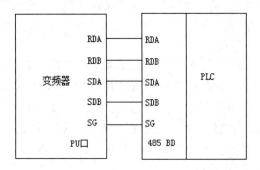

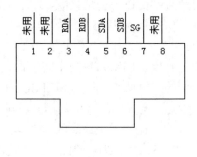

（a）通信连接 　　　　　　　　　　（b）RJ 插头引脚分配

图 10-28　变频器通信控制接线示意图

3. 设置变频器参数

变频器通信控制参数设置见表 10-10。

表 10-10　变频器通信控制参数设置

步骤	参数	设定值	含义
1	ALLC	1	恢复出厂值
2	Pr.160	0	显示扩展功能参数

步骤	参数	设定值	含义
3	Pr.117	1	变频器为 1 号站
4	Pr.118	192	波特率
5	Pr.119	10	长度
6	Pr.120	2	偶校验
7	Pr.121	9999	重试次数
8	Pr.122	9999	通信检测时间
9	Pr.123	9999	等待时间
10	Pr.124	0	无 CR、LF 选择
11	Pr.79	0	通信模式
12	断电 15s		保存参数
13	通电		初始化

说明：122 号参数一定要设置为 9999，否则当通信结束后且通信校验互锁时间到时，变频器会产生报警并停止。每次参数设定完成后，需要断电复位变频器，否则参数设置无效。

4. 变频器通信指令

变频器有 7 条通信指令，见表 10-11。

表 10-11　变频器通信指令

功能号	助记符	功能
270	IVCK	变频器的运转监视
271	IVDR	变频器的运转控制
272	IVRD	读取变频器参数
273	IVWR	写入变频器参数
274	IVBWR	批量写入变频器的参数
275	IVMC	变频器的多个命令
276	ADPRW	读出/写入 MODBUS 数据

指令格式为[S1　S2　S3　n]，其中，S1 为变频器站号；S2 为变频器的操作码；S3 为操作数；n 为长度。指令代码含义见表 10-12。

表 10-12　变频器通信指令部分代码含义

功能	读/写属性	代码	内容
运行模式	只读	H7B	H0000：网络运行；H0001：外部运行；H0002：PU 运行
运行模式	写入	HFB	
运行频率	读出	H6F	输出频率单位 0.01Hz

续表

功能	读/写属性	代码	内容
运行指令	写入	HFA	b0：AU（端子 4 输入选择） b1：正转指令 b2：反转指令 b3：RL（低速指令） b4：RM（中速指令） b5：RH（高速指令） b6：RT（第二功能选择） b7：MRS（输出停止）
设定频率	写入	HED	频率值
…	…	…	…
复位	写入	HFD	H9696：变频器复位

5. 控制程序

（1）工艺要求：系统通电后，变频器自动启动；以 10Hz 正转 3s，暂停 3s；再以 10Hz 反转 3s，暂停 3s；循环往复。

（2）梯形图程序如下：

1）初始化通信模式，如图 10-29 所示。

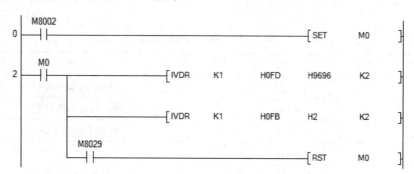

图 10-29　初始化通信模式

2）运行设置，如图 10-30 所示。

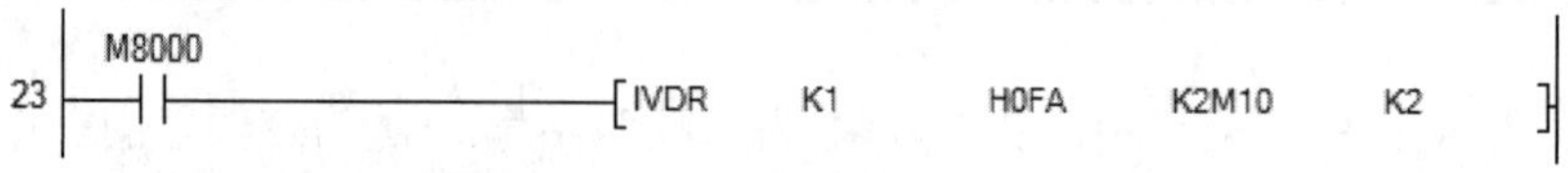

图 10-30　运行设置

3）12s 循环，如图 10-31 所示。

图 10-31　12s 循环

4）暂停 3s 后以 10Hz 正转（M11 为正转控制）3s，如图 10-32 所示。

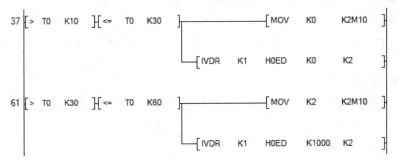

图 10-32　暂停 3s 后以 10Hz 正转 3s

5）暂停 3s 后以 10Hz 反转 3s，如图 10-33 所示。

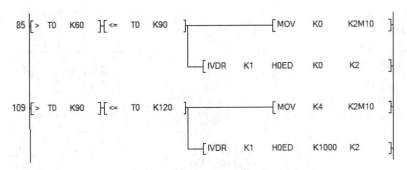

图 10-33　暂停 3s 后以 10Hz 反转 3s

10.3　技能实训：FX3U 间的 CC–Link 通信

1. 实训目的

（1）了解工业网络控制。

（2）熟悉并掌握 CC-Link 通信网络接线。

（3）掌握 CC-Link 网络硬件配置。

2. 实训设备与器材

实训设备与器材见表 10-13。

表 10-13　实训设备与器材

序号	名称	型号与规格	数量	备注
1	三菱 PLC	FX3U	3 个	
2	实训网控板	B21	3 个	
3	导线	3 号	若干条	
4	通信编程电缆		1 根	三菱
5	实训指导书		1 本	
6	计算机（带编程软件）		1 台	自备

3. 控制要求

利用 CC-Link 网络，用主站的 X0～X7 控制 1 号从站的 Y0～Y7；用 2 号从站的 X0～X7 控制主站的 Y0～Y7。

4. 具体操作

（1）主站配置。在项目中，单击"工程→参数→网络参数→CC-Link"，出现如图 10-34 所示界面，设置连接块为"有"，特殊块号（安装位置）为 3，模式设置为"远程网络（Ver.1 模式）"。

图 10-34　CC-Link 网络参数设置主界面

单击站信息，添加两个智能设备站（即两个 PLC 从站），如图 10-35 所示。

单击"设置结束"按钮即关闭设置窗口。从站不需要配置网络参数。

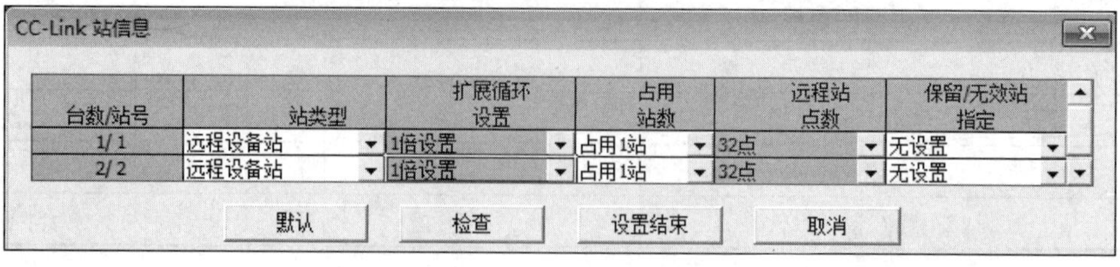

台数/站号	站类型	扩展循环设置	占用站数	远程站点数	保留/无效站指定
1/1	远程设备站	1倍设置	占用1站	32点	无设置
2/2	远程设备站	1倍设置	占用1站	32点	无设置

默认　　检查　　设置结束　　取消

图 10-35　CC-Link 网络结构

（2）梯形图程序设计。梯形图程序设计请参考图 10-36。

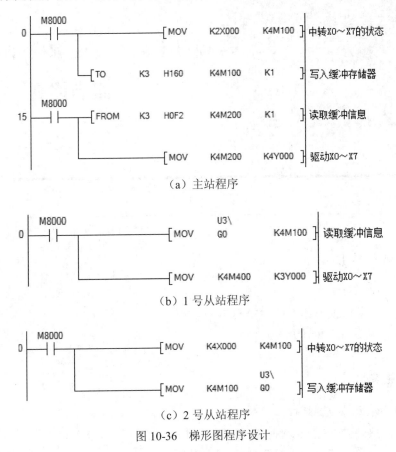

（a）主站程序

（b）1 号从站程序

（c）2 号从站程序

图 10-36　梯形图程序设计

思考与练习

1．什么是串行传输？什么是并行传输？

2．什么是异步传输和同步传输？

3．为什么要对信号进行调制和解调？

4．常见的传输介质有哪些？它们的特点是什么？

5．PC/PPI 电缆上的 DIP 开关如何设定？

6．奇偶检验码是如何实现奇偶检验的？

7．通信系统的基本组成由哪几部分？各部分的作用是什么？

8．数据通信有几种基本方式？各种方式有何优缺点？

9．什么是通信协议？起什么作用？

10．简述 RS-232C 和 RS-485 在通信速率、通信距离和可连接的站数等方面的区别。

11．简述计算机用计算机连接协议读取 PLC 的数据时，双方的数据传输过程。

12．简述计算机用计算机连接协议写入 PLC 的数据时，双方的数据传输过程。

13．无协议通信方式有何特点？

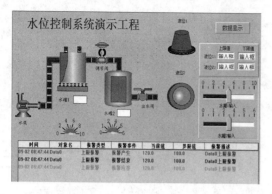

项目十一　三菱触摸屏 GT 软件组态控制

11.1　相关知识

11.1.1　触摸屏简介

上位机是指可以直接发出操控命令的计算机，一般是工控机、触摸屏，又称为人机界面（Human Machine Interface，HMI），屏幕上有控制按钮，还可显示各种信号（液压、水位等）。下位机是直接控制设备获取设备状况的计算机，一般是 PLC、单片机、仪表、变频器等。上位机与下位机需要通信驱动。

当大型的电气控制系统需要数十数百个操作按钮，需要随时显示机器运行中的大量数据，需要用图画的形式显示设备各关键部位的工作状态，并需要在面积只有普通电视机屏幕大小的区域完成操作及显示时，就需要使用目前先进的图示化显示操作技术了。在 PLC 领域中，这项技术的代表产品就是触摸屏。

触摸屏（Touch Panel Monitor）是一种交互式图形化人机界面设备，它可以设计及储存数十至数百幅黑白或彩色的画面，可以直接在面板上用手指单击换页或输入操作命令，还可以连接打印机打印报表，是一种理想的操作面板设备。

由于触摸屏具有坚固耐用、反应速度快、节省空间、易于交流等许多优点，只要用手指轻轻地触碰计算机显示屏上的图符或文字就能实现对主机操作，从而使人机交互更为直截了当。作为一种新型的计算机输入设备，触摸屏是特别简单、方便、自然的一种人机交互方式，触摸屏在生产生活中已得到广泛应用。

1. 触摸屏的工作原理

触摸屏的本质是传感器。用户用手指或其他物体触摸安装在显示器上的触摸屏时，被触摸位置的坐标被触摸屏控制器检测，并通过通信接口（例如 RS-232C 或 RS-485 串行口）将触摸信息传送到 PLC，从而得到输入的信息。根据所用的介质以及工作原理不同，触摸屏可分为红外线式、电容式、电阻式和表面声波式等。

（1）红外线式触摸屏。红外线式触摸屏是利用 X、Y 方向上密布的红外线矩阵来检测并定位用户的触摸。红外触摸屏在显示器的前面安装一个电路板外框，电路板在屏幕四边排布红外线发射管和红外接收管，一一对应成横竖交叉的红外矩阵。用户在触摸屏幕时，手指就会挡住经过该位置的横竖两条红外线，因而可以判断出触摸点在屏幕的位置，如图 11-1 所示。

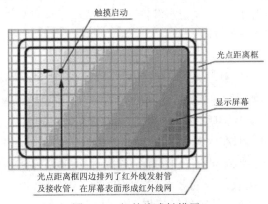

图 11-1　红外线式触摸屏

（2）电容式触摸屏。电容式触摸屏要实现多点触控，靠的就是增加互电容的电极，简单地说，就是将屏幕分块，每一个区域里设置的一组互电容模块都独立工作，所以电容式触摸屏可以独立检测到各区域的触控情况，进行处理后，简单地实现多点触控。

电容技术触摸面板 CTP（Capacity Touch Panel）是利用人体的电流感应进行工作的。电容式触摸屏是一块四层复合玻璃屏，玻璃屏的内表面和夹层各涂一层 ITO（纳米铟锡金属氧化物），最外层是只有 0.0015mm 厚的矽土玻璃保护层，夹层 ITO 涂层为工作面，四个角引出四个电极，内层 ITO 为屏蔽层，以保证工作环境。

当用户触摸电容屏时，由于人体电场，用户手指和工作面形成一个耦合电容，因为工作面上接有高频信号，于是手指吸收很小的电流，这个电流分别从屏的四个角上的电极中流出，且理论上流经四个电极的电流与手指头到四角的距离成比例。控制器通过对四个电流比例的精密计算得出位置，可以达到 99% 的精确度，具备小于 3ms 的响应速度。

（3）电阻式触摸屏。电阻触摸屏的工作原理是通过压力感应原理来实现对屏幕内容的操作和控制。这种触摸屏屏体部分是一块与显示器表面非常配合的多层复合薄膜，其中第一层为玻璃或有机玻璃底层，第二层为隔层，第三层为多元树脂表层，表面还涂有一层透明的导电层，上面再盖有一层外表面经硬化处理、光滑防刮的塑料层。在多元脂表层表面的传导层及玻璃层感应器被许多微小的隔层所分隔，电流通过表层，轻触表层压下时，接触到底层，控制器同时从四个角读出相称的电流并计算手指位置的距离。这种触摸屏利用两层高透明的导电层组成触摸屏，两层之间距离仅为 2.5μm。当手指触摸屏幕时，平常相互绝缘的两层导电层就在触摸点位置有了一个接触，因其中一面导电层接通 Y 轴方向的 5V 均匀电压场，使得侦测层的电压由零变为非零，控制器侦测到这个接通后进行 A/D 转换，并将得到的电压值与 5V 相比，即可得触摸点的 Y 轴坐标，同理得出 X 轴的坐标，这就是所有电阻技术触摸屏共同的最基本原理。

（4）表面声波式触摸屏。表面声波触摸屏的触摸屏部分可以是一块平面、球面或是柱面的玻璃平板，安装在 CRT、LED、LCD 或是等离子显示器屏幕的前面。这块玻璃平板只是一块纯粹的强化玻璃，没有任何贴膜和覆盖层。玻璃屏的左上角和右下角各固定了竖直和水平方向的超声波发射换能器，右上角则固定了两个相应的超声波接收换能器。玻璃屏的四个周边则刻有 45° 角由疏到密间隔非常精密的反射条纹。

下面以右下角的 X 轴发射换能器为例介绍表面声波式触摸屏的工作原理。

发射换能器把控制器通过触摸屏电缆送来的电信号转化为声波能量向左方表面传送，然后由玻璃板下边的一组精密反射条纹把声波能量反射成向上的均匀面传送，声波能量经过屏体表面，再由上边的反射条纹聚成向右的线传播给 X 轴的接收换能器，接收换能器将返回的表面声波能量变为电信号。

当发射换能器发射一个窄脉冲后，声波能量历经不同途径到达接收换能器，走最右边的最早到达，走最左边的最晚到达，早到达的和晚到达的这些声波能量叠加成一个较宽的波形信号。不难看出，接收信号集合了所有在 X 轴方向历经长短不同路径回归的声波能量，它们在 Y 轴走过的路程是相同的，但在 X 轴上，最远的比最近的多走了两倍 X 轴最大距离。因此这个波形信号的时间轴反映各原始波形叠加前的位置，也就是 X 轴坐标。

在没有触摸的时候，接收信号的波形与参照波形完全一样。当手指或其他能够吸收或阻挡声波能量的物体触摸屏幕时，X 轴途经手指部位向上走的声波能量被部分吸收，反应在接收波形上即某一时刻的位置上的波形有一个衰减缺口。

　　接收波形对应手指挡住部位的信号衰减了一个缺口，计算缺口位置即得触摸坐标。控制器分析到接收信号的衰减并由缺口的位置判定 X 坐标，之后应用同样的过程判定触摸点的 Y 坐标。除了一般触摸屏都能响应的 X、Y 坐标外，表面声波触摸屏还响应第三轴 Z 轴坐标，也就是能感知用户触摸压力大小值，其原理是由接收信号衰减处的衰减量计算得到。三轴一旦确定，控制器就把它们传给主机。

　　2. 三菱触摸屏

　　三菱触摸屏是一种可接收触头等输入信号的感应式液晶显示装置，利用压力感应进行控制。当手指触摸屏幕时，电阻薄膜屏的两层导电层在触摸点位置就有了接触，电阻发生变化，然后将相关信息发送到触摸屏控制器进行处理。该触摸屏可用以取代机械式的按钮面板，并借由液晶显示画面制造出生动的影音效果。目前，已广泛应用于机械、纺织、电气、包装、化工等行业。

　　新一代人机界面产品有 GOT2000、GOT1000、GOT Simple、GT SoftGOT 系列。经济型人机界面 GOT Simple 系列机型简洁且功能强大，我们以 GS2107 机型为例说明其应用。

　　GS2107-WTBD 主机的主要特点：

　　（1）可轻松地实现对可编程控制器的位软元件的监视和强制执行、对字软元件的设置值/当前值的监视以及对该数值的更改等。

　　（2）监视性能和 FA 设备连接性的提高。

　　（3）画面设计/启动/调试/运行/维护工作的高效化。该机搭载了标准为 9MB 的内置快闪卡；标准配置中包括 SD 卡接口、RS-232 接口、RS-422 接口、USB 接口、Ethernet 接口；通过采用字体安装格式，实现系统字体扩展；综合 4 种（用户报警、报警记录、报警弹出及显示）报警，实现有效的报警通知。

　　（4）强化了与 FA 设备设置工具的兼容性。与 QnA、L、Q、FX 系列可编程控制器的 CPU 连接时，用连接在 GOT（Graphic Operation Terminal，直接连接）上的计算机就可以传送、监视顺序控制程序。

11.1.2　三菱触摸屏组态平台搭建

　　1. 触摸屏接口

　　GS2107 背面布局如图 11-2 所示，其标准接口有 4 个：

　　（1）标准 I/F-1（RS-422）：用于与连接设备 PLC 通信。

　　（2）标准 I/F-2（RS-232）：用于与计算机（绘图软件）、调制解调器、连接设备、条形码阅读器、透明功能的通信。

　　（3）标准 I/F-3（USB）：用于与计算机（绘图软件）、透明功能的通信。

　　（4）标准 I/F-4（以太网）：用于与计算机（绘图软件）或与连接设备的通信。

　　为了 PLC 编程、触摸屏组态调试方便，编程 USB 数据线通过计算机 USB 接口与触摸屏相连，触摸屏通过 RS-232 与 PLC 连接（使用 GOT 透明传输功能）。这样，计算机既可以监控 PLC，也可实时下载触摸屏程序，而触摸屏可实时控制 PLC。

标准 I/F-3（USB）

标准 I/F-4（以太网）　　　标准 I/F-1（RS-422）

标准 I/F-2（RS-232）

图 11-2　GS2107 背面接口布局

2. 触摸屏组态软件 GT Works3

（1）软件的特点。GT Works3 是可视化设计和配置的最典型环境。基于三大理念集成各种面向用户的功能，具有简单性、明确性和实用性的特点。设置简单逼真的高分辨率图形简单精细、操作直观，与其他 HMI（人机界面）设计环境相比，画面开发工作量明显降低。

GT Works3 设计了大量的库，有图形库、部件库、字体库等，大量的库缩短了库的检索时间。从部件库中查找对象更为容易，根据对象、功能或最近使用的库清单方便地进行选择。字体库中有各种各样的字体，可自由选择、显示各种不同的字体。GT Works3 的图形库是目前市场上最齐全的图形库之一，有大量的图形对象，包括各种仪表和管道。

对象设置、开/关状态和其他状态均可直接通过配置对话框进行修改。通过从菜单中选择位开关来创建新的开关对象，仅需单击相应的图标即可创建新的位开关，而无需从功能菜单中进行选择。

GT Works3 无需实际设备即可检查、创建数据，进行仿真模拟，可简单有效地设计画面，大量实用便利的功能仅需操作鼠标即可完成，单击鼠标即可布置大量图片和对象。利用连续复制功能布置大量图片和对象，可一次完成指定数量的图片或对象的复制。复制包含软元件的对象时，可通过设置增量这一参数分配软元件号。

GT Works3 支持 Windows 2000/XP/Vista/7/10 版本，可通过 USB/RS-232/以太网数据传输工具传输画面数据，安装时需要管理员权限。使用 GT Works3 需要以权限高于标准用户的账户进入。

（2）软件的获取。在三菱官网下载最新正版 GT Works3 软件。为了保存相关有价值的资料，可把驱动程序、学习资料等放在同一文件夹内。

（3）软件的安装。打开安装目录，找到 Disk1\setup.exe 并单击进行安装；在弹出的"用户信息"窗口中填写姓名和公司名及产品通用 ID；安装完毕重启计算机，编程软件即安装完成，在计算机桌面会生成 GT Designer3 图标。在安装盘中运行 Disk1\TOOL\GS Installer，软件运行完成后启动 GT Designer3。新建项目时，在系列选项里面就可以选择 GS 系列了。

说明：上述工作是，在 GT Works3 安装完毕后，同时安装了组态软件 GT Designer3 和仿真软件 GT Simulator3。

3. 应用程序主菜单

三菱触摸屏应用程序主菜单，又称为系统设置界面，用来设置触摸屏的显示语言、IP 地址、口令、屏幕亮度等。

触摸左上角，即可显示主菜单，在界面中可设置扩展功能开关，也可显示主菜单，其中包括 Language、连接设备设置、GOT 设置、安全登记设置、时钟的显示/设置、数据管理、监视/编辑、维护功能等。

（1）Language：选择语言，中文、英文等。

（2）连接设备设置：标准 I/F 设置，GOT IP 地址设置，通信设置，以太网状态检查设置，Ping 送信设置，透明模式设置（CH 1、CH 2），关键字设置。

（3）GOT 设置：显示的设置（屏保），操作的设置（蜂鸣音、校准等），固有信息的设置。

（4）安全登记设置：安全等级变更，操作员认证，登录/注销。

（5）时钟的显示/设置：时间调整。

（6）数据管理：OS 信息，资源数据信息（报警信息，配方信息，日志信息，图像文件），SD 卡存储，SD 卡格式化，清除用户数据，数据复制、备份、恢复。

（7）监视/编辑：软元件监视，FX 列表编辑。

（8）维护功能：触摸面板校准，触摸盘检查，画面清屏。

读者可在使用时自行学习每项的具体功能。

11.1.3　三菱 GT Works3 操作入门

1. 新建工程

单击 GT Designer3 打开组态软件，在工程选择对话框中选择"新建"命令，弹出"新建工程向导"对话框；单击"下一步"按钮，在弹出的界面中选择系列中的"GS 系列"，就是我们要用的 GS2107-WTBD 触摸屏；单击"下一步"按钮，界面会出现确认信息；再次单击"下一步"按钮，出现连接机器设置界面，在"制造商"栏选择"三菱电机"，"机种"为 MELSEC-FX；单击"下一步"按钮，选择通信方式 I/F（I）为 RS-232；单击"下一步"按钮，选择"通信驱动程序"为 MELSEC-FX；单击"下一步"按钮，确认信息；画面切换文件，先不理会，单击"下一步"按钮，确认所有信息后，单击"结束"按钮。这样就设置了用 RS-232 实现 PLC 与触摸屏的通信。图 11-3 所示的组态界面中标出了各部分的功能。

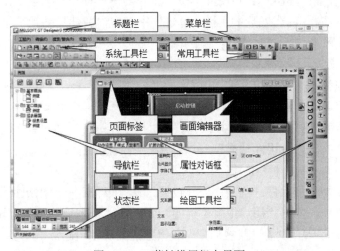

图 11-3　三菱触摸屏组态界面

不用工程向导设置的方法：出现触摸屏的第一个画面后，此时如果想更改刚才的设置，则可在"公共设置"中进行相应的操作。

显示日期/时刻：单击"对象"→"日期/时间显示"→"日期显示/时间显示"选项，在画面适当位置单击，对象便可插入页面相应的位置，双击对象可打开相应界面设定其格式。

保存工程：选择"工程"→"另存为"→"工程另存为"命令，确定保存文件的文件夹及文件名，单击"保存"按钮。

2. 组态画面

（1）新建画面：单击"画面"→"新建"选项，选择所需的画面类型，如"基本画面"，设置画面编号，也可对设计的基本画面进行文字说明，再单击"确定"按钮。

（2）添加开关：单击"对象"→"开关"选项，双击其中的画面切换开关，在"动作追加"中单击"位"，可以有4种选择。点动：触摸过程中是对应元件 ON；位反转：每次触摸时，在 ON/OFF 之间切换；置位：触摸时使对应元件 ON；位复位：触摸时使对应元件 OFF。

（3）添加画面切换开关。单击"对象"→"开关"选项，双击其中的画面切换开关，在"画面编号"中选择要切换到的画面，其他设置与开关相同。

按钮还有指示灯功能，单击界面左下角的"位"出现输入框，指定被显示的位信号，设定动作、样式和文本属性，一定要勾选"ON=OFF 取消"项。完成后可以在工具栏中找到"ON=OFF"两个按键测试效果。

（4）指示灯：单击"对象"→"指示灯"→"位指示灯"选项，指定软元件、样式和文本。

（5）图形元件：单击"图形"→"文本/直线/圆弧/矩形"选项，再单击"落选"，在弹出的对话框中进行设置。

（6）移动量：单击"工具"→"选项"→"显示"选项，将"移动量"更改成所需的值。

（7）数值显示/输入：单击"对象"→"数值显示/输入"→"数值输入"→落选后显示"123456"，如指定软元件，双击"设定属性"，在对话框中指定软元件及限定数值范围。

（8）注释的设置：单击"公共设置"→"注释"→"打开"选项，在"打开注释组"对话框中双击"基本注释"，在"基本注释一览表"中右击"新建"并填写足够的行数信息。

（9）位/字注释：单击"对象"→"注释"→"位/字注释"选项，再单击落选，双击打开设置属性。

（10）新建注释组（浮动报警使用）：单击"公共设置"→"注释"→"新建注释组"选项，打开"注释组属性"对话框。

（11）设置浮动报警：单击"公共设置"→"报警"→"浮动报警"选项，在弹出的对话框中勾选"显示"中的"使用浮动显示"，然后指定报警点数、监视周期、软元件类型、注释组名。

（12）添加报警记录元件：单击"公共设置"→"报警"→"用户报警监视"→"新建"→"系统报警"选项，弹出"用户报警"标签画面。在"基本"标签中，设置"报警 ID"为1；在"软元件"标签中，设置"监视周期"和报警点数（比实际点数稍多）；在标签画面最下方的表格中，依次输入报警信息。"软元件"为 PLC 中的相应报警点（如 M10），"注释号"为报警的内容，可在此对报警的编号、地点、原因进行具体说明，以便维修。在"工具栏"中找到"报警显示"，将其添加到界面中并进行编辑，至此报警编辑完毕。

（13）系统画面的调出方法：按住触摸屏界面四个角中的几个角（具体视开发时的设置），单击"公共设置"→"GOT 环境设置"→"GOT 设置"选项，在弹出的环境设置对话框中勾选"环境设置有效"项，单击设置触摸位置（大黑点），然后单击"确定"按钮。只有将该设置下载到触摸屏后设置才能生效，注意下载时勾选"公共设置"项。

（14）关于倍数：定时器 T0 是以 100 毫秒为单位的，但是如果想在触摸屏的数值输入中以秒为单位，如"9 秒"，操作如下：单击"对象"→"数值显示/输入"→"数值显示"选项，在弹出的界面单击"落选"打开"数值显示"对话框，单击"详细设置"→"运算"→"数据运算"选项，对"运算式"进行设置，在"式的输入"菜单下，将"式的形式"设置为"A/B"，其中 A 为监视元件，B 为"常数 10"，然后单击"确定"按钮。

3. 下载调试

（1）连接设备设置。单击"公共设置"→"标准 I/F 一览表"选项，出现"I/F 连接一览表"对话框。在通道号（CH No.）项中：0 表示未使用，1 为触摸屏与 PLC 连接的通道，8 为触摸屏与条形码设备通道，9 为触摸屏与计算机连接的通道，如图 11-4 所示。

图 11-4　触摸屏连接组态

（2）写入到 GOT。将计算机中的程序写入触摸屏中的方法如下：

单击"通信"→"写入到 GOT"选项，在弹出的"与通信设置"对话框中选择 USB 或 RS-232 项，测试通信是否正常。当通信测试正常后，单击"确定"按钮，弹出"与 GOT 的通信"对话框，在写入模式中选择"选择写入数据"，一般情况下勾选"基本画面"和"公共设置"项即可，单击"GOT 写入"按钮，在弹出的"…执行吗？"对话框中单击"是"按钮，出现进度显示对话框，待弹出"完成"信息后单击"确定"按钮。

（3）读取 GOT。将触摸屏中的程序读出到计算机中的方法如下：

单击"通信"→"读取 GOT"项，在弹出的"与通信设置"对话框中单击"GOT 信息读取"按钮，出现提示对话框，单击"是"按钮，在弹出的对话框中勾选想要读取的内容，单击"GOT 读取"按钮，在弹出的确认对话框中单击"是"按钮，在弹出的读取完成对话框中单击"确定"按钮，在弹出的对话框中选择保存位置，保存文件。

（4）与 GOT 对照。将触摸屏中的程序与计算机中的程序进行比较，查看是否相同，方法如下："通信"→"与 GOT 对照"选项，在弹出的"与通信设置"对话框中单击"对照"

按钮，对照结果会以列表形式显示出来。

（5）通信设置。该功能用于设置通过哪个通信端口与触摸屏进行通信，并可测试是否正常连接。

透明功能：计算机连接触摸屏，触摸屏连接 PLC，计算机就可以实现直接与 PLC 通信的功能。打开 PLC 软件，单击"连接目标"后再双击"connect1"，将弹出"连接目标 connect1"对话框，在可编程控制器一侧进行设置，单击"GOT（GOT 透明传输）"→"连接路径一览表"选项，确定即可。

11.2 项目实施：星三角降压启动的控制设计、安装与调试

GT 软件的功能非常强大，使用比较复杂，为了方便说明软件的应用，我们通过案例的应用进行说明。下面通过我们熟悉的三相异步电动机的星三角降压启动控制的触摸屏设计、安装与调试项目的具体实施过程来进行说明。

1. 控制要求

（1）首页设计，利用文字说明工程的名称等信息，触摸任何地方，能进入到操作页面。

（2）操作页面有两个按钮，一个是启动按钮，一个是停止按钮；三个指示灯，分别与 PLC 程序中的 Y0、Y1、Y2 相连；启动时间的设置；启动时间显示；为了动态地表示启动过程，可以用棒图和仪表分别显示启动过程，两页能自由切换。

2. 设计过程

（1）设计首页。

1）打开软件，新建工程，在图 11-5 所示的"工程选择"对话框中单击"新建"按钮，出现图 11-6 所示的"新建工程向导"对话框，单击"下一步"按钮，出现图 11-7 所示的"工程的新建向导"对话框，根据向导提示，可以选择触摸屏的相关信息、通信参数、电机、PLC 的类型等，选择好后单击"结束"按钮，出现图 11-8 所示的触摸屏设计界面，选择"工程"→"另存为"命令，出现图 11-9 所示的保存工程文件的对话框，将工程命名为"星三角启动"，单击"保存"按钮。

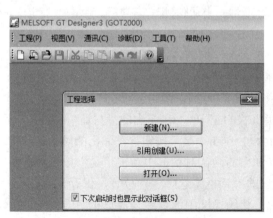

图 11-5 "工程选择"对话框

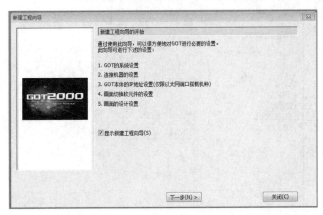

图 11-6　"新建工程向导"对话框

图 11-7　"工程的新建向导"对话框

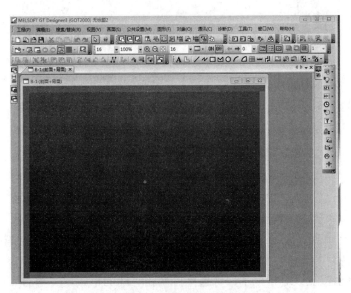

图 11-8　触摸屏设计界面

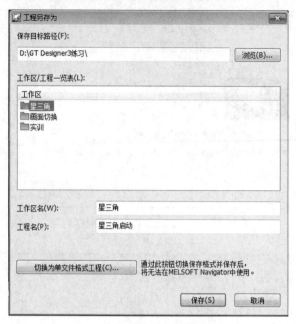

图 11-9   保存工程文件的对话框

2）文字输入。单击工具栏中的 $\boxed{A}$ ，此时光标变成十字交叉样式。单击画面设计区，跳出如图 11-10 所示的文本输入对话框，在文本输入栏输入文字"星三角降压启动"，选择文本的字体、文本的颜色和文本的尺寸等，单击"确定"按钮，再把文本移动到适当的位置。用同样的方法可以输入其他的文字。

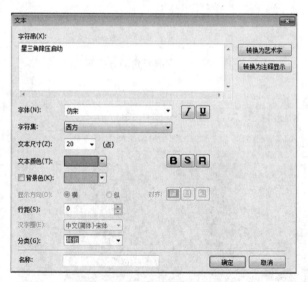

图 11-10   文本输入对话框

3）设计时钟和日期。单击工具栏中的快捷工具 ⊙，光标变成十字交叉样式。在画面设计区单击，出现 10:00:1，单击设计区，使光标变回箭头样式。双击时钟，弹出"时间显示"对话框，如图 11-11 所示，在该对话框中，可选择日期和时间的格式，文本的尺寸、颜色，所用的图形等。

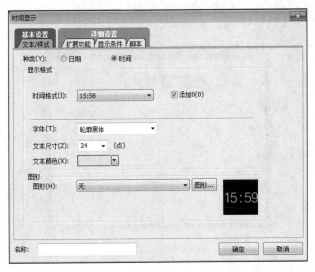

图 11-11　"时间显示"对话框

4）画面切换按钮的制作。要求在该页面中有一个透明的翻页按钮，这样我们触摸到任何位置都能进行画面切换。单击工具栏中的开关按钮，弹出开关功能选择界面，如图 11-12 所示，选择"画面切换开关"命令，光标变成十字交叉样式。在画面设计区单击，出现蓝色方框，使光标变成箭头型，双击蓝色方框，弹出"画面设置切换开关"对话框，如图 11-13 所示。在该对话框中，切换画面的种类选择"基本"；切换目标选择"固定画面"，画面编号选择 2；单击"样式"选项卡，将按钮的图形选择"无"；单击"确定"按钮，再把按钮拉到覆盖整个画面的大小。

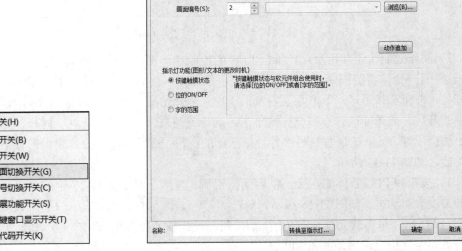

图 11-12　开关功能选择界面

图 11-13　"画面切换开关"对话框

制作完成的首页如图 11-14 所示。

图 11-14　首页设计

（2）设计操作页面。

1）新建页面。执行左边画面导航中的"新建"命令，弹出如图 11-15 所示的"画面的属性"对话框，画面编号为 2，标题为"操作页面"，安全等级为 0，单击"确定"按钮，画面 2 创建完毕。

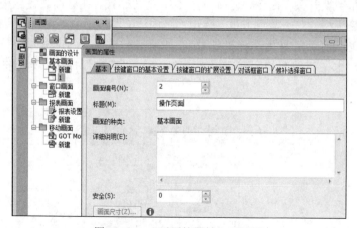

图 11-15　"画面的属性"对话框

2）制作控制按钮和指示灯。根据 PLC 的控制梯形图，启动按钮为 M0，停止按钮为 M1。GT 软件有一个丰富的图库，图库中的图形形象逼真，我们可以直接调用图库中的图形作为各种开关、按钮和指示灯。单击画面右侧的"库"项弹出库列表框，如图 11-16 所示。单击自己选中的开关，把光标移到画面设计区单击，则开关便"画"在了设计区。同样的方法，选中列表中的指示灯，可以在画面中制作各种指示灯的图形，然后在每个按钮和指示灯下标明该器件的功能，如图 11-17 所示。

3）按钮和 PLC 软件的连接。以启动按钮 M0 为例，双击图 11-17 中的"启动"按钮，弹出开关设置对话框，如图 11-18 所示。单击 位(B)... 按钮弹出动作（位）设置对话框，如图 11-19 所示。单击软元件最右边的 ... 按钮，选择软元件 M0，动作设置选择"点动"，然后单击"确定"按钮，启动按钮 M0 设置完成。

同样的方法可以设置停止按钮 M1。

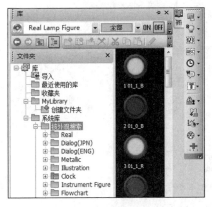

图 11-16　库列表

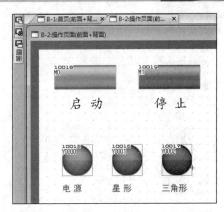

图 11-17　制作按钮和指示灯的画面

图 11-18　开关设置对话框

图 11-19　动作设置对话框

4）指示灯和 PLC 的连接。双击图 11-17 中的指示灯，如 Y0000，弹出指示灯设置对话框，如图 11-20 所示。单击软元件最右边的 按钮，选择软元件 Y0000（Y0），弹出如图 11-21 所示的软元件选择对话框，单击"确定"按钮，指示灯设置完成，在指示灯上能看到该元件的名称。同样的方法设置 Y0001（Y1）和 Y0002（Y2）。

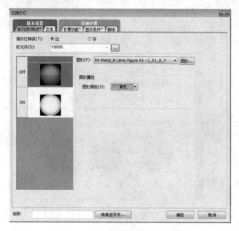

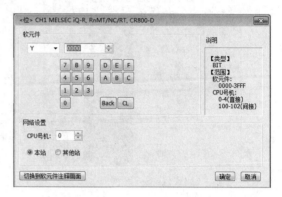

图 11-20　指示灯设置对话框　　　　　　　　图 11-21　软元件选择对话框

5）指示灯和开关的制作还可以通过工具栏中的工具 和 完成，具体操作方法和前面所讲的方法相似。

6）数据输入和显示设计。在使用触摸屏时，经常要将在触摸屏中设置的数据输入到 PLC中或将 PLC 中的数据显示出来。本例中设置 D200 作为星三角启动的延时时间。单击工具栏中的工具 ，光标变成十字交叉样式。在画面设计区单击，出现 数据框，双击此数据框弹出数值设置对话框，如图 11-22 所示。因为在星三角启动中，D200 的数值需要在触摸屏上设置，所以在对话框中设置 D200 时，选择"数值输入"；而 T0 的当前值需要显示出来，但不能更改，所以选择"数值显示"。在显示方式栏中，可以设置显示的字体、尺寸、格式等，一般选择显示格式为"有符号十进制数"。数字颜色（单击"样式"）、显示位数、数值尺寸、是否闪烁（单击"样式"）等可以根据自己的需要进行设置。设置完毕单击"确定"按钮即可。用同样的方法可以设置 T0。设置完毕后，在数据框中有软元件的变化，如图 11-23 所示。如果是选择"数据输入"，在运行时单击该数据，系统会自动跳出一个"键盘"，用户输入数据后单击回车键就能将数据输入。

图 11-22　数值设置对话框

图 11-23　已经建立连接的数据

　　7）棒图设计。为了动态地反应程序的启动过程，使画面有动感，通常会使用一些棒图来表示，本软件中称之液位控制，液位会随着 PLC 内的数据变化而变化。制作方法：单击工具栏中的"对象"，选择"仪表"中的"液位"，在设计画面中单击将出现液位框，根据液位填充的方向拉动液位框，双击液位框，弹出液位设置对话框，如图 11-24 所示。单击软元件，在软元件文本中设置 T0（TN0），在显示方式栏中设置各种颜色，显示方向设置为向右，上限设置为 200，下限设置为 0，单击"确定"按钮，液位图（棒图）设置完毕。

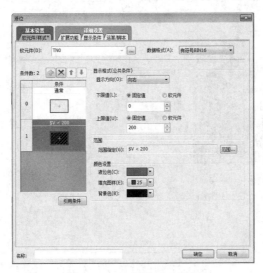

图 11-24　液位设置对话框

　　8）仪表显示设计。我们把程序中 T0 的数值通过仪表来表示（图 11-25）。单击右边工具栏中 右边的下拉框，将出现很多仪表选项，选择自己需要的仪表。在画面设计区单击将出现仪表图标，双击该图标，弹出仪表设置对话框，如图 11-26 所示。在"基本设置"项目栏中设置软元件名称、图形样式、显示方式（"文本"）等，在"刻度"栏中设置刻度，在选项栏中设置数据类型和刻度值，刻度上限是 200，下限是 0。

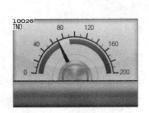

图 11-25　仪表盘　　　　　　　　　　图 11-26　仪表设置对话框

9）画面切换按钮制作。该按钮的制作与首页设计的画面切换按钮制作方法相同，只是在切换固定画面项选择编号为 "1，首页"。按钮的形状和颜色根据需要进行设置，本例中的选择如图 11-27 所示。单击"文本"选项卡，在按钮为 OFF 状态时选择显示文本为"返回首页"，至此按钮制作完毕。

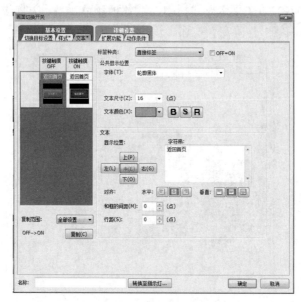

图 11-27　画面切换开关对话框

10）适当整理画面，使各个器件排列整齐美观，单击 "保存"按钮进行保存，整个画面制作完毕，如图 11-28 所示。

图 11-28　画面 2——操作画面

3. 画面运行

利用 GT 软件进行编程时，设计好画面后，可以先在计算机上仿真调试，调试完毕后再下载到触摸屏，这样可以节省时间。仿真运行时，必须在计算机上安装好 PLC 软件及触摸屏的仿真软件（GX Works2 或 GX Works3 和 GT Simulator3）。仿真运行操作如下所述。

（1）设计好 PLC 的控制程序并仿真运行。在本例中，星三角降压启动控制梯形图如图 11-29 所示。

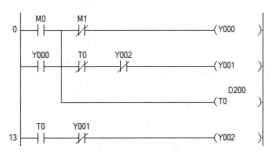

图 11-29　星三角降压启动控制梯形图

（2）打开 GT 的模拟仿真软件 GT Simulator3。首先在 GX Works2 中单击 🖳，或者在菜单栏上执行"调试"命令，然后选择"模拟开始/停止"命令，如图 11-30 所示。选择菜单栏上的"模拟"命令，单击"启动"按钮，单击该软件工具栏中的打开按钮 🐾，找到画面的存储路径，打开已编辑好的画面（软件自动读取画面），在画面的任意位置单击将出现控制页，此时仿真软件就可以运行了。单击相应的按钮，可以听到"嘀"的声音，说明输入信号已经起作用了。选择数据输入，界面会自动跳出"键盘"。单击键盘上的按钮，就能输入数据，同时还可以监控 PLC 的梯形图，所以调试梯形图和调试画面都非常方便。图 11-31 所示是正在运行的画面，单击 🖳 可以结束仿真运行，按"确定"按钮退出仿真软件。当画面更改后要单击"保存"按钮，再重新读入后仿真软件才能运行。

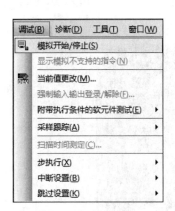

图 11-30　模拟操作

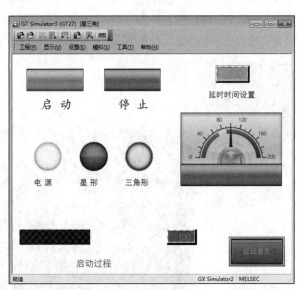

图 11-31　触摸屏运行画面

（3）画面下载。程序和画面调试完毕后可以下载到触摸屏上运行。单击菜单栏中的 通讯(C)，选择"写入到 GOT"命令，在弹出的设置对话框中进行相应设置和通信测试。如果在下载过程中出现通信错误，可以在"通信设置"栏中进行相应设置，主要是进行端口的选择（COM 口）。

11.3 技能实训：搅拌机电气控制系统安装与调试

1. 实训目的

（1）熟悉触摸屏软件的基本操作。

（2）熟悉并掌握组态搭建的基本方法。

2. 实训设备

实训器材见表 11-1。

表 11-1 实训器材

序号	名称	型号与规格	数量
1	实训装置	三菱触摸屏	1 台
2	实训网控板		3 个
3	导线		若干根
4	通信编程电缆		1 根
5	实训指导书		1 本
6	计算机（带编程软件）		1 台

3. 控制要求

某食品厂现有一台原料混合搅拌机，驱动装置是一台三相交流异步电动机，控制面板上有两个按钮，在正常运行时按下绿色按钮（SB1），搅拌机就 Y 联结降压启动，搅拌机低速运行，定时器开始计时；延时结束后，自动停止 Y 联结启动，切换到△联结全压运行。如果在 Y-△运行中按下红色按钮（SB2），搅拌机就停止运行。

4. 触摸屏组态设计

（1）组态界面如图 11-32 所示。

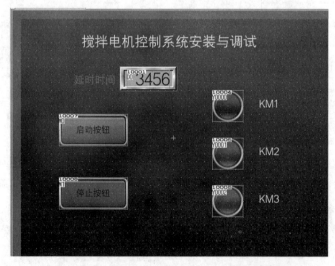

图 11-32 搅拌机电气控制系统安装与调试组态界面

（2）触摸屏与 PLC 连接地址数据分配见表 11-2。

表 11-2　触摸屏与 PLC 连接地址数据分配

触摸屏功能	PLC 元件
停止按钮	M1
启动按钮	M0
延时时间	D0
KM1 指示灯	Y0
KM2（△联结）指示灯	Y1
KM3（Y 联结）指示灯	Y2

5. PLC 程序设计

6. PLC 与触摸屏连接

7. 整体调试

8. 实训总结

思考与练习

1. 工控中的上位机有什么功能？

2. 触摸屏有什么特点？

3. 根据所用介质不同，触摸屏分哪几种？

4. 三菱触摸屏有哪些系列？

5. 三菱触摸屏有几个标准接口？各有什么功能？

6. 设置触摸屏的 IP 地址有哪两种方法？

参考文献

[1] 日本三菱电气公司. 三菱 FX_{2N} 系列微型可编程控制器使用手册[Z]. 2019.

[2] 日本三菱电气公司. 三菱 FX 系列 PLC 编程手册[Z]. 2019.

[3] 日本三菱电气公司. 三菱 FX 通信用户手册[Z]. 2018.

[4] 日本三菱电气公司. GX Developer Version 操作手册. 2018.

[5] 杨后川,张春平,张学民,等. 三菱 PLC 应用 100 例[M]. 2 版. 北京:电子工业出版社,2013.

[6] 张运刚,宋小春,郭武强. 从入门到精通——三菱 FN_{2N}PLC 技术与应用[M]. 北京:人民邮电出版社,2008.

[7] 李雪梅. 工厂电气与可编程序控制器应用技术[M]. 北京:中国水利水电出版社,2006.

[8] 邱俊. 可编程控制器技术及工程应用(三菱)[M]. 北京:中国水利水电出版社,2014.

[9] 邱俊. 工厂电气控制技术[M]. 2 版. 北京:中国水利水电出版社,2019.

[10] 郑凤翼. 三菱 FN_{2N} 系列 PLC 应用 100 例[M]. 北京:电子工业出版社,2013.

[11] 廖晓梅. 三菱 PLC 编程技术及工程案例精选[M]. 2 版. 北京:机械工业出版社,2012.

[12] 刘艳梅,陈震,李一波,等. 三菱 PLC 基础及系统设计[M]. 北京:机械工业出版社,2009.

[13] 张世生,祝木田. PLC 应用技术(三菱机型)[M]. 西安:西安电子科技大学出版社,2018.

[14] 贾丽仕,唐亮,付晓军. 组态控制技术[M]. 武汉:华中科技大学出版社,2019.

[15] 阳胜峰,盖超会. 三菱 PLC 与变频器、触摸屏综合培训教程[M]. 2 版. 北京:中国电力出版社,2017.